普通高等院校"十四五"计算机类专业系列教材

# Linux操作系统与应用项目化教程

叶 晟◎主 编

王家宁 支和才 马文亭 何吕君◎副主编

**中国铁道出版社有限公司**
CHINA RAILWAY PUBLISHING HOUSE CO., LTD.

# 内 容 简 介

　　本书内容遵循教、学、做相结合的教学理念，采用任务驱动、理论与实践相结合教学模式，是一本项目化的基础教程。本书从解决网络组建中的实际问题出发，将 Linux 操作系统的学习划分成六个项目十七个任务，包括 Linux 操作系统的安装、Shell 基本命令、Linux 的用户和系统管理、网络的组建和管理、基本网络服务器的组建和 Linux 服务器的安全性设置，基本涵盖计算机专业人员从事 Linux 系统管理及网络维护工作所需的知识和技能。

　　为方便读者更好地掌握知识点，部分项目配有教学视频，扫描书中二维码即可观看。附录中的综合课程设计可以帮助读者巩固和深化所学知识。

　　本书适合作为普通高等院校相关专业课程的教材，同时也可作为 Linux 操作系统爱好者的参考书。

**图书在版编目（CIP）数据**

Linux 操作系统与应用项目化教程 / 叶晟主编 .—北京：中国铁道出版社有限公司，2024.2
普通高等院校"十四五"计算机类专业系列教材
ISBN 978-7-113-30778-3

Ⅰ.① L… Ⅱ.①叶… Ⅲ.① Linux 操作系统 - 高等学校 - 教材
Ⅳ.① TP316.89

中国国家版本馆 CIP 数据核字（2024）第 020401 号

书　　名：Linux 操作系统与应用项目化教程
作　　者：叶　晟

策　　划：唐　旭　　　　　　　　　　　编辑部电话：（010）51873202
责任编辑：刘丽丽　张　彤
封面设计：刘　颖
责任校对：刘　畅
责任印制：樊启鹏

出版发行：中国铁道出版社有限公司（100054，北京市西城区右安门西街 8 号）
网　　址：http://www.tdpress.com/51eds/
印　　刷：三河市国英印务有限公司
版　　次：2024 年 2 月第 1 版　2024 年 2 月第 1 次印刷
开　　本：787 mm×1 092 mm　1/16　印张：15.5　字数：392 千
书　　号：ISBN 978-7-113-30778-3
定　　价：49.00 元

前　言

Linux 是开源的多用户、多任务的操作系统，也是各种终端国产操作系统开发的基础。在个人计算机上使用 Linux 操作系统能更有效地发挥硬件的性能，可以使个人计算机具有工作站和服务器的功能。

与其他操作系统相比，Linux 在云计算、大数据等各种应用中具有明显优势，同时在教学和科研等领域中也有广泛的应用。

本书内容基于普通高等院校计算机类相关专业 Linux 操作系统专业课教学要求而编写，遵循教、学、做相结合的教学理念，采用任务驱动、理论与实践相结合的教学模式，是一本项目化基础教程。

Linux 的发行版有很多种，由红帽公司支持研发的 CentOS 8 是最新的免费操作系统。红帽公司在该版本中特别拓展了可扩展性和灵活性。CentOS 8 很好地支持了虚拟化和云系统，集 Linux 的强大、稳定和良好的用户体验于一身，同时提供了完美的中文支撑环境和图形化的用户配置界面，为不同的应用需求提供了有力的支持。本书是基于 CentOS 8 而编写的。

本书具有以下主要特点：

（1）授之以渔

本书内容紧贴实际应用，从任务入手，为读者讲授全面的 Linux 操作系统的基本操作、文件管理、系统管理和网络组建等知识，以提高读者的分析能力、动手能力和解决实际问题的能力。

（2）实用

本书为读者提供具有建设性的网络管理和配置解决方案，从而解决网络组建中的实际问题，突出实用性、针对性、技术性、经典性，举案说"法"、举一反三。

本书内容分为六个大项目十七个子任务，全面地介绍了 CentOS 8 操作系统的各种基础知识。六个项目分别是：Linux 操作系统的安装、Shell 基本命令、Linux 的用户和系统管理、网络的组建和管理、基本网络服务器的组建以

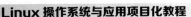

及 Linux 服务器的安全性设置，基本涵盖了 Linux 初学者从事 Linux 系统管理以及网络维护工作时所需的知识和技能。另外，在本书的附录中编者还设计了一个综合课程设计，以帮助读者巩固和深化所学的知识。

本书由叶晟任主编，王家宁、支和才、马文亭、何吕君任副主编。在编写过程中，编者得到了所在院校以及校企合作公司的大力支持，在此表示衷心感谢。同时，感谢编写过程中参考的相关图书、论文、网络资料等相关文献的作者。

尽管我们付出了巨大的努力，认真研讨和编写，以求精益求精，但由于水平有限，书中难免有疏漏和不足之处，敬请各位专家和读者提出宝贵意见。

编　者

2023 年 11 月

# 目 录

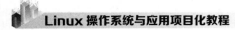
**项目 4　网络的组建和管理**

**项目 5　基本网络服务器的组建**

**附录　综合课程设计**

# 项目 1
# Linux 操作系统的安装

Linux 操作系统（简称 Linux）是一套免费使用和自由传播的类 UNIX 操作系统，同时也是一个多用户、多任务、支持多线程和多 CPU 的操作系统。

伴随着互联网的发展，Linux 操作系统得到了来自全世界软件爱好者、组织、公司的支持。它除了在服务器方面保持着强劲的发展势头以外，在个人计算机、嵌入式系统上的性能表现也都有着显著的增强。使用者不仅可以直观地获取该操作系统的实现机制，还可以根据自身的需要来修改和完善 Linux，使其最大化地适应用户的需要。

从本项目开始，我们将一起来学习和领略 Linux 操作系统的各项卓越性能。

### 📝 项目导读

| 项目任务 | 任务 1.1　认识 Linux 操作系统<br>任务 1.2　安装 CentOS 8 |
|---|---|
| 知识目标 | ① 了解 Linux 操作系统的功能和特点<br>② 了解 Linux 操作系统的各个发行版本 |
| 技能目标 | ① 掌握 CentOS 8 的安装方法<br>② 掌握 CentOS 8 的基本设置 |

## 任务 1.1　认识 Linux 操作系统

### 📱 任务引言

Internet 中存在着各种各样的网络服务器，提供了各种各样的网络服务，这其中有大家熟悉的 Windows 服务器、UNIX 类服务器。而这里面的 UNIX 类服务器中最具代表性的就是著名的 Linux 服务器。在小型服务器上 Windows 服务器占据了大部分的市场份额，但是在大中型服务器上 Linux 服务器则占据了大部分的市场份额。Windows 操作系统相信大部分的读者都比较熟悉了，那 Linux 操作系统又是怎样的呢？接下来就学习 Linux 是一个怎样的操作系统。

### 💻 相关知识

#### 一、认识 Linux

#### 1. 什么是 Linux

首先 Linux 是一种计算机操作系统，所谓操作系统（operation system, OS），是指在用户与计算机硬件之间的一种管理软件，换句话说，它帮助我们管理这台计算机。它负责管理计算机的所有硬件、资源和任务，并提供管理这些计算机资源的接口和方法。有了操作系统，人们才能和计算机进行交流，告诉它，人们想要做些什么，计算机才能帮助人们完成所需要的任务。

Linux 是如何诞生和发展的呢？20 世纪 90 年代初，计算机市场明显地被划分为两部分。一部分是以平民大众用户为主的市场；另一部分是以商业计算、企业核心计算为主的市场。后者主要是使用 UNIX 操作系统。UNIX 操作系统通常由硬件厂商自己开发，而且基本上只能运行在自己的硬件设备上，或者只有运行在自己硬件设备上才能获得最佳的性能，例如 IBM 公司的 AIX 系列。UNIX 操作系统只运行在 IBM 的 RS/6000 系列机器，而这种结合了硬件和操作系统及完整的系统集成的解决方案往往会以高价销售给企业，其运行、维护的价格也很高。因此，这种系统通常只提供给大型企业做核心运算。而大众市场则几乎都使用 IBM PC 及其兼容计算机，这种计算机的各种部件几乎都是标准的、规范的，价格低廉，其主要使用微软的 DOS 操作系统。

随着低端 IBM PC 的发展，特别是 Intel x86 芯片的性能越来越好，DOS 这么简单的一个单机操作系统已经不能满足大众市场上的需求，而 UNIX 又高不可攀。这时，许多计算机爱好者开始研究能运行在 IBM PC 上，拥有 UNIX 的高性能的类似 UNIX 的操作系统，其中，一个名为 Linus Torvalds 的芬兰学生，把自己的想法和初步的代码发布到了网上，并根据自己的名字 Linus 命名这个操作系统为 Linux。

1991 年 9 月中旬，Linux 0.01 版正式面世，并被放到了 Internet 上，供大家任意下载、修改，从此 Linux 就与 Internet 密不可分了。Internet 上的 Linux 0.01 引起了人们的关注，很多人开始下载、使用，并反馈意见给 Linus，供他改进 Linux。10 月 5 日，Linus 在大家工作的基础上，推出了 Linux 0.02 版，同时，他意识到这种通过 Internet 协同工作的好处，开始有意识地号召大家（通过 Internet 协作）共同开发 Linux。随着越来越多的人加入开发 Linux 的队伍中来，Linux 逐步成熟和稳定。Linux 在通用公共许可证（general public licence, GPL）许可下发布，这样，任何人都能自由获得 Linux 的源代码，并进行复制、学习和修改，甚至发布自己的新版本。终于，软件厂商开始关注 Linux，他们对 Linux 进行了很多改进，在 Linux 上编译并配置好各种软件，把这些整合好的软件打包成为一个整体进行销售。与其他操作系统或软件产品不同的是，Linux 软件厂商销售的并不是 Linux 本身，而是基于 Linux 的软件服务。

### 2. 为什么要使用 Linux

Linux 是一种通用性、可定制性极强的操作系统，可以说，只要你想，它可以用到任何你想用到的地方；从手机到计算机，从汽车到飞机，从电饭煲到冰箱，都能够看到 Linux 的身影。

同时，Linux 是自由的，自由意味着你可以免费获得 Linux 软件及其源代码（服务是付费的，源代码本身是免费的）。并且，你可以获得保证，今后可以一直得到这种不断更新的、自由的软件；还可以在这些软件基础上进行修改以获得更好的功能，或者更强的性能，或者更能满足自己的需要。再者，由于系统源代码的开放，它的安全性和性能是由基于每个人都可以阅读、批评和改进的，从而能有更好的安全性和工作性能。

由于 Linux 是基于 UNIX 开发出来的，天生就拥有高稳定性和高可靠性，能 7×24 小时不间断的工作，特别适合作为网络服务器。

以上就是为什么要使用 Linux 的原因了。

## 二、Linux 的特点

Windows 是大家都非常熟悉的操作系统，它提供了非常易用的图形化操作界面，而且也拥有不错的性能，那与之相比，Linux 有什么特点呢？

### 1. 可完全免费得到

Linux 操作系统可以从互联网上免费下载使用，只要有快速的网络连接就行；而且，Linux 上运行的绝大多数应用程序也是免费的。

### 2. 运行范围广

Linux 可以运行在 386 以上及各种精简指令集（reduced instruction set computer, RISC）体系结构机器上。Linux 最早诞生于微机环境，一系列版本都充分利用了 x86 CPU 的任务切换能力，使 x86 CPU 的效能发挥得淋漓尽致，而这一点连 Windows 都没有做到。此外，它可以很好地运行在由各种主流 RISC 芯片搭建的机器上。

### 3. Linux 是 UNIX 的完整实现

从发展的背景看，Linux 与其他操作系统的区别是，Linux 是从一个比较成熟的操作系统发展而来的，而其他操作系统，如 Windows NT 等，都是自成体系，无对应的相依托的操作系统。这一区别使得 Linux 的用户能大大地从 UNIX 团体贡献中获利。Linux 作为 UNIX 的一个克隆，能直接拥有 UNIX 在用户中建立的牢固的地位。

UNIX 上的绝大多数命令都可以在 Linux 里找到并有所加强。UNIX 的可靠性、稳定性以及强大的网络功能也在 Linux 身上一一体现。

### 4. 真正的多任务多用户

只有很少的操作系统能提供真正的多任务能力，尽管许多操作系统声明支持多任务，但并不完全准确，如 Windows。而 Linux 则充分利用了 x86 CPU 的任务切换机制，实现了真正多任务、多用户环境，允许多个用户同时执行不同的程序，并且可以给紧急任务以较高的优先级。

### 5. 完全符合 POSIX 标准

POSIX 是基于 UNIX 的第一个操作系统簇国际标准，Linux 遵循这一标准从而使 UNIX 下许多应用程序可以很容易地移植到 Linux 下，相反也是这样。

### 6. 具有图形用户界面

Linux 的图形用户界面是 X Window 系统。X Window 可以做 MS Windows 下的所有事情。

### 7. 具有强大的网络功能

实际上，Linux 就是依靠互联网才迅速发展了起来，Linux 具有强大的网络功能。它可以轻松地与 TCP/IP、Windows for Workgroups 等网络集成在一起，还可以通过以太网或调制解调器连接到 Internet 上。

Linux 不仅能够作为网络工作站使用，更可以胜任各类服务器，如网页应用服务器、文件服务器、打印服务器、邮件服务器、新闻服务器等。

### 8. 完整的 UNIX 开发平台

Linux 支持一系列的 UNIX 开发工作，几乎所有的主流程序设计语言都已移植到 Linux 上并可免费得到，如 C、C++ 等。

## 三、常见的 Linux 发行版本

首先 Linux 的版本号由内核版本号和发行版本号组成，内核版本为 Linux 内核的版本号，由"主版本号""次版本号""修订号"组成，如现在流行的 Linux 内核号 4.18.0；而发行版本号则是各大系统开发厂商在内核的基础之上加入自己的软件包后形成的版本号，其不同的厂商有不同编写方式。二者组合在一起就是 Linux 的版本号了，其版本号为内核版本号加发行版本的形式。

　　Linux 家族的成员非常众多，超过数十种不同的发行版，下面列出几种常见的发行版本，可供读者选择学习。其中 Red Hat 公司支持研发的 CentOS（community enterprise operating system 的缩写，中文名称为社区企业操作系统）将作为本书学习的对象。常见有以下几种发行版本。

　　1. CentOS

　　CentOS（见图 1-1）是企业 Linux 发行版 Red Hat Enterprise Linux（简称 RHEL）的再编译版本，而且它在 RHEL 的基础上修正了不少已知的漏洞，相对于其他 Linux 发行版，其稳定性值得信赖。

图 1-1　CentOS

　　CentOS 是免费的，可以使用它像使用 RHEL 一样去构筑企业级的 Linux 系统环境，但不需要向 Red Hat 支付任何的费用。CentOS 的技术支持主要通过社区的官方邮件列表、论坛和聊天室来进行。

　　2. RHEL

　　RHEL（见图 1-2），是 Red Hat 公司的企业版 Linux 系统。RHEL 中特别注意了可扩展性和灵活性，该版本可以支持物理、虚拟和云系统。它基于 Corosync 集群引擎，拥有一个集群支持选项堆栈，其中包括 Conga（红帽集群管理软件）和虚拟化选项。此外，内核得到了改进，加强了更多闲置时间的利用率，可以有效降低功耗——对于大型企业巨额的电费账单而言无疑是个好消息，整个地球的节能问题当然也会受益匪浅。RHEL 可以为每位使用 KVM 的用户支持多达 64 个虚拟 CPU，在硬件方面，可以支持多达 4 096 台 CPU。

图 1-2　Red Hat Enterprise Linux

### 3. Fedora

Fedora（见图 1-3）是 Red Hat 公司的另一款 Linux 操作系统，是一个由红帽公司赞助的，但以社区为导向的分配给"Linux 的爱好者"为设计核心的系统。虽然 Fedora 的方向如此，但仍然主要由红帽公司控制，有时作为红帽企业 Linux 测试版而出现，但是不能否认的是，直到今天 Fedora 仍然是最具创新性的发行版之一。

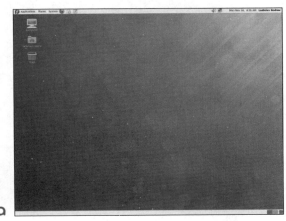

图 1-3　Fedora

### 4. Ubuntu

Ubuntu（见图 1-4）是 2004 年 9 月首次公布的。虽然相对来说 Ubuntu 没有其他 Linux 发行版本早，但是受到了用户和开发者的喜爱。在随后几年中，Ubuntu 成长为最流行的桌面 Linux 发行版，成为一种"易用和免费"的桌面操作系统是它的发展目标。

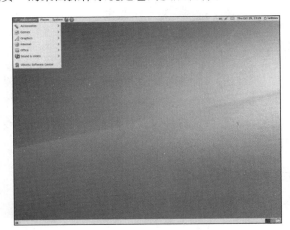

图 1-4　Ubuntu

### 5. Debian

DebianGNU/Linux（简称 Debian，见图 1-5）是目前世界上最大的非商业性 Linux 发行版之一，它是由世界范围内 1 000 多名计算机业余爱好者和专业人员在业余时间制作的。它有可能是迄今为止最大的协同软件项目。

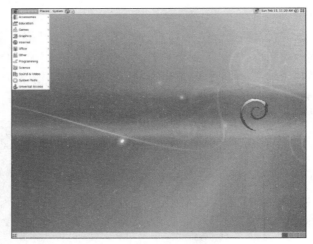

图 1-5 Debian

## 任务描述

某中小企业准备构建企业内联网（intranet），需要选择合适的网络操作系统，要求该操作系统安全、可靠且能提供各种网络服务，同时成本要低。

## 任务流程

① 了解目前主流网络操作系统 UNIX、Windows、Linux 的特点，并从中选择一种能满足自身要求的操作系统。

② 在所选择的操作系统中选择一种系统版本。

## 任务实施

根据中小企业对网络操作系统安全、稳定、易于管理、对硬件要求不高、可支持多种网络服务、成本低的要求，选择 Linux 作为企业内联网服务器所用的网络操作系统。

根据 CentOS 完全自由开放、软件包管理非常方便等特点，在众多 Linux 发行版中最终选择 CentOS 8 作为服务器所用的操作系统。

## 思考和练习

一、单项选择题

1. Linux 是一个（　　）操作系统。

　　A. 单用户、单任务　　　　　　　　B. 单用户、多任务

　　C. 多用户、单任务　　　　　　　　D. 多用户、多任务

2. Linux 与 UNIX 之间有什么关系？（　　）

　　A. 没有关系　　　　　　　　　　　B. UNIX 与 Linux 是同一个系统

　　C. UNIX 是一种类 Linux 系统　　　D. Linux 是一种类 UNIX 系统

**二、问答题**

1. 常见的 Linux 发行版本有哪些？
2. Linux 操作系统有什么特点？
3. Linux 操作系统的内核版本号由哪几部分组成？

## 任务 1.2　安装 CentOS 8

### 任务引言

无论是要建立何种网络服务器并投入使用，还是要学习 Linux 都必须有可用的 Linux 主机。那 Linux 主机从哪里获取呢？最可行的方式就是自己安装一台 Linux 主机。如果有空闲的主机，可以在物理主机上安装，如果没有空闲的主机则可以在已有的 Window 主机上以虚拟机的方式安装。这里安装的版本是 CentOS 8。

### 相关知识

#### 一、CentOS 8 的安装要求

CentOS 8 所需的最低硬件配置如下：

① 2 GB RAM。

② 64 位 x86 架构、2 GHz 或以上的 CPU。

③ 20 GB 硬盘空间。

#### 二、安装 CentOS 8

安装 CentOS 8 的操作步骤如下：

① 在主机中插入 CentOS 8 的安装光盘，并设置为光盘启动。启动后则可以看到如图 1-6 所示界面。

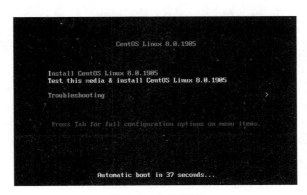

图 1-6　安装界面

② 选择第一个选项开始安装 Linux，如图 1-7 所示。

③ 在出现的欢迎界面中进行语言选择，这里选择"中文 - 简体中文"，单击"继续"按钮。

```
[  OK  ] Stopped Open-iSCSI.
          Stopping iSCSI UserSpace I/O driver...
          Stopping Device-Mapper Multipath Device Controller...
[  OK  ] Closed Open-iSCSI iscsid Socket.
[  OK  ] Stopped iSCSI UserSpace I/O driver.
[  OK  ] Closed Open-iSCSI iscsiuio Socket.
[  OK  ] Stopped Device-Mapper Multipath Device Controller.
[  OK  ] Stopped udev Wait for Complete Device Initialization.
[  OK  ] Stopped udev Coldplug all Devices.
[  OK  ] Stopped dracut pre-trigger hook.
          Stopping udev Kernel Device Manager...
[  OK  ] Stopped udev Kernel Device Manager.
[  OK  ] Stopped dracut pre-udev hook.
[  OK  ] Stopped dracut cmdline hook.
[  OK  ] Stopped Create Static Device Nodes in /dev.
[  OK  ] Stopped Create list of required static device nodes for the current kernel.
[  OK  ] Closed udev Control Socket.
[  OK  ] Closed udev Kernel Socket.
          Starting Cleanup udevd DB...
[  OK  ] Started Cleanup udevd DB.
[  OK  ] Reached target Switch Root.
          Starting Switch Root...
```

图 1-7  开始安装 Linux

④ 在"安装信息摘要"界面中可以对本地化、软件、系统信息进行设置，如图 1-8 所示。

图 1-8  "安装信息摘要"界面

⑤ 本地化中的键盘和语言支持使用默认情况即可，在时间和日期中设置时区，单击"完成"按钮。

⑥ 设置系统中的安装目的地，在没有学习 Linux 的文件系统之前，可以选择自动存储配置，让 Linux 自动处理好，单击"完成"按钮，如图 1-9 所示。

图 1-9  "安装目标位置"界面

⑦ 设置系统中的网络和主机名，域名可根据实际情况设置，也可默认。IP 地址则可以设置固定地址，也可以设置成自动获取（需要 DHCP 服务器的支持），单击"完成"按钮，如图 1-10 所示。

图 1-10　配置网络

⑧ "安装信息摘要"界面中的信息设置完毕后,单击"开始安装"按钮,如图 1-11 所示。

图 1-11　开始安装

⑨ 在进行系统安装配置过程中,还需要进行用户根密码的设置和用户的创建,如图 1-12 所示。

图 1-12　系统安装配置过程

⑩ 设置 root 用户的密码,单击"完成"按钮。因为 CentOS 有密码校验机制,所以密码太简单或太有规律不行。完成 root 用户的密码设置后还需再次输入一次进行确认,如图 1-13 所示。

图 1-13　设置 root 用户密码

⑪ 设置管理员的用户名（又称账号）和密码，之后单击"完成"按钮，如图 1-14 所示。

图 1-14　设置管理员用户名和密码

⑫ 安装完成后，系统出现提示界面，并要求用户重启系统，以便完成安装，如图 1-15 所示。

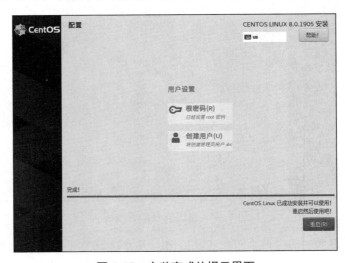

图 1-15　安装完成的提示界面

### 三、初始设置 CentOS 8

当系统安装完毕并重新启动后，必须对系统做一些初始化的工作，之后才可以正常地使用系统。

① 系统重启完成后出现以下初始设置界面，单击 "License Information" 进入许可信息界面，如图 1-16 所示。

图 1-16　初始设置界面

② 勾选 "我同意许可协议" 复选框，单击左上角的 "完成" 按钮，如图 1-17 所示。

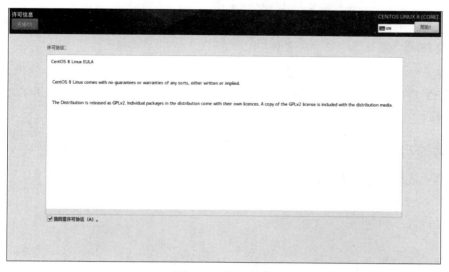

图 1-17　许可信息

③ 以上设置完成后系统的初始化设置就结束了，单击 "结束配置" 按钮。可以以刚才新建的用户名、密码登录系统了，也可以单击 "未列出" 命令，以超级管理员 root 的身份登录，如图 1-18 所示。

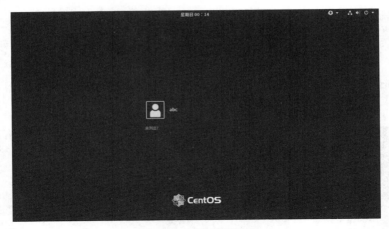

图 1-18　系统登录界面

## 四、系统的使用

Linux 系统安装完毕后就可以直接进入图形界面使用系统了，使用的方法基本上与 Windows 下相同，只是"开始"菜单的位置有所不同，Linux 是放置于屏幕的上方，而 Windows 是放置于屏幕的下方。

Linux 系统的配置及各类服务器的配置一般都需要到字符界面下进行操作。与 Windows 的图形界面不同的是 Linux 的图形界面只是 Linux 的一个应用软件而不是系统的一部分，但 Windows 的图形界面却是系统的一部分。那如何进入到字符界面呢？按【Ctrl+Alt+F$n$】就可以了。F$n$ 代表 F3 ~ F6（四个字符界面的其中一个），F2 代表图形界面。CentOS 8 支持四个虚拟终端一个图形界面。字符界面下切换只需要按【Alt+F$n$】键。

### 任务描述

某企业需要在内网中搭建文件服务器，供内部员工保存和共享工作文档，所以企业决定组建 Linux 文件服务器。而企业要构建文件服务器则必须先构建好 Linux 主机，所以这里先安装 Linux 服务器。

### 任务流程

① 了解 CentOS 8 的安装要求。

② 安装 CentOS 8。

③ 初始设置 CentOS 8。

### 任务实施

① 在 VMware 虚拟机软件中创建虚拟主机。其中，内存容量设置为 2 GB 或以上，硬盘容量为 20 GB 或以上，添加网卡。

② 虚拟机中连接 CentOS 8 安装光盘镜像。

③ 启动虚拟机，并从光盘启动，开始安装 CentOS 8。

④ 按照本节介绍的安装步骤安装 Linux 操作系统。

⑤ 系统安装完毕后，设置用户名、密码。如：用户名为 test，密码为 123456。

⑥ 正常进入系统后，任务完成。

## 思考和练习

### 一、单项选择题

1. 文本界面下的 CentOS 8 使用快捷键（　　　）可以切换到图形界面。

   A.【Ctrl+F1】　　　　B.【Ctrl+F2】　　　　C.【Alt+F1】　　　　D.【Alt+F2】

2. CentOS 8 支持（　　　）个字符界面。

   A. 0　　　　　　　　B. 1　　　　　　　　C. 5　　　　　　　　D. 7

### 二、问答题

Linux 的安装过程中，用户能否自由选择自己需要的软件或网络服务？如果可以，在安装步骤的哪一步之后可以设置？

### 三、实验

【实验目的】

掌握 Linux 服务器的安装方法。

【实验内容】

在 VMware 虚拟机中安装 CentOS 8。

【实验要求】

① 在 VMware 虚拟机中创建虚拟主机。

② 使用 CentOS 8 的 ISO 光盘镜像文件在虚拟机中安装系统，并安装常用的网络服务、X Window 界面。

## 项目总结

学习本项目需要完成认识 Linux 操作系统和安装 CentOS 8 两个学习任务。通过本项目的学习，读者已经初步地认识了 Linux 操作系统并掌握了它的安装方法以及基本的系统设置，这为以后 Linux 操作系统知识的学习创造了一个良好的开端。

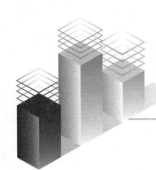

# 项目 2
# Shell 基本命令

使用和操作 Linux 操作系统要求熟练掌握 Linux 的基本命令，只有这样才能在命令行的界面下完成各种工作任务；另外，掌握 vim 编辑器的使用方法也是我们能在命令行界面下得心应手完成文本编辑和脚本编程等各项工作的重要基础技能。

## 项目导读

| 项目任务 | 任务 2.1　掌握常用的 Shell 命令<br>任务 2.2　掌握 vim 编辑器 |
| --- | --- |
| 知识目标 | ① 掌握 Linux 中 Shell 命令的基本格式<br>② 了解 vim 编辑器的各种使用模式及作用 |
| 技能目标 | ① 掌握系统信息类命令的使用<br>② 掌握文件目录类命令的使用<br>③ 熟练使用 vim 编辑器 |

## 任务 2.1　掌握常用的 Shell 命令

### 任务引言

Shell 是用户和 Linux 操作系统之间的接口，它是命令语言、命令解释程序及程序设计语言的统称。我们可以使用它完成几乎所有 Linux 能完成的工作，比如文件、文件夹的创建，网络的配置，网络服务的启动、停止，系统进程的控制等。

在使用 Linux 操作系统时每一个用户都必须有自己的账号、密码，然后编辑自己的文件，从而正常使用系统。本节中我们将使用各种命令完成用户的创建、授权，及文件的控制等常规操作。

### 相关知识

#### 一、认识 Shell

Shell 是一种具有特殊功能的程序，它是介于使用者和系统核心程序间的一个接口。它将用户输入的字符串翻译成内核能够理解的控制指令，从而操作系统内核完成各种任务，好比生活中的英语翻译，一对不懂对方语言的人通过中间的翻译能够实现相互之间的沟通。

#### 1. Shell 的分类

各种操作系统都有自己的 Shell，常用的 Windows 的 Shell 可以理解为图形界面，通过鼠标、键盘操作图形界面中菜单、按钮等可以调用系统内核的各种功能，从而实现目的。又如，DOS 系统的 Shell 是 command.com，平常就是在 command.com 中输入各种命令。DOS 系统的 Shell 其实不止 command.com，还有 NDOS、4DOS、DRDOS 等不同的命令编译程序可以取代标准的 command.com。与 DOS 相同，Linux 的 Shell 也有许多不同的种类。

（1）Bourne Shell

它是首个重要的标准 UNIX Shell，于 1970 年底在 V7 UNIX（AT&T 第 7 版）中引入，并且以它的资助者 Stephen Bourne 的名字命名。Bourne Shell 是一个交换式的命令解释器和命令编程语言。Bourne Shell 可以运行为 Login Shell 或者 Login Shell 的子 Shell。只有 Login 命令可以调用 Bourne Shell 作为一个 Login Shell。此时，Shell 先读取 /etc/profile 文件和 profile 文件。/etc/profile 文件为所有的用户定制环境，而 profile 文件为当前用户定制环境。最后，Shell 会等待读取输入。

（2）C Shell

Bill Joy 于 20 世纪 80 年代早期，在 Berkeley 的加利福尼亚大学开发了 C Shell。C Shell 便于用户使用交互式功能，且其语法结构变成了 C 语言风格。它新增了命令历史、别名、文件名替换、作业控制等功能。

（3）Korn Shell

有很长一段时间，只有两类 Shell 供人们选择，Bourne Shell 用来编程，C Shell 用来交互。为了改变这种状况，AT&T 的 Bell 实验室 David Korn 开发了 Korn Shell。Korn Shell 结合了所有的 C Shell 的交互式特性，并融入了 Bourne Shell 的语法。因此，Korn Shell 广受用户的欢迎。它还新增了数学计算、进程协作（coprocess）、行内编辑（inline editing）等功能。Korn Shell 是一个交互式的命令解释器和命令编程语言。它符合 POSIX 的国际标准。POSIX 不是一个操作系统，而是一个目标在于应用程序的移植性的标准——在源程序一级跨越多种平台。

（4）Bourne Again Shell（bash）

bash 是 GNU 计划的一部分，用来替代 Bourne Shell。它用于基于 GNU 的系统，如 Linux。大多数的 Linux（Red Hat、Slackware、Caldera）都以 bash 作为默认的 Shell，并且运行 sh 时，其实调用的是 bash。

## 2. Shell 的工作方式

Shell 是一个命令语言解释器，它拥有自己内建的 Shell 命令集，Shell 也能被系统中其他应用程序所调用。用户在提示符下输入的命令都由 Shell 先解释然后传给 Linux 核心。

有一些命令，比如改变工作目录命令 cd，是包含在 Shell 内部的，称为内部命令。还有一些命令，例如复制命令 cp 和移动命令 rm，是存在于文件系统中某个目录下的单独的程序，称为外部命令。对用户而言，不必关心一个命令是建立在 Shell 内部还是一个单独的程序。

Shell 首先检查命令是不是内部命令，若不是则再检查是不是一个应用程序（这里的应用程序可以是 Linux 本身的实用程序，如 ls 和 rm，也可以是购买的商业程序，如 xv，或者是自由软件，如 emacs）。然后 Shell 在搜索路径里寻找这些应用程序（搜索路径就是一个能找到可执行程序的目录列表）。如果输入的命令不是一个内部命令并且在路径里没有找到这个可执行文件，将会显示一条错误信息。如果能够成功找到命令，该内部命令或应用程序将被分解为系统调用并传给 Linux 内核。平时输入命令的时候，如果输入的是内部命令，就不需要输入命令文件本身的路径，但输入的是外部命令，并且不在系统的搜索路径里，则需要将命令的路径也输入进去。

Shell 的另一个重要特性是它自身就是一个解释型的程序设计语言，Shell 程序设计语言支持绝大多数在高级语言中能见到的程序元素，如函数、变量、数组和程序控制结构。Shell 编程语言简单易学，任何在提示符中能输入的命令都能放到一个可执行的 Shell 程序中。

### 3. Shell 的启动

当普通用户成功登录，系统将执行一个称为 Shell 的程序。正是 Shell 进程提供了命令行提示符。作为默认值（CentOS 8 系统默认的 Shell 是 bash），对普通用户用 "$" 作提示符，对超级用户（root）用 "#" 作提示符。

一旦出现了 Shell 提示符，就可以输入命令名称及命令所需要的参数。Shell 将执行这些命令。如果一条命令花费了很长的时间来运行，或者在屏幕上产生了大量的输出，可以从键盘上按组合键【Ctrl+C】发出中断信号来中断它（在正常结束之前，中止它的执行）。

当用户准备结束登录对话进程时，可以输入 logout 命令、exit 命令或文件结束符（EOF）（按组合键【Ctrl+D】实现），结束登录。

## 二、认识各种常用的 Shell 命令

在 Linux 中，命令行有大小写的区分，且所有的 Linux 命令行和选项都区分大小写，例如 -V 和 -v 是两个不同的命令，这与 Windows 操作系统有所区别。在 Windows 操作系统环境下，所有的命令都没有大小写的区别。初学者应遵循所有控制台命令的输入均为小写这一原则。例如查看当前日期，输入小写的 date，将得到图 2-1 所示的结果。

图 2-1　正确的 date 命令

如果输入的是大写的 DATE，则得到图 2-2 所示的错误。

图 2-2　大写的 date 命令的错误提示

Shell 命令的格式由命令名、选项和参数三部分组成，中间用空格隔开，其基本格式如下：

```
cmd [options] [arguments]
```

其中，

① cmd 是命令名，是描述该命令功能的英文单词或缩写。在 Shell 中，命令名是不可缺少的，并且总是放在整个命令行的起始位置。

② 方括号表示可选。

③ options 是选项，是执行命令的限定参数或者功能参数。同一命令可以采用不同的选项，不同的选项使用命令有不同的功能。选项可以是一个、多个或者没有。选项通常是 "-" 开头，如 ls -a，如有多个选项，可以只使用一个 "-"，如 ls -a -l 与 ls -al 是一样的。选项还可以是 "--"

开头，这些选项通常是一个英文单词，还有少数的命令选项不需要连接符号。

④ arguments 是参数，即操作的对象，如文件、目录等。参数的个数根据命令的不同而不同，可以是一个、多个或者没有。

在 Shell 中，一行中可以输入多条命令，使用"；"字符分隔开。也可以使用多行来表示一条命令，在一行命令后面输入"\"则表示另起一行继续输入。另外命令的输入可以使用【Tab】键自动补全，只要输入的字符能正确、唯一的表示一个命令或文件名，系统就可以自动补全命令。使用键盘的【↑】【↓】还可以将最近使用过的命令重新调出来使用。

在 Shell 中，还可以将一个命令的输出作为另一个命令的输入，如"管道"的使用，如图 2-3 所示。

```
[root@li etc]# ls -l | more_
```

图 2-3　ls 命令

其中"|"为管道符号，此命令的执行是先执行 ls -l，将命令的输出作为 more 的参数，最后再执行 more 命令。除了此种用法外，Shell 命令还有多种灵活的使用方式，部分使用方式在后面的章节中会进行描述。如读者希望得到更详尽信息，可查阅相关书籍、资料。

Linux 能支持非常多的命令、提供非常强大的功能，在这一小节中介绍部分 Bash Shell 中常用的命令，而其他常用命令则在其他章节中介绍，如"项目 3 认识 Linux 中的用户和组"中将会介绍与用户、组相关的命令。

### 1. 用户、系统、外部介质调用命令

下面介绍用户、系统、外部介质调用命令 su、shutdown、mount、umount、date、history、clear。

（1）su 命令

格式：su [ - ] [ 用户名 ]

功能：它可以使一个一般用户拥有超级用户或其他用户的权限，也可以使超级用户以一般用户的身份做些事情。但一般用户使用该命令时必须有超级用户或其他用户的口令。如果要退出当前用户的登录，可以输入 exit。

例如：一个普通用户 li 切换到 root，并执行添加用户的操作，然后退出管理员身份，如图 2-4 所示。

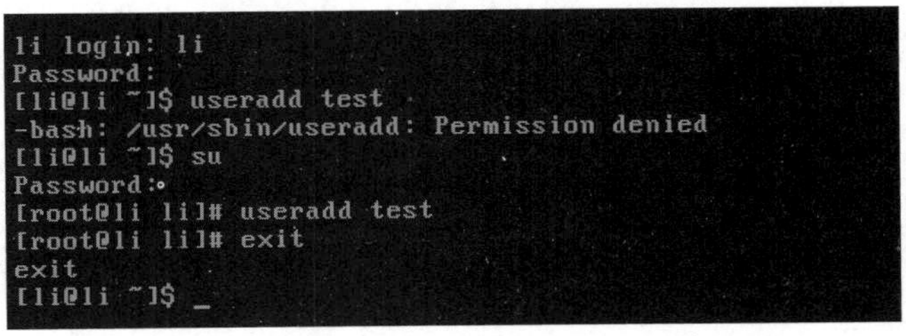

```
li login: li
Password:
[li@li ~]$ useradd test
-bash: /usr/sbin/useradd: Permission denied
[li@li ~]$ su
Password:
[root@li li]# useradd test
[root@li li]# exit
exit
[li@li ~]$ _
```

图 2-4　su 命令

普通用户 li 不能执行添加用户的命令，但切换到管理员身份后就可以了。

（2）shutdown 命令

格式：shutdown [ 选项 ] 时间 [ 警告信息 ]

功能：该命令可以安全地关闭或重启 Linux 系统，它在系统关闭之前给系统上的所有登录用户提示一条警告信息。该命令还允许用户指定一个时间参数，可以是一个精确的时间，也可以是从现在开始的一个时间段。精确时间的格式是 hh:mm，表示小时和分钟，时间段由 + 和分钟数表示，还可以用 now 表示立刻。常用的选项是 -r 和 -h，前者是重启，后者是关机。

例如：

```
#shutdown -h now            //立刻关机
#shutdown -r now            //立刻重启
#shutdown -h 12:00          //12点钟关机
#shutdown -r +10            //10分钟后重启
```

（3）mount 与 umount 命令

① mount 命令。

格式：mount [ 选项 ] [ 设备名 ] [ 目录 ]

功能：Linux 系统使用该命令将能够识别的文件系统挂载到系统中。常用的选项是 -t 和 -r，-t 表示文件系统的类型，-r 表示以只读方式挂载文件系统，默认为可读可写。

例如：

```
#mount -t iso9660 /dev/cdrom /mnt/cdrom   //挂载光盘，并指定文件系统类型为iso9660
```

② umount 命令。

格式：umount 设备名或目录

功能：用于卸载文件系统。

例如：

```
umount /dev/cdrom           //卸载光盘
```

Linux 中设备是以文件夹的形式来使用的，所以访问设备要通过文件夹来访问，当文件系统被挂载到某个文件夹时，文件夹原有的内容不能被访问，只能访问到挂载后的文件系统。卸载文件系统后，文件夹原来的内容就可以被访问了。

（4）date 命令

格式：date [ 选项 ] [ 格式控制字符串 ]

功能：显示或修改系统的日期和时间。无任何选项、参数时为显示当前的日期和时间；date -s 后面加上日期或时间，则为设定的日期或时间，只有 root 用户可以使用。

例如：

```
#date                       //显示当前日期和时间
#date -s 20230822           //将日期设置为2023年8月22日
#date -s 15:18:00           //将时间设置为15点18分0秒
```

（5）history 命令

格式：history

功能：显示用户最近使用过的命令。

例如：

```
#history
```

（6）clear 命令

格式：clear

功能：清空屏幕上的信息。

例如：

```
#clear
```

### 2. 目录操作命令

下面介绍目录操作命令 ls、cd、mkdir、pwd。

（1）ls 命令

格式：ls [ 选项 ] [ 文件或目录 ]

功能：显示指定目录中的文件或子目录的信息。不指定目录时，显示当前目录的内容。ls 支持非常多的选项，能实现详细的控制。

命令中各选项的含义如下：

① -a：显示指定目录下所有子目录与文件，包括隐藏文件。

② -A：显示指定目录下所有子目录与文件，包括隐藏文件，但不列出 "."和 ".."。

③ -b：对文件名中的不可显示字符用八进制字符显示。

④ -c：按文件的修改时间排序。

⑤ -C：分成多列显示各项。

⑥ -d：如果参数是目录，只显示其名称而不显示其下的各文件。往往与 l 选项一起使用，以得到目录的详细信息。

⑦ -l：以长格式来显示文件的详细信息。这个选项最常用。

⑧ -p：在目录后面加一个 "/"。

例如：

```
#ls                    //查看当前目录的内容
#ls -al /dev           //查看dev目录下所有文件和目录，包括隐藏文件的详细信息
```

（2）cd 命令

格式：cd [ 目录 ]

功能：改变当前目录。

例如：

```
#cd                    //进入用户的家目录
#cd /etc               //进入etc目录
#cd ..                 //返回上一级目录
#cd -                  //返回最近访问过的目录
```

（3）mkdir 命令

格式：mkdir [ 选项 ] [ 目录 ]

功能：创建指定名称的文件夹。常用的选项有 -p 和 -m，前者表示一次性创建多个目录，后者则在创建文件夹时指定访问权限。

例如：

```
#mkdir   test1                    //在当前路径下创建默认权限的文件夹test1
//在home下创建test2目录，然后在其内部再创建test3目录
#mkdir   -p  /home/test2/test3
```

（4）pwd 命令

格式：pwd

功能：显示用户当前目录的绝对路径，如图 2-5 所示。

图 2-5　pwd 命令

### 3. 文件操作命令

下面介绍文件操作命令 touch、cp、mv、rm、cat、more、less、head、tail、grep、find、file。

（1）touch 命令

格式：touch [ 文件名 ]

功能：创建一个空白的新文件。如果要创建的文件已经存在，则改变这个文件的最后修改日期，如图 2-6 所示。

```
[root@li ~]# touch file1
[root@li ~]# ls -l file1
-rw-r--r--. 1 root root 0 Aug 22 17:48 file1
[root@li ~]# touch file1
[root@li ~]# ls -l file1
-rw-r--r--. 1 root root 0 Aug 22 17:49 file1
```

图 2-6　touch 命令

（2）cp 命令

格式：cp [ 选项 ] 源文件或目录　目标文件或目录

功能：复制文件或目录。常用的选项有 -i、-b、-f、-r、-p。-i 表示复制时目标路径已存在与要粘贴的文件名字相同的文件时，询问用户是否覆盖；-b 则先备份再覆盖；-f 表示强制覆盖不提示；-r 表示复制相应的目录及子目录；-p 表示复制后保留原来的权限和更改时间。

例如：

```
#cp file1 file2                   //复制文件file1为文件file2
#cp -r /root/dir1 /root/dir2      //复制文件夹dir1内的所有文件及文件夹到文件夹dir2内
```

（3）mv 命令

格式：mv [ 选项 ] 源文件或目录 目标文件或目录

功能：移动或重命名文件、文件夹。常用的选项有 -b、-f。-b 表示目标路径已存在与要移动的文件名字相同的文件时，先备份再覆盖；-f 表示强制覆盖不提示。

例如：

```
#mv file /root/                   //将文件file移动到/root目录下
#mv file myfile                   //将文件file重命名为myfile
```

（4）rm 命令

格式：rm [ 选项 ] 文件或目录

功能：删除文件或目录。常用的选项有 -i、-r。-i 在删除文件之前给出提示；-r 表示删除目录。

例如：

```
#rm file                    //删除文件file
#rm -r /root/myfile         //删除/root/myfile下面的所有文件及文件夹
```

（5）cat 命令

格式：cat [ 选项 ] 文件名

功能：将文件内容输出到标准输出设备上；可以多个文件合成一个文件。

例如：

```
#cat file                   //查看文件file的内容
#cat file1 file2 >> file3   //将file1和file2的内容合成为一个新文件file3
```

（6）more 命令

格式：more [ 选项 ] 文件名

功能：分屏显示文件内容。如果文件内容超过一屏，在屏幕下方则出现 --more--，按空格键跳到下一屏幕，按【Enter】键显示下一行，按【Q】键则退出。常用选项有 -c、-d、-n。-c 表示不滚屏，文件内容通过覆盖来换页；-d 表示在分页处显示提示；-n 表示每一屏幕显示的行数。

例如：

```
#more /etc/passwd           //显示文件内容
#ls -al /dev | more         //分屏显示文件夹的内容
```

（7）less 命令

格式：less [ 选项 ] 文件名

功能：与 more 命令基本相同。不同的是 more 只能向下翻页，less 可以上下翻页，按【PageUp】和【PageDown】键就可以实现翻页；其他操作方式与 more 相同。

（8）head 命令

格式：head [ 选项 ] 文件名

功能：显示文件的前 10 行，可以使用 -n 改变显示的行数，其中 n 为行数。

例如：

```
#head -5 myfile             //显示文件的前5行
```

（9）tail 命令

格式：tail [ 选项 ] 文件名

功能：从指定点开始显示文件后面的内容，默认显示文件的后 10 行。可以使用负数作为选项，指定显示后多少行，也可以使用 -n 加带"+"号数字从指定行开始显示，还使用 -c 选项指定显示文件的后几个字节。

例如：

```
#tail -5 myfile             //显示文件的后5行
```

```
#tail -n +2 myfile          //从第2行开始显示文件内容
#tail -c 2 myfile           //显示文件的后2个字节
```

（10）grep 命令

格式：grep [ 选项 ] [ 搜索的字符串 ] [ 搜索的对象 ]

功能：在文件中搜索指定的字符串。常用的选项有 -c、-i、-h。-c 表示只显示匹配字符串的行的总数；-i 表示搜索时不区分大小写；-h 表示在搜索多个文件时，文件名不加入输出之前。

例如：

```
#grep hi test               //在文件test中搜索字符串hi
#grep hi *                  //在当前目录所有文件内搜索字符串hi
```

（11）find 命令

格式：find [ 路径 ] [ 选项 ] [ 文件 ]

功能：从指定的路径开始，递归搜索各个子目录，查找满足条件的文件。find 的功能非常强大，拥有非常多选项。这里列出一些常用的选项：

① -amin n：在过去 $n$ 分钟内被读取过的文档。

② -anewer file：比文档 file 更晚被读取过的文档。

③ -atime n：在过去 $n$ 天被读取过的文档。

④ -cmin n：在过去 $n$ 分钟内被修改过的文档。

⑤ -cnewer file ：比文档 file 更新的文档。

⑥ -ctime n：在过去 $n$ 天被修改过的文档。

⑦ -empty：空的文档。

⑧ -gid n 或 -group name：指定 gid 号为 $n$ 或者直接指定组名称。

⑨ -name name， -iname name：文档名称符合 name 的文档，iname 会忽略大小写。

⑩ -size n：文档大小是 $n$ 的文档； 单位 b 代表 512 位元组的区块，c 表示字元数，k 表示 kb 大小的字符。

> **注意：**
> 计算机中的一个字符占两位。

⑪ -type：指定文档的类型。

例如：

```
#find /etc -name network     //在etc及其子目录中查找名称为network的文件
```

（12）file 命令

格式：file [ 文件名 ]

功能：显示文件的文件类型。在 Linux 中扩展名不是总是被使用的，有时候不能通过扩展名得知文件的类型，那么则需要通过 file 命令获得所需要的文件类型信息，如图 2-7 所示。

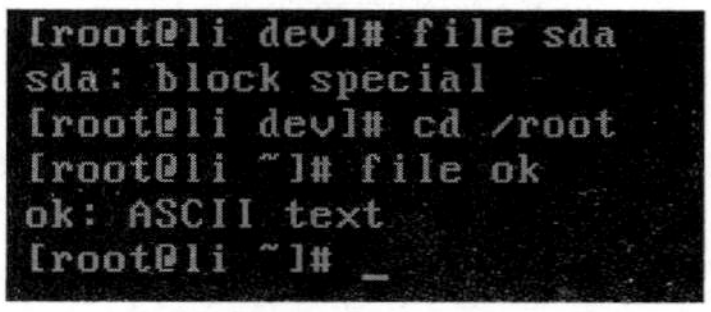

```
[root@li dev]# file sda
sda: block special
[root@li dev]# cd /root
[root@li ~]# file ok
ok: ASCII text
[root@li ~]# _
```

图 2-7　file 命令

#### 4．系统维护命令

下面介绍系统维护命令 uname、logname、w。

（1）uname 命令

格式：uname [ 选项 ]

功能：查看某种系统信息。常用选项有 -a、-s、-n。-a 显示所有信息；-s 显示内核名；-n 显示网络节点名字，如图 2-8 所示。

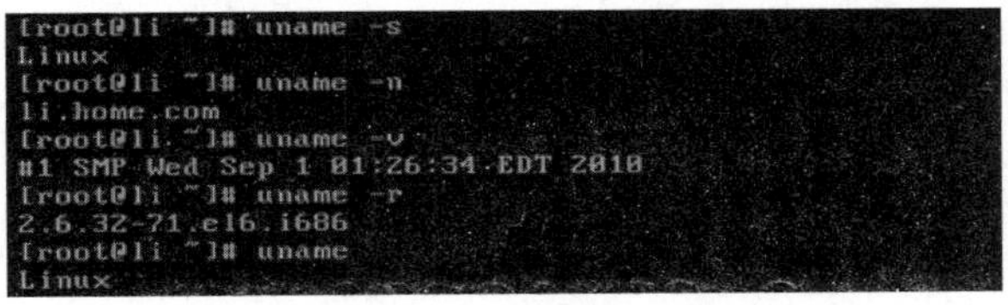

```
[root@li ~]# uname -s
Linux
[root@li ~]# uname -n
li.home.com
[root@li ~]# uname -v
#1 SMP Wed Sep 1 01:26:34 EDT 2010
[root@li ~]# uname -r
2.6.32-71.el6.i686
[root@li ~]# uname
Linux
```

图 2-8　uname 命令

（2）logname 命令

格式：logname [ 选项 ]

功能：显示当前登录系统的用户名称，如图 2-9 所示。

```
[root@dns ~]# logname
root
```

图 2-9　logname 命令

（3）w 命令

格式：w [ 选项 ] [ 用户 ]

功能：显示当前登录系统的用户信息。单独执行 w 命令会显示所有的用户，用户也可指定用户名称，显示某位用户的相关信息，如图 2-10 所示。

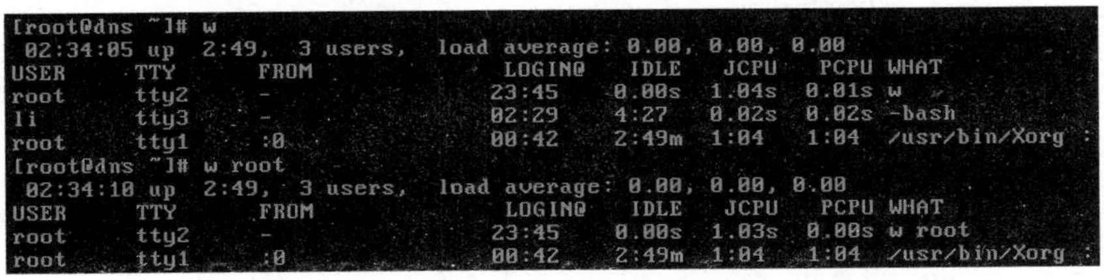

```
[root@dns ~]# w
 02:34:05 up  2:49,  3 users,  load average: 0.00, 0.00, 0.00
USER     TTY      FROM              LOGIN@   IDLE   JCPU   PCPU WHAT
root     tty2     -                 23:45    0.00s  1.04s  0.01s w
li       tty3     -                 02:29    4:27   0.02s  0.02s -bash
root     tty1     :0                00:42    2:49m  1:04   1:04  /usr/bin/Xorg :
[root@dns ~]# w root
 02:34:10 up  2:49,  3 users,  load average: 0.00, 0.00, 0.00
USER     TTY      FROM              LOGIN@   IDLE   JCPU   PCPU WHAT
root     tty2     -                 23:45    0.00s  1.03s  0.00s w root
root     tty1     :0                00:42    2:49m  1:04   1:04  /usr/bin/Xorg :
```

图 2-10　w 命令

### 任务描述

某企业购置了一台新的 Linux 服务器，准备作为内部员工保存工作成果的文件服务器。内部员工要能登录并使用 Linux 服务器，首先必须要有账号、文件夹；其次，要新建并指定所属的组，才能为用户使用系统做好各方面的准备。

### 任务流程

① 创建组账号。

② 新建用户。

③ 设置用户所属组。

④ 新建工作目录。

## 任务实施

某些命令将在后续章节中详细讲解。

① 新建组 group1，并指定组账号 ID 为 10100。

```
[root@server ~]# groupadd -g 10100 group1
[root@server ~]# groupadd -g 10101 group2
```

② 新建用户账号 ray，并指定 UID 为 2045，并属于组 group1。

```
[root@server ~]# adduser -u 2045 -g group1 ray
```

③ 在用户 ray 个人目录下新建目录 workfile。

```
[root@server ~]# mkdir  /home/ray/workfile
```

## 思考和练习

一、单项选择题

1. 删除一个非空子目录 /tmp 的命令是（          ）。

    A. del /tmp/*        B. rm -rf /tmp        C. rm -Ra /tmp/*    D. rm -rf /tmp/*

2. 要列出当前目录以及子目录下所有扩展名为".txt"的文件，可以使用的命令是（          ）。

    A. ls *.txt        B. find -name ".txt"  C. ls -d .txt        D. find . ".txt"

3. （          ）可以显示当前目录。

    A. pwd        B. cd        C. who        D. ls

4. 欲把当前目录下的 file1.txt 复制为 file2.txt，正确的命令是（          ）。

    A. copy file1.txt file2.txt        B. cp file1.txt | file2.txt

    C. cat file2.txt file1.txt        D. cat file1.txt -> file2.txt

5. 为了将当前目录下的压缩归档文件 myftp.tar.gz 解压缩，可以使用（          ）。

    A. tar -xvzf myftp.tar.gz        B. tar -xvz myftp.tar.gz

    C. tar -vzf myftp.tar.gz        D. tar -xvf myftp.tar.gz

6. 在使用 mkdir 命令创建新的目录时，在其父目录不存在时先创建父目录的选项是（          ）。

    A. -m        B. -d        C. -f        D. -p

7. 在给定文件中查找与设定条件相符字符串的命令为（          ）。

    A. grep        B. gzip        C. find        D. sort

8. 确定 myfile 的文件类型的命令是（          ）。

    A. type myfile    B. type -q myfile  C. file myfile    D. whatis myfile

9. 显示文件"longfile"的最后 10 行的命令是（          ）。

    A. tail  logfile                B. head -10  longfile

    C. tail -d 10  longfile        D. head  longfile

10. 复制 mydir\myfile 文件到 dir2 目录下，但是系统提示这个文件已经存在，下面（          ）命令是正确的。

    A. cp -w mydir\myfile dir2        B. cp -i mydir\myfile dir2

    C. cp mydir\myfile dir2        D. cp -v mydir\myfile dir2

**二、问答题**

在 Linux 中有一文件列表内容格式如下：

lrwxrwxrwx 1 hawkeye users 6 Jul 18 09:41 nurse2 -> nurse1

① 要完整显示如上文件列表信息，应该使用什么命令？请写出完整的命令行。

② 上述文件列表内容的最后一列内容 "nurse2->nurse1" 是什么含义？

**三、实验**

【实验目的】

掌握 Shell 命令的基本使用方法。

【实验内容】

各种 Shell 命令。

【实验要求】

1.　用 Shell 命令查看 /home 目录下的可执行文件。

2.　用 cal 命令查看 2008 年 8 月 8 日是星期几。

3.　查找 /etc/ 目录下所有文件名之中包含 a 的文件，并将其复制到 /mnt 目录中。

提示：

使用 find 命令。

# 任务 2.2 掌握 vim 编辑器

## 任务引言

Linux 系统中许多的软件和网络服务器的运行都是由相应的配置文件控制的。要对这些软件及网络服务进行配置及控制就必须编辑这些配置文件。系统下有许多文本编辑器可以编辑这些配置文件，其中最常用的就是 vim 编辑器了，所有的 Linux 发行版本中都默认安装此编辑器。下面来讲述 vim 编辑器的使用方法。

## 相关知识

### 一、vim 简介

vim 是一个文本编辑软件，是许多 Linux 发行版本的默认文本编辑器。提到 vim，则会涉及另一个文本编辑软件 vi。vi 是老式的文书处理器，不过功能很齐全了，但还是有可以进步的地方。vim 是 vi 的增强版本，vim 可以用颜色或底线等方式来显示一些特殊的信息，同时会依据档案的副档名或者档案内的开头信息，判断该档案的内容同时自动的呼叫该程序的语法判断方法，并用不同颜色来对程序代码加以显示。也就是说，这个 vim 已经是个程序编辑器，甚至一些 Linux 基础设定文档内的语法，都能够用 vim 来检查。现在一般使用 vim，而不使用 vi。在这里主要学习 vim 的基本功能。

## 二、vim 的工作模式

vim 有三种工作模式：命令模式、插入模式和末行模式。

### 1. 命令模式

启动 vim 时，进入的模式就是命令模式。该模式下可以输入各种 vim 命令，可以进行光标的移动，字符、字、行的删除，复制，粘贴等操作；此时从键盘上的任何输入都作为命令处理。在其他两种模式中按【Esc】键可进入此模式。

### 2. 插入模式

就像平时使用记事本时一样，可以随意地输入、修改、删除文本。命令模式下输入 i、a 等命令可以进入此模式。

### 3. 末行模式

命令模式下输入":"命令可进入此模式。此模式下可以进行存盘、退出、查找、替换、显示行号等操作。一条命令执行完后 vim 会返回命令模式。三种模式之间的关系如图 2-11 所示。

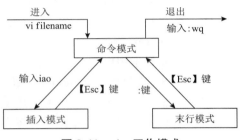

图 2-11　vim 工作模式

## 三、vim 的使用方法

### 1. vim 的启动与退出

（1）vim 的启动

① vim。

进入 vim 的一个临时缓冲区，光标定位在该缓冲区第一行第一列的位置上。此时没有文件名，保存文件时需要输入文件名。

② vim file1。

如果 file1 文件不存在，将建立此文件；如该文件存在，则将其复制到一个临时缓冲区。光标定位在该缓冲区第一行第一列的位置上，如图 2-12 所示。

```
#vim file
```

图 2-12　用 vim 编辑文件

（2）退出 vim

建议在退出 vim 前，先按【Esc】键，以确保当前 vim 的状态为命令方式，再输入 ":"（冒号），输入下列命令，退出 vim。

① :w。

将编辑缓冲区的内容写入文件，则新的内容就替代了原始文件。这时并没有退出 vim，必须进一步输入 :q 才能退出 vim。

② :wq。

即将上面的两步操作可以合成一步来完成，先执行 w，后执行 q。

③ :q!。

强行退出 vim，使被更新的内容不写回文件中。当仅输入命令 :q 时，如 vim 发现文本内容已被更改，将提示用户先保存。

**2．vim 的基本操作命令**

① vim 光标控制命令，见表 2-1。

表 2-1  vim 光标控制命令

| 命　　令 | 光 标 移 动 |
|---|---|
| h 或← | 向左移一个字符 |
| j 或↓ | 向下移一行 |
| k 或↑ | 向上移一行 |
| l 或→ | 向右移一个字符 |
| G | 移到文件的最后一行 |
| w | 移到下一个字的开头 |
| W | 移到下一个字的开头，忽略标点符号 |
| b | 移到前一个字的开头 |
| B | 移到前一个字的开头，忽略标点符号 |
| L | 移到屏幕的最后一行 |
| M | 移到屏幕的中间一行 |
| H | 移到屏幕的第一行 |
| e | 移到下一个字的结尾 |
| E | 移到下一个字的结尾，忽略标点符号 |
| ( | 移到句子的开头 |
| ) | 移到句子的结尾 |
| { | 移到段落的开头 |
| } | 移到下一个段落的开头 |

② 删除文本命令，见表 2-2。

表 2-2　删除文本命令

| 命　令 | 删　除　操　作 |
|---|---|
| X | 删除光标处的字符 |
| Dw | 删至下一个字的开头 |
| dG | 删除行，直到文件结束 |
| Dd | 删除整行 |
| Db | 删除光标前面的字 |

③ 查找与替换命令，见表 2-3。

表 2-3　查找与替换命令

| 命　令 | 查找与替换操作 |
|---|---|
| /text | 在文件中向前查找 text |
| ?text | 在文件中向后查找 text |
| n | 在同一方向重复查找 |
| N | 在相反方向重复查找 |
| :s/oldtext/newtext/g | 用 newtext 替换 oldtext |
| :m,ns/oldtext/newtext | 从 $m$ 行到 $n$ 行，用 newtext 替换 oldtext |
| :g/text1/s/text2/text3 | 查找包含 text1 的行，用 text3 替换 text2 |

④ 复制文本命令，见表 2-4。

表 2-4　复制文本命令

| 命　令 | 复　制　操　作 |
|---|---|
| yy | 将当前行的内容放入临时缓冲区 |
| nyy | 将 $n$ 行的内容放入临时缓冲区 |
| p | 将临时缓冲区中的文本放入光标后 |
| Shift+P | 将临时缓冲区中的文本放入光标前 |

⑤ 撤销与重复命令，见表 2-5。

表 2-5　撤销与重复命令

| 命　令 | 撤　销　操　作 |
|---|---|
| u | 撤销最后一次修改 |
| Ctrl+R | 撤销当前行的所有修改 |

## 任务描述

　　企业内部有两个部门的网络需要连接，但又想购置专门的硬件路由，希望能将原有的 Linux

文件服务器上扩展出路由功能，以节省成本和提高设备的利用率。

## 任务流程

① 为主机添加第二张网卡，并配置 IP 地址。

② 使用 vim 编辑器打开文件 /etc/rc.d/rc.local。

③ 在 rc.local 文档中加入启动路由功能的命令。

④ 重启系统，激活路由功能。

## 任务实施

① 添加网卡，并配置 ip 地址（ip 地址方法在后面的章节中讲述）。

② 使用 vim 命令打开文件 /etc/rc.d/rc.local。

```
[root@server ~]vim /etc/rc.d/rc.local
```

在 rc.local 中添加文字 "echo 1 > /proc/sys/net/ipv4/ip_forward"，表示系统每次开机均运行此命令。

③ 存盘退出。

在 vim 的末行模式下输入 ":q!"。

④ 重启系统。

退出 vim 后在系统中输入命令 reboot，重启系统后路由功能被启动。

## 思考和练习

### 一、单项选择题

1. 在 vim 编辑器里，命令（　　）能将光标移到第 200 行。

 A. 200g   B. :200   C. g200   D. G200

2. 用 vim 打开一个文件，用字母 "new" 来代替字母 "old" 的命令是（　　）。

 A. :r/old/new     B. :s/old/new

 C. :1,$s/old/new/g   D. :s/old/new/g

3. vim 中编辑完文档后需要存盘并推出，应输入命令（　　）。

 A. Q   B. W   C. wq   D. qw

4. 在 vim 编辑器中，删除一整行文本的指令是（　　）。

 A. d   B. yy   C. dd   D. q

5. 在 vim 编辑器处于命令模式时要删除光标所指的字符应按（　　）键。

 A. d   B. x   C. D   D. Backspace

### 二、问答题

vim 编辑器中有哪几个工作模式，相互之间如何切换？

### 三、实验

【实验目的】

掌握 vim 编辑器的基本使用方法。

【实验内容】

开机自动挂载光盘。

【实验要求】

1. 使用 vim 命令打开文件 /etc/rc.d/rc.local。
2. 打开后，在 rc.local 中添加命令"mount -t iso9660 /dev/cdrom /mnt/cdrom"。
3. 保存文件之后，重启系统。

## 项目总结

　　学习本项目需要完成掌握常用的 Shell 命令和掌握 vim 编辑器两个学习任务，通过本项目的学习，读者能初步掌握 Linux 操作系统的使用工具，为以后深入学习 Linux 操作系统知识打下坚实的基础。

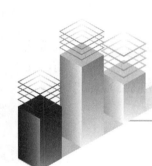

# 项目3
# Linux的用户和系统管理

Linux 操作系统中的用户和组是使用 Linux 操作系统需要涉及的基本概念，对于用户和组管理命令的使用是熟练操作 Linux 操作系统的基本功之一。作为当今世界与 Windows 分庭抗礼的操作系统的代表，Linux 的文件系统与进程管理有着它的独到之处，因此熟练掌握 Linux 的文件管理与进程管理是一个系统管理员的必备技能要求。

## 项目导读

| 项目任务 | 任务 3.1　用户和组的管理<br>任务 3.2　管理 Linux 的文件系统<br>任务 3.3　认识和管理 Linux 的进程 |
| --- | --- |
| 知识目标 | ① 掌握 Linux 系统中用户和组的管理文件的作用<br>② 理解 Linux 系统中进程管理所涉及的基本概念 |
| 技能目标 | ① 掌握 Linux 系统中用户和组管理的基本命令<br>② 掌握 Linux 系统中文件系统管理的基本命令<br>③ 掌握 Linux 系统中进程管理的基本命令 |

## 任务 3.1　用户和组的管理

### 任务引言

Linux 系统是一个多用户多任务的分时操作系统，任何一个要使用系统资源的用户，都必须首先向系统管理员申请一个账号，然后以这个账号的身份进入系统。用户的账号一方面可以帮助系统管理员对使用系统的用户进行跟踪，并控制他们对系统资源的访问；另一方面也可以帮助用户组织文件，并为用户提供安全性保护。每个用户账号都拥有一个唯一的用户名和各自的口令。用户在登录时输入正确的用户名和口令后，就能够进入系统和自己的主目录了。

与用户相关的系统配置文件主要有 /etc/passwd 和 /etc/shadow，其中 /etc/shadow 是用户信息的加密文件，如用户的密码、密码的加密保存等；/etc/passwd 和 /etc/shadow 文件是互补的，下面分别对这两个文件进行介绍。

### 相关知识

#### 一、用户账号文件

/etc/passwd 是系统识别用户的一个文件，用来保存用户的账号数据等信息，又被称为密码文件。系统所有的用户都在此文件中有记载。例如当用户以 sam 这个账号登录时，系统首先会查阅 /etc/passwd 文件，看是否有 sam 这个账号，然后确定 sam 的用户 ID（UID），通过用户 ID 来确认用户的身份。如果存在则读取 /etc/shadow 文件中所对应的 sam 的密码，如果密码核实无误则登录系统，读取用户的配置文件。

这个文件的内容类似下面的例子：

```
#cat /etc/passwd
    root:x:0:0:Superuser:/:
    daemon:x:1:1:System daemons:/etc:
    bin:x:2:2:Owner of system commands:/bin:
    sys:x:3:3:Owner of system files:/usr/sys:
    adm:x:4:4:System accounting:/usr/adm:
    uucp:x:5:5:UUCP administrator:/usr/lib/uucp:
    auth:x:7:21:Authentication administrator:/tcb/files/auth:
    cron:x:9:16:Cron daemon:/usr/spool/cron:
    listen:x:37:4:Network daemon:/usr/net/nls:
    lp:x:71:18:Printer administrator:/usr/spool/lp:
    sam:x:1000:1000:Sam san:/usr/sam:/bin/sh
```

从上面的例子可以看到，/etc/passwd 中一行记录对应着一个用户，每行记录又被冒号（:）分隔为七个字段，其格式和具体含义如下：

用户名:口令:用户标识号:组标识号:注释性描述:主目录:登录Shell

### 1. "用户名" 是代表用户账号的字符串

通常长度不超过八个字符，并且由大小写字母和或数字组成。登录名中不能有冒号（:），因为冒号在这里是分隔符。为了兼容起见，登录名中最好不要包含点字符（.），并且不使用连字符（-）和加号（+）打头。

### 2. "口令" 是一些系统中存放着的加密后的用户口令字

虽然这个字段存放的只是用户口令的加密串，不是明文，但是由于 /etc/passwd 文件对所有用户都可读，所以这仍是一个安全隐患。因此，现在许多 Linux 系统都使用了 shadow 技术，把真正的加密后的用户口令字存放到 /etc/shadow 文件中，而在 /etc/passwd 文件的口令字段中只存放一个特殊的字符，例如 "x" 或者 "*"。

### 3. "用户标识号"（UID）是一个整数，系统内部用它来标识用户

一般情况下它与用户名是一一对应的。如果几个用户名对应的用户标识号是一样的，系统内部将把它们视为同一个用户，但是它们可以有不同的口令、不同的主目录以及不同的登录 Shell 等。

通常用户标识号的取值范围是 0 ~ 65 535。0 是超级用户 root 的标识号，1 ~ 999 由系统保留，作为管理账号，普通用户的标识号从 1 000 开始。

### 4. "组标识号"（GID）字段记录的是用户所属的用户组

它对应着 /etc/group 文件中的一条记录。

### 5. "注释性描述" 字段记录着用户的一些个人情况

例如用户的真实姓名、电话、地址等，这个字段并没有什么实际的用途。在不同的 Linux 系统中，这个字段的格式并没有统一。在许多 Linux 系统中，这个字段存放的是一段任意的注释性描述文字。

### 6. "主目录"，也就是用户的起始工作目录

系统为每个用户配置的单独使用环境，及用户登录系统后最初所在的目录，用户的文件都放置在此目录下。一般来说，root 账号的主目录是 /root，其他账号的主目录都在 /home 目录下，并且和用户名同名。各用户对自己的主目录有读、写、执行的权限，其他用户对此目录的访问权限则根据具体情况设置。

### 7. 用户登录的进程

这个进程是用户登录到系统后运行的命令解释器或某个特定的程序，即 Shell。

Shell 是用户与 Linux 系统之间的接口。Linux 的 Shell 有许多种，每种都有不同的特点。常用的有 sh(Bourne Shell)、csh(C Shell)、ksh(Korn Shell)、tcsh、bash 等。系统管理员可以根据系统情况和用户习惯为用户指定某个 Shell。如果不指定 Shell，那么系统使用 sh 为默认的登录 Shell，即这个字段的值为 /bin/sh。

用户的登录 Shell 也可以指定为某个特定的程序（此程序不是一个命令解释器）。利用这一特点，可以限制用户只能运行指定的应用程序，在该应用程序运行结束后，用户就自动退出了系统。有些 Linux 系统要求只有那些在系统中登记了的程序才能出现在这个字段中。

另外有些用户在 /etc/passwd 文件中也占有一条记录，但是不能登录，因为它们的登录 Shell 为空。它们的存在主要是方便系统管理，满足相应的系统进程对文件属主的要求，把这类用户称为伪用户。常见的伪用户有 bin（拥有可执行的用户命令文件）、sys（拥有系统文件）、adm（拥有账户文件）和 nobody（NFS 使用）等。

除了上面列出的伪用户外，还有许多标准的伪用户，例如：audit、cron、mail、usenet 等，它们也都各自为相关的进程和文件所需要。

由于 /etc/passwd 文件是所有用户都可读的，如果用户的密码太简单或规律比较明显的话，一台普通的计算机就能够很容易地将它破解，因此对安全性要求较高的 Linux 系统都把加密后的口令字分离出来，单独存放在一个文件中，这个文件就是 /etc/shadow 文件。只有超级用户才拥有该文件的读权限，这就保证了用户密码的安全性。

## 二、用户影子文件

/etc/shadow 文件是 /etc/passwd 的影子文件，这个文件并不由 /etc/passwd 产生，这两个文件是对应互补的。shadow 文件内容包括用户及被加密的密码以及其他 /etc/passwd 文件不能包括的信息，比如用户的有效期限等；这个文件只有 root 权限可以读取和操作。

/etc/shadow 的权限不能随便改为其他用户可读，因为这样做是危险的。如果以普通用户身份查看这个文件时，应该什么也查看不到，因为权限不够。

它的文件格式与 /etc/passwd 类似，由若干个字段组成，字段之间用 ":" 隔开。这些字段是：

登录名:加密口令:最后一次修改时间:最小时间间隔:最大时间间隔:警告时间:不活动时间:失效时间:保留字段

### 1. 登录名

登录名也被称为用户名，在 /etc/shadow 中，用户名和 /etc/passwd 是相同的，这样就把 passwd 和 shadow 中的用户记录联系在一起；这个字段是非空的。

Linux 操作系统与应用项目化教程

### 2. 加密口令

口令（已被加密）。如果有些用户在该字段值为 x，表示这个用户不能登录到系统；这个字段是非空的。

### 3. 最后一次修改时间

上次修改口令的时间。这个时间是从 1970 年 01 月 01 日算起到最近一次修改口令的时间间隔（天数），可以通过 passwd 来修改用户的密码，然后查看 /etc/shadow 中此字段的变化。

### 4. 最小时间间隔

两次修改口令间隔最少的天数。如果设置为 0，则禁用此功能；此项功能用处不是太大；默认值是通过 /etc/login.defs 文件定义中获取。

### 5. 最大时间间隔

两次修改口令间隔最多的天数；能增强管理员管理用户口令的时效性，应该说增强了系统的安全性；如果是系统默认值，是在添加用户时由 /etc/login.defs 文件定义中获取。

### 6. 警告时间

提前多少天警告用户口令将过期；当用户登录系统后，系统登录程序提醒用户口令将要作废；如果是系统默认值，是在添加用户时由 /etc/login.defs 文件定义中获取。

### 7. 不活动时间

在口令过期之后多少天禁用此用户；此字段表示用户口令作废多少天后，系统会禁用此用户，也就是说系统会不再让此用户登录，也不会提示用户过期，是完全禁用。

### 8. 失效时间

用户过期日期；此字段指定了用户作废的天数（从 1970 年的 1 月 1 日开始的天数），如果这个字段的值为空，账号永久可用。

### 9. 保留字段

目前为空，以备将来 Linux 发展之用。

下面是 /etc/shadow 的一个例子：

```
#cat /etc/shadow
root:$6$CUgWBvbpy0wwF3Wx$WeTMwppUlBdFim3gjMf7Oa4zDlux4pmWRXtClXAcjKNrVdkE
k6Pn1txSjD2QpyIp7nILFy9ofun0Es6gMaBP00:16089:0:99999:7:::
bin:*:14790:0:99999:7:::
daemon:*:14790:0:99999:7:::
adm:*:14790:0:99999:7:::
lp:*:14790:0:99999:7:::
sync:*:14790:0:99999:7:::
shutdown:*:14790:0:99999:7:::
halt:*:14790:0:99999:7:::
mail:*:14790:0:99999:7:::
operator:*:14790:0:99999:7:::
...
pulse:!!:16089::::::
gdm:!!:16089::::::
ys:$6$XSoS91NYOGduPhpC$.4GE3NXsEvcLGSvDXTzkTbxAYJpEPRZFlingPU6A4JzSDxJgAS
ElC8J0nnRr6H39Oq4begalKuDlfcr9Vafrh0:16089:0:99999:7:::
```

### 三、组账号文件

具有某种共同特征的用户集合起来就是用户组。用户组的设置主要是为了方便检查、设置文件或目录的访问权限。每个用户组都有唯一的用户组号 GID。

将用户分组是 Linux 系统中对用户进行管理及控制访问权限的一种手段。每个用户都属于某个用户组；一个组中可以有多个用户，一个用户也可以属于不同的组。当一个用户同时是多个组中的成员时，在 /etc/passwd 文件中记录的是用户所属的主组，也就是登录时所属的默认组，而其他组称为附加组。用户要访问属于附加组的文件时，必须首先使用 newgrp 命令使自己成为所要访问的组中的成员。用户组的所有信息都存放在 /etc/group 文件中。此文件的格式也类似于 /etc/passwd 文件，由冒号（:）隔开若干个字段，这些字段有：

组名:口令:组标识号:组内用户列表

① "组名"是用户组的名称，由字母或数字构成。与 /etc/passwd 中的登录名一样，组名不应重复。

② "口令"字段存放的是用户组加密后的口令字。一般 Linux 系统的用户组都没有口令，即这个字段一般为空，或者是 *。

③ "组标识号"与用户标识号类似，也是一个整数，被系统内部用来标识组。

④ "组内用户列表"是属于这个组的所有用户的列表，不同用户之间用逗号（,）分隔。这个用户组可能是用户的主组，也可能是附加组。

下面是 /etc/group 的一个例子：

```
#cat /etc/group
    root:x:0:root
    bin:x:1:root,bin,daemon
    daemon:x:2:root,bin,daemon
    sys:x:3:root,bin,adm
    adm:x:4:root,adm,daemon
    tty:x:5:
    disk:x:6:root
    lp:x:7:daemon,lp
    mem:x:8:
    kmem:x:9:
    wheel:x:10:root
    mail:x:12:mail,postfix
    uucp:x:14:uucp
    man:x:15:
    games:x:20:
    ...
    ys:x:500:
```

### 四、用户组影子文件

/etc/gshadow 是 /etc/group 的加密资讯文件，比如用户组（group）管理密码就是存放在这个文件中的。/etc/gshadow 和 /etc/group 是互补的两个文件；对于大型服务器，针对很多用户和组，定制一些关系结构比较复杂的权限模型，设置用户组密码是极有必要的。比如不想让一些非用户组成员永久拥有用户组的权限和特性，这时可以通过密码验证的方式来让某些用户临时拥有一些用户组特性，就要用到用户组密码。

/etc/gshadow 格式如下，每个用户组独占一行：

用户组：用户组密码：用户组管理者：组成员

① 用户组：用户组的名称。

② 用户组密码：这个字段可以是空的或!，如果是空的或有!，表示没有密码。

③ 用户组管理者：这个字段也可为空，如果有多个用户组管理者，用逗号（,）分隔。

④ 组成员：如果有多个成员，用逗号（,）分隔。

下面是 /etc/gshadow 的一个例子：

```
#cat /etc/gshadow
    root:::root
    bin:::root,bin,daemon
    daemon:::root,bin,daemon
    sys:::root,bin,adm
    adm:::root,adm,daemon
    tty:::
    disk:::root
    lp:::daemon,lp
    mem:::
    kmem:::
    wheel:::root
    mail:::mail,postfix
    uucp:::uucp
    man:::
    games:::
    gopher:::
    video:::
    dip:::
    ...
    ys:!!::
```

## 五、用户管理的基本操作

用户账号的管理工作主要涉及用户账号的添加、修改和删除。

添加用户账号就是在系统中创建一个新账号，然后为新账号分配用户号、用户组、主目录和登录 Shell 等资源。刚添加的账号是被锁定的，无法使用。

### 1. 添加新的用户账号使用 useradd 命令

格式如下：

useradd　[选项]　用户名

其中各选项含义如下：

-c comment：指定一段注释性描述。

-d 目录：指定用户主目录，如果此目录不存在，则同时使用 -m 选项，可以创建主目录。

-g 用户组：指定用户所属的用户组。

-G 用户组列表：指定用户所属的附加组，各组用逗号隔开。

-s Shell 文件：指定用户的登录 Shell，默认为 /bin/bash。

-u 用户号：指定新用户的用户号，该值一般情况下需要大于 499，如果同时有 -o 选项，则可以重复使用其他用户的标识号。

-p password：为新建用户指定登录密码。此处的 password 是对登录密码经 md5 加密后所得到的密码值，不是真实密码原文，因此实际应用中使用较少。

**例 3-1**　# useradd –d /usr/sam  -m  sam

此命令创建了一个用户 sam，其中 -d 和 -m 选项用来为登录名 sam 产生一个主目录 /usr/sam。

**例 3-2**　# useradd -s /bin/sh -g group –G adm,root gem

此命令新建了一个用户 gem，该用户的登录 Shell 是 /bin/sh，它属于 group 用户组，同时又属于 adm 和 root 用户组，其中 group 用户组是其主组。

这里可能新建组：#groupadd group 及 groupadd adm

增加用户账号就是在 /etc/passwd 文件中为新用户增加一条记录，同时更新其他系统文件如 /etc/shadow，/etc/group 等。

### 2. 删除账号

如果一个用户的账号不再使用，可以从系统中删除。删除用户账号就是要将 /etc/passwd 等系统文件中的该用户记录删除，必要时还要删除用户的主目录。删除一个已有的用户账号使用 userdel 命令，其格式如下：

```
userdel  [选项]  用户名
```

常用的选项是 -r，它的作用是把用户的主目录一起删除。

**例 3-3**　# userdel sam

此命令删除用户 sam 在系统文件中（主要是 /etc/passwd、/etc/shadow、/etc/group 等）的记录，同时删除用户的主目录。

### 3. 修改账号

修改用户账号就是根据实际情况更改用户的有关属性，如用户号、主目录、用户组、登录 Shell 等。修改已有用户的信息使用 usermod 命令，其格式如下：

```
usermod  [选项]  用户名
```

常用的选项包括 -l、-L、-c、-d、-m、-g、-G、-s、-u 以及 -o 等，这些选项的意义与 useradd 命令中的选项一样，可以为用户指定新的资源值。示例如下：

（1）改变用户名

格式：usermod -l 新用户名 原用户名

-l 选项指定一个新的用户名，即将原来的用户名改为新的用户名。

**例 3-4**　#usermod -l zhang  zhao

此命令将用户名 zhao 改为 zhang。

（2）锁定账号

若要临时禁止用户登录，可将该用户账户锁定。

格式：usermod -L 用户名

Linux 锁定账户，也可直接在密码文件 shadow 的密码字段前加 "!" 来实现。

（3）解锁账户

格式：usermod -U 用户名

-U 选项是将指定的账户解锁，以便可以正常使用。

（4）将用户加入其他组

格式：usermod -aG 组名 用户名

**例**3-5　#usermod -aG cheng tom

此命令是将用户 tom 追加到 cheng 这个组，如果省略 -a 选项，则将删除 cheng 这个群组的原有属性。

其他选项应用示例如下：

**例**3-6　# usermod -s /bin/ksh -d /home/z –g developer sam

此命令将用户 sam 的登录 Shell 修改为 ksh，主目录改为 /home/z，用户组改为 developer。

### 4．查看账号属性

格式：id［选项］［用户］

此命令是显示有效用户的 uid 和 gid，默认为当前用户的 id 信息。常用的选项有：-g 或 --group 表示只显示用户所属群组的 ID；-G 或 --groups 表示显示用户所属附加群组的 ID；-n 或 --name 表示显示用户，所属群组或附加群租的名称；-r 或 --real 表示显示实际 ID；-u 或 --user 表示只显示用户 ID；-help 表示显示帮助；-version 表示显示版本信息。

此外，利用 groups[ 用户 ] 命令可以显示用户所在的组，默认为当前用户所在的组信息。

### 5．用户口令的管理

用户管理的一项重要内容是用户口令的管理。用户账号刚创建时没有口令，但是被系统锁定，无法使用，必须为其指定口令后才可以使用，即使是指定空口令。

指定和修改用户口令的 Shell 命令是 passwd。超级用户可以为自己和其他用户指定口令，普通用户只能用它修改自己的口令。命令的格式为：

```
passwd ［选项］ ［用户名］
```

可使用的选项：

-l：锁定口令，即禁用账号。

-u：口令解锁。

-d：使账号无口令。

-f：强迫用户下次登录时修改口令。

如果默认用户名，则修改当前用户的口令。

例如，假设当前用户是 sam，则下面的命令修改该用户自己的口令：

```
$ passwd
Old password:******
New password:*******
Re-enter new password:*******
```

如果是超级用户，可以用下列形式指定任何用户的口令：

```
#passwd sam
New password:*******
Re-enter new password:*******
```

普通用户修改自己的口令时，passwd 命令会先询问原口令，验证后再要求用户输入两遍新口令，如果两次输入的口令一致，则将这个口令指定给用户；而超级用户为用户指定口令时，就不需要知道原口令。 为了系统安全起见，用户应该选择比较复杂的口令，例如最好使用不少于 8 位长的口令，口令中包含有大写、小写字母和数字，并且应该与姓名、生日等不相同。

具体示例如下：

（1）删除账户口令

为用户指定空口令时，执行下列形式的命令：

```
passwd  -d  用户名
```

此命令将用户的口令删除，只有root用户才有权执行。用户口令被删除后，将不能再登录系统，除非重新设置口令。

（2）查询口令状态

要查询当前用户的口令是否被锁定，可执行下列形式的命令：

```
passwd  -S  用户名
```

若账户口令被锁定，将显示输出"Password locked"，若未加密，则显示"Password set, MD5 crypt"。

（3）锁定用户口令

在 Linux 中，除了用户账户可被锁定外，用户口令也可以被锁定，任何一方被锁定后，都将导致该用户无法登录系统。只有root用户才有权执行该命令。锁定账户口令可执行下列形式的命令：

```
passwd  -l  用户名
```

（4）解锁账户口令

用户口令被锁定后，若要解锁，可执行下列形式的命令：

```
passwd  -u  用户名
```

## 六、用户组管理的基本操作

每个用户都有一个用户组，系统可以对一个用户组中的所有用户进行集中管理。不同 Linux 系统对用户组的规定有所不同，如 Linux 下的用户属于与它同名的用户组，这个用户组在创建用户时同时创建。用户组的管理涉及用户组的添加、删除和修改。用户组的增加、删除和修改实际上就是对 /etc/group 文件的更新。

用户组就是具有相同特征的用户的集合体。比如有时要让多个用户具有相同的权限，比如查看、修改某一文件或执行某个命令，这时需要用户组，把用户都定义到同一用户组，通过修改文件或目录的权限，让用户组具有一定的操作权限，这样用户组下的用户对该文件或目录都具有相同的权限，这是通过定义组和修改文件的权限来实现的。

例如，为了让一些用户有权限查看某一文件，比如时间表，编写时间表的人要具有读写执行的权限，若想让一些用户可以查看该时间表的内容，而不让他们修改，就要把这些用户都划

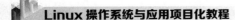

到一个组，然后来修改这个文件的权限，让用户组可读，这样用户组下面的每个用户都是可读的，其他用户是无法访问的。

### 1. 创建用户组

使用 groupadd 命令增加一个新的用户组，其命令格式如下：

```
groupadd  [选项] 用户组
```

可以使用的选项有：

-g GID：指定新用户组的组标识号（GID）。

-o：一般与 -g 选项同时使用，表示新用户组的 GID 可以与系统已有用户组的 GID 相同。

**例 3-7**  #groupadd group1

此命令向系统中增加了一个新组 group1，新组的组标识号是在当前已有的最大组标识号的基础上加 1。

**例 3-8**  #groupadd -g 101 group2

此命令向系统中增加了一个新组 group2，同时指定新组的组标识号是 101。

### 2. 删除用户组

如果要删除一个已有的用户组，使用 groupdel 命令，倘若该群组中仍包括某些用户，则必须先删除这些用户后，方能删除群组，其命令格式如下：

```
groupdel  用户组
```

**例 3-9**  #groupdel group1

此命令从系统中删除组 group1。

### 3. 修改用户组属性

用户组创建后，根据需要可对用户组的相关属性进行修改。对用户组属性的修改，主要是修改用户组的名称和用户组的 GID 值。

（1）改变用户组名称

若要对用户组进行重命名，而不改变其 GID 的值，其命令格式如下：

```
groupmod  -n  新用户组名  旧用户组名
```

**例 3-10**  #groupmod -n teacher student

此命令是将 student 用户组更名为 teacher 用户组，其组标识号不变。

（2）重设用户组的 GID

用户组的 GID 值可以重新进行设置修改，但不能与已有用户组的 GID 值重复。对 GID 进行修改，不会改变用户的名称，其命令格式如下：

```
groupmod  -g  GID  组名
```

**例 3-11**  #groupmod -g 10000 teacher

此命令将 teacher 组的标识号改为 10000。

### 4. 添加用户到指定的组或从指定的组删除用户

可以将用户添加到指定的组，使其成为该组的成员；亦可把用户从指定的组删除，与usermod 命令有类似的功能，其命令格式如下：

```
groupmems  [选项]  用户名  组名
```

其中，选项 -a 是把用户添加到指定的组；-d 是从指定的组删除用户；-p 是清除组内的所有用户；-l 是列出群组的成员。

**例 3-12**　#groupmems -a jim -g admin
此命令是把用户 jim 添加到组 admin 中。

### 5. 设置用户组管理员

添加用户组和从组中删除某用户，除了 root 用户可以执行该操作外，用户组管理员也可以执行该操作。要将某用户指派为某个用户组的管理员，可以使用以下命令：

```
gpasswd  -A  用户  用户组
```

**⚠ 注意：**
　　用户管理员只能对授权的用户组进行用户管理（添加用户到组或从组中删除用户），无权对其他用户组进行管理。

### 6. 登入另一个用户组

如果一个用户同时属于多个用户组，那么用户可以在用户组之间转换，以便具有其他用户组的权限。用户可以在登录后，使用命令 newgrp 转换到其他用户组，这个命令的参数就是目的用户组，其命令格式如下：

```
newgrp  用户组
```

newgrp 指令类似 login 指令，当它是以相同的账号，另一个群组名称，再次登入系统。欲使用 newgrp 指令切换群组，必须是该群组的用户，否则将无法登入指定的群组。单一用户要同时隶属多个群组，需利用交替用户的设置。若不指定群组名称，则 newgrp 指令会登入该用户名称的预设群组。

## 七、赋予普通用户特别权限

在 Linux 系统中，管理员往往不止一人，若每位管理员都用 root 身份进行管理工作，根本无法弄清楚谁该做什么。所以最好的方式是，管理员创建一些普通用户，分配一部分系统管理工作给他们。

不可以使用 su 命令让他们直接变成 root，因为这些用户都必须知道 root 的密码，这种方法很不安全，而且也不符合分工需求。一般的做法是利用权限的设置，依工作性质分类，让特殊身份的用户成为同一个工作组，并设置工作组权限。例如，要 wwwadm 这位用户负责管理网站数据，一般 Apache Web Server 的进程 httpd 的所有者是 www，您可以设置用户 wwwadm 与 www 为同一工作组，并设置 Apache 默认存放网页目录的工作组权限为可读、可写、可执行，这样属于此工作组的每位用户就可以进行网页的管理了。

但这并不是最好的解决办法，例如管理员想授予一个普通用户关机的权限，这时使用上述的办法就不是很理想。这时只让这个用户以 root 身份执行 poweroff 命令就行了。可在通常的 Linux 系统中无法实现这一功能，不过已经有了工具可以实现这样的功能——sudo。

sudo 通过维护一个特权到用户名映射的数据库将特权分配给不同的用户，这些特权可由数据库中所列的一些不同的命令来识别。为了获得某一特权项，有资格的用户只需简单地在命令行输入 sudo 与命令名之后，按照提示再次输入口令（用户自己的口令，不是 root 用户口令）。例如，sudo 允许普通用户格式化磁盘，但是却没有赋予其他的 root 用户特权。

sudo 工具由文件 /etc/sudoers 进行配置，该文件包含所有可以访问 sudo 工具的用户列表并定义了它们的特权。一个典型的 /etc/sudoers 条目如下：

```
liming  ALL=(ALL)  ALL
```

这个条目使得用户 liming 作为超级用户访问所有应用程序，如用户 liming 需要作为超级用户运行命令，他只需简单地在命令前加上前缀 sudo。因此，要以 root 用户的身份执行命令 format，liming 可以输入如下命令：

```
#sudo /usr/sbin/useradd sam
```

**!注意：**
命令要写绝对路径。另外，不同系统命令的路径不尽相同，可以使用命令"which 命令名"来查找其路径。

这时会显示下面的输出结果：

```
We trust you have received the usual lecture from the local System
Administrator. It usually boils down to these two things:
#1) Respect the privacy of others.
#2) Think before you type.
Password:
```

如果 liming 正确地输入了口令，命令 useradd 将会以 root 用户身份执行。

**!注意：**
配置文件/etc/sudoers必须使用命令Visudo或者#vim /etc/sudoers来编辑。

只要把相应的用户名、主机名和许可的命令列表以标准的格式加入文件 /etc/sudoers 中，并保存就可以生效。

**例**3-13  管理员需要允许 gem 用户在主机 sun 上执行 reboot 和 shutdown 命令，在 /etc/sudoers 中加入：

```
gem sun=/usr/sbin/reboot, /usr/sbin/shutdown
```

**!注意：**
命令一定要使用绝对路径，以避免其他目录的同名命令被执行，从而造成安全隐患。

然后保存退出，gem 用户想执行 reboot 命令时，只要在提示符下运行下列命令：

```
$ sudo /usr/sbin/reboot
```

输入正确的密码，就可以重启系统了。

如果想对一组用户进行定义，可以在组名前加上 %，对其进行设置，例如：

```
%cuug ALL=(ALL) ALL
```

另外，还可以利用别名来简化配置文件。别名类似组的概念，有用户别名、主机别名和命令别名。多个用户可以首先用一个别名来定义，然后在规定他们可以执行什么命令的时候使用别名就可以了，这个配置对所有用户都生效。主机别名和命令别名也是如此。注意使用前先要在 /etc/sudoers 中定义：User_Alias，Host_Alias，Cmnd_Alias 项，在其后面加入相应的名称，也以逗号分隔开就可以了，例如：

```
Host_Alias SERVER=no1
User_Alias ADMINS=liming, gem
Cmnd_Alias SHUTDOWN=/usr/sbin/halt, /usr/sbin/shutdown, /usr/sbin/reboot
ADMINS SERVER=SHUTDOWN
```

再看一个例子：

```
ADMINS ALL=(ALL) NOPASSWD: ALL
```

表示允许 ADMINS 不用口令执行一切操作，其中"NOPASSWD:"项定义了用户执行操作时不需要输入口令。

sudo 命令还可以加上一些参数，完成一些辅助的功能，例如：

```
$ sudo -l
```

会显示出类似这样的信息：

```
User liming may run the following commands on this host:
(root) /usr/sbin/reboot
```

说明 root 允许用户 liming 执行 /usr/sbin/reboot 命令。这个参数可以使用户查看自己目前可以在 sudo 中执行哪些命令。

在命令提示符下输入 sudo 命令会列出所有参数，其他一些参数如下：

-V：显示版本编号。

-h：显示 sudo 命令的使用参数。

-v：因为 sudo 在第一次执行时或是在 N 分钟内没有执行（N 预设为 5）会询问密码。这个参数是重新做一次确认，如果超过 N 分钟，也会询问密码。

-k：将会强迫使用者在下一次执行 sudo 时询问密码（不论有没有超过 N 分钟）。

-b：将要执行的命令放在背景执行。

-p prompt：可以更改问密码的提示语，其中 %u 会替换为使用者的账号名称，%h 会显示主机名称。

-u username/#uid：不加此参数，代表要以 root 的身份执行命令，而加了此参数，可以以 username 的身份执行命令（#uid 为该 username 的 UID）。

-s：执行环境变量中的 SHELL 所指定的 Shell，或是 /etc/passwd 里所指定的 Shell。

-H：将环境变量中的 HOME（宿主目录）指定为要变更身份的使用者的宿主目录。（如不加 -u 参数就是系统管理者 root）

## 任务描述

某企业有一台 Linux 文件服务器，现要为用户创建账号并将其分配到各部门所在的组，要求如下：

部门：设计部——经理（jack）、员工（tom）、员工（lily）。

部门：市场部——经理（bill）、员工（rose）。

## 任务流程

① 创建用户。

② 创建用户组，并将相应用户加入组中。

## 任务实施

### 1. 创建用户

按照任务要求，首先为设计部的经理（jack）、员工（tom）、员工（lily）以及市场部的经理（bill）、员工（rose）分别创建相应的账户，并为各用户设置初始密码。

```
[root@server ~]# useradd jack
[root@server ~]# useradd tom
[root@server ~]# useradd lily
[root@server ~]# useradd bill
[root@server ~]# useradd rose
[root@server ~]# passwd jack
[root@server ~]# passwd tom
[root@server ~]# passwd lily
[root@server ~]# passwd bill
[root@server ~]# passwd rose
```

### 2. 创建用户组

```
[root@server ~]# groupadd design
[root@server ~]# groupadd market
```

### 3. 将用户添加到用户组

```
[root@server ~]# gpasswd -a jack design
[root@server ~]# gpasswd -a tom design
[root@server ~]# gpasswd -a lily design
[root@server ~]# gpasswd -a bill market
[root@server ~]# gpasswd -a rose market
```

## 思考和练习

### 一、单项选择题

1. 以下（　　）文件保存用户账号的信息。

　A. /etc/users　　B. /etc/gshadow　　C. /etc/passwd　　D. /etc/fstab

2. 以下对 Linux 用户账户的描述，正确的是（　　）。

　A. Linux 的用户账户和对应的口令均存放在 passwd 文件中

　B. passwd 文件只有系统管理员才有权存取

  C.　Linux 的用户账户必须设置了口令后才能登录系统

  D.　Linux 的用户口令存放在 shadow 文件中，每个用户对它有读的权限

3.　为了临时让 tom 用户登录系统，可以（　　　）。

  A.　修改 tom 用户的登录 Shell 环境

  B.　删除 tom 用户的主目录

  C.　修改 tom 用户的账号到期日期

  D.　将文件 /etc/passwd 中用户名 tom 的一行前加入 "#"

4.　新建用户使用 useradd 命令，如果要指定用户的主目录，需要使用（　　　）选项。

  A.　-g     B.　-d     C.　-u     D.　-s

5.　usermod 命令无法实现的操作是（　　　）。

  A.　账户重命名       B.　删除指定的账户和对应的主目录

  C.　加锁与解锁用户账号    D.　对用户口令进行加锁与解锁

6.　为了保证系统的安全，现在的 Linux 系统一般将 /etc/passwd 密码文件加密后，保存为（　　　）文件。

  A.　/etc/group      B.　/etc/netgroup

  C.　/etc/libsafe.notify    D.　/etc/shadow

7.　当用 root 登录时，命令（　　　）可以改变用户 larry 的密码。

  A.　su larry       B.　change password larry

  C.　password larry     D.　passwd larry

8.　所有用户登录的默认配置文件是（　　　）。

  A.　/etc/profile  B.　/etc/login.defs  C.　/etc/.login  D.　/etc/.logout

9.　如果刚刚为系统添加了一个名为 kara 的用户，则在默认的情况下，kara 所属的用户组是（　　　）。

  A.　user     B.　group     C.　kara     D.　root

10.　以下关于用户组的描述，不正确的是（　　　）。

  A.　要删除一个用户的私有用户组，必须先删除该用户账户

  B.　可以将用户添加到指定的用户组，也可以将用户从某用户组中移出

  C.　用户组管理员可以进行用户账户的创建、设置或修改账户密码等一切与用户和组相关的操作

  D.　只有 root 用户才有权创建用户和用户组

## 二、问答题

1.　Linux 中的用户可分为哪几种类型？各有什么特点？

2.　在命令行下手工建立一个新账号，要编辑哪些文件？

3.　Linux 用哪些属性信息来说明一个用户账号？

4.　如何锁定和解锁一个用户账号？

## 三、实验

【实验目的】

1.　掌握在 Linux 系统下利用命令方式实现用户和组的管理。

2. 掌握用户和组的管理文件的含义。

【实验内容】

1. 掌握用户和组的创建、修改和删除等操作。

2. 掌握用户加入其他组的操作。

【实验要求】

1. 用户的管理

① 利用命令方式创建一个用户的用户名（名为 user1）、密码、主目录等个人信息。

② 查看 /etc/passwd 文件和 /etc/shadow 文件最后一行的记录并进行分析。

③ 修改 user1 的密码和其他信息，并再次查看 /etc/passwd 文件和 /etc/shadow 文件的变化。

④ 切换到 user1 用户进行登录，锁定 user1，查看 /etc/shadow 文件变化，并进行登录，看是否成功。

⑤ 删除 user1 用户。

2. 组的管理

① 创建新组 group1、group2，查看 /etc/group 文件的最后两行，进行分析。

② 创建多个用户，分别将它们的起始组和附加组进行修改，并查看 /etc/group 文件的变化。

③ 设置组 group1 的密码。

④ 删除组 group1 中的一个用户，查看 /etc/group 文件的变化。

⑤ 删除组 group2。

## 任务 3.2 管理 Linux 的文件系统

### 任务引言

在 Linux 操作系统中，如何高效地对磁盘空间进行使用和管理，是一项非常重要的技术，下面介绍文件系统及其挂载、磁盘空间使用情况的查看等。

### 相关知识

#### 一、Linux 文件系统概述

文件系统是操作系统最为重要的一部分，它定义了磁盘上储存文件的方法和数据结构。每种操作系统都有自己的文件系统，如 Windows 所用的文件系统主要有 FAT16、FAT32 和 NTFS，Linux 所用的文件系统主要有 ext2、ext3、ext4、XFS 等。在磁盘分区上创建文件系统后，就能在磁盘分区上储存与读取文件。

在 Linux 里，每个文件系统都被解释为：由一个根目录为起点的目录树结构，如图 3-1 所示。Linux 将每个文件系统挂载在系统目录树中的某个挂载点。

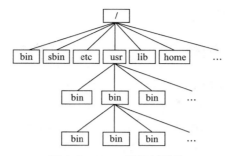

图 3-1　Linux 目录树结构

Linux 能够识别许多文件系统，目前比较常见的可识别的文件系统有以下几种。

**1. ext2/ext3/ext4**

ext2/ext3/ext4 是 Linux 系统中使用最多的文件系统。ext3 文件系统即一个添加了日志功能的 ext2 文件系统，可与 ext2 文件系统无缝兼容。RHEL5 中默认使用的是 ext3 文件系统。RHEL6 中默认使用的是 ext4 文件系统，能够与 ext3 文件系统无缝兼容，可以通过几个简单的命令将 ext3 文件系统升级到 ext4 文件系统。

ext3 与 ext4 的区别如下：

① ext3 文件系统最大支持 16 TB 的文件系统，2 TB 的文件大小，而 ext4 文件系统可以支持到 1 EB（1 EB=1 024 PB=1 024×1 024 TB=1 024×1 024×1 024 GB）的文件系统与 16 TB 的单个文件大小。

② 在 ext3 文件系统中单个目录下的子目录数上限是 32 000 个，而在 ext4 文件系统中则可以创建无限个子目录。

**2. XFS**

XFS 是目前 CentOS 的默认文件格式。XFS 文件系统能连续提供快速的反应时间，以接近裸设备 I/O 的性能存储数据，在大多数场景下整体 IOPS 表现要比 ext4 来得更高、更稳定，延迟也更小，在高 I/O 压力下尤其明显。

XFS 最大支持 8 EB 的单个文件，同时 XFS 的格式化和挂载也非常快，并提供了在线碎片整理功能。XFS 文件系统也有一些不足，例如它不能直接压缩、不支持透明压缩、缺少校验保护等。

**3. swap**

swap 是指用于 Linux 磁盘交换分区的特殊文件系统。

**4. vfat**

vfat 是指扩展的 DOS 文件系统（FAT32），支持长文件名。

**5. msdos**

msdos 是指 DOS、Windows 和 OS/2 使用该文件系统。

**6. nfs**

nfs 是网络文件系统，即 network file system。

**7. smbfs/cifs**

smbfs/cifs 是支持 SMB 协议的网络文件系统。

**8. iso9660**

iso9660 是 CD-ROM 的标准文件系统。

### 二、Linux 系统的基本目录

文件系统是文件存放在磁盘等存储设备上的组织方法。一个文件系统的好坏主要体现在对文件和目录的组织上。目录提供了管理文件的一个方便而有效的途径。能够从一个目录切换到另一个目录，而且可以设置目录和文件的权限，设置文件的共享程度。

使用 Linux 系统，用户可以设置目录和文件的权限，以便允许或拒绝其他人对其进行访问。Linux 目录采用多级树形结构，用户可以浏览整个系统，可以进入任何一个已授权进入的目录，访问那里的文件。同时，不同于 Windows 系统，Linux 中的每个系统目录都有特定的内容和作用。

#### 1. /bin 目录

/bin 目录包含了引导启动所需的命令或普通用户可能用的命令。这些命令都是二进制文件的可执行程序（bin 是 binary，二进制的简称），多是系统中重要的系统文件。

#### 2. /sbin 目录

/sbin 目录类似 /bin，也用于存储二进制文件。因为其中的大部分文件多是系统管理员使用的基本的系统程序，所以虽然普通用户必要且允许时可以使用，但一般不给普通用户使用。

#### 3. /etc 目录

/etc 目录存放着各种系统配置文件，其中包括了用户信息文件 /etc/passwd，系统初始化文件 /etc/rc 等。Linux 正是靠这些文件才得以正常地运行。

#### 4. /root 目录

/root 目录是超级用户的目录。

#### 5. /lib 目录

/lib 目录是根文件系统上的程序所需的共享库，存放了根文件系统程序运行所需的共享文件。这些文件包含了可被许多程序共享的代码，以避免每个程序都包含有相同的子程序的副本，故可以使得可执行文件变得更小，节省空间。

#### 6. /lib/modules 目录

/lib/modules 目录包含系统核心可加载各种模块，尤其是那些在恢复损坏的系统时重新引导系统所需的模块（如网络和文件系统驱动）。

#### 7. /dev 目录

/dev 目录存放了设备文件，即设备驱动程序，用户通过这些文件访问外部设备。例如，/dev/mouse 来访问鼠标的输入，就像访问其他文件一样。

#### 8. /tmp 目录

/tmp 目录存放程序在运行时产生的信息和数据。但在引导启动后，运行的程序最好使用 /var/tmp 来代替 /tmp，因为前者可能拥有一个更大的磁盘空间。

#### 9. /boot 目录

/boot 目录存放引导加载器（bootstrap loader）使用的文件，如 LILO，核心映像也经常放在这里，而不是放在根目录中。但是如果有许多核心映像，这个目录就可能变得很大，这时使用单独的文件系统会更好一些。还有一点要注意的是，要确保核心映像必须在 IDE 硬盘的前 1 024 柱面内。

#### 10. /mnt 目录

/mnt 目录是系统管理员临时安装（mount）文件系统的安装点。程序并不自动支持安装到

/mnt。/mnt 下面可以分为许多子目录，例如 /mnt/exta 可能是使用 ext2 文件系统的软驱，/mnt/cdrom 为文件系统的光驱等。

**11. /usr**

/usr 是个很重要的目录，通常这一文件系统很大，因为所有程序安装在这里。/usr 里的所有文件一般来自 Linux 发行版；本地安装的程序及由其产生的其他文件均在 /usr/local 下，因为这样可以在升级新版系统或新发行版时无须重新安装全部程序。/usr 目录下的许多内容是可选的，但这些功能会使用户使用系统更加有效。/usr 可容纳许多大型的软件包和它们的配置文件。如 usr/bin 集中了几乎所有用户命令，是系统的软件库。另有些命令在 /bin 或 /usr/local/bin 中。

（1）/usr/sbin

/usr/sbin 包括了根文件系统不必要的系统管理命令，例如多数服务程序。

（2）/usr/include

/usr/include 包含了 C 语言的头文件，这些文件多以 .h 结尾，用来描述 C 语言程序中用到的数据结构、子过程和常量。为了保持一致性，这实际上应该放在 /usr/lib 下，但习惯上一直沿用了这个名字。

（3）/usr/lib

/usr/lib 包含了程序或子系统的不变的数据文件，包括一些 site-wide 配置文件。名字 lib 来源于库（library）；编程的原始库也存在 /usr/lib 里。当编译程序时，程序便会和其中的库进行连接。也有许多程序把配置文件存入其中。

（4）/usr/local

本地安装的软件和其他文件放在这里。这与 /usr 很相似。用户可能会在这发现一些比较大的软件包，如 TEX、Emacs 等。

**12. /var**

/var 包含系统一般运行时要改变的数据。通常这些数据所在的目录的大小是要经常变化或扩充的。原来 /var 目录中有些内容是在 /usr 中的，但为了保持 /usr 目录的相对稳定，就把那些需要经常改变的目录放到 /var 中了。

（1）/var/lib

存放系统正常运行时要改变的文件。

（2）/var/local

存放安装的程序中的可变数据（即系统管理员安装的程序）。注意，如果有必要，即使本地安装的程序也会使用其他 /var 目录，例如 /var/lock。

（3）/var/lock

锁定文件。许多程序遵循在 /var/lock 中产生一个锁定文件的约定，以用来支持他们正在使用某个特定的设备或文件。其他程序注意到这个锁定文件时，就不会再使用这个设备或文件。

（4）/var/log

各种程序的日志（Log）文件。/var/log 里的文件经常不确定地增长，应该定期清除。

（5）/var/run

保存在下一次系统引导前有效的关于系统的信息文件。例如，/var/run/utmp 包含当前登录的用户的信息。

（6）/var/spool

放置"假脱机（spool）"程序的目录，如 mail、news、打印队列和其他队列工作的目录。每个不同的 spool 在 /var/spool 下有自己的子目录，例如，用户的邮箱就存放在 /var/spool/mail 中。

13．/proc

/proc 文件系统是一个伪文件系统，它是一个实际上不存在的目录，因而这是一个非常特殊的目录。它并不存在于某个磁盘上，而是由核心在内存中产生。这个目录用于提供关于系统的信息。下面说明一些最重要的文件和目录。

（1）/proc/X

关于进程 X 的信息目录。X 是这一进程的标识号。每个进程在 /proc 下有一个名为自己进程号的目录。

（2）/proc/cpuinfo

存放处理器（CPU）的信息，如 CPU 的类型、制造商、型号和性能等。

（3）/proc/devices

当前运行的核心配置的设备驱动的列表。

（4）/proc/meminfo

各种存储器使用信息，包括物理内存和交换分区（swap）。

（5）/proc/modules

存放当前加载了哪些核心模块信息。

（6）/proc/net

网络协议状态信息。

（7）/proc/uptime

系统启动时间。

（8）/proc/version

内核版本。内核，Shell 和文件系统一起形成了基本的操作系统结构。它们使得用户可以运行程序，管理文件以及使用系统。此外，Linux 操作系统还有许多被称为实用工具的程序，能辅助用户完成一些特定的任务。

## 三、与 Windows 文件系统的比较

### 1．与 Windows 文件系统的共性

Linux 文件系统与 Windows 文件系统具有以下相似之处：

（1）支持多种文件系统

文件资源可以通过 NetBIOS、FTP 或者其他协议与其他客户机共享，可以很灵活地对各个独立的文件系统进行组织。

（2）支持多种端口和设备

两者都支持各种物理设备端口，如并口、串口和 USB 接口。支持各种控制器，比如 IDE 和 SCSI 控制器。

### 2．与 Windows 文件系统的区别

Linux 文件系统与 Windows 文件系统的区别见表 3-1。

表 3-1　Linux 文件系统与 Windows 文件系统的区别

| 比较项目 | Windows 文件系统 | Linux 文件系统 |
|---|---|---|
| 内存管理 | Windows 实际上只为进程准备了较小的可用虚拟地址空间。页面文件很难摆脱碎片化的情况，为了保证它采用无碎片的页面文件，必须采取一定的措施 | Linux 中的进程地址空间使用更灵活些。内存交换管理灵活性很强，用户可以在普通的文件系统上建立"无洞"的文件作为交换空间，还可以使用多个交换文件，从而可以动态增加交换文件 |
| 存储结构 | 逻辑结构犹如多棵树（森林）。将硬盘划分为若干分区，与存储设备一起（例如光驱、U 盘等），同时使用字母作为驱动器盘符标识，如 C 盘、D 盘等 | 逻辑结构犹如一棵倒置的树。将每个硬件设备视为一个文件，并将其置于树形的文件系统层次结构中。因此，Linux 系统的某一个文件就可能占有一块硬盘，甚至是远端设备，用户访问时非常自然 |
| 文件扩展名 | 使用文件扩展名来区分文件类型 | 根据文件的属性来识别其类型 |
| 文件命名 | 命令和文件名不区分大小写 | 所有的命令、文件和口令等都区分大小写 |
| 路径分隔符 | 用 "\" 分隔目录名 | 用 "/" 分隔目录名 |

## 四、Linux 文件系统的挂载

文件系统的挂载主要有两种方式：手动挂载和系统启动时挂载。

### 1. 手动挂载

（1）mount 命令

格式：mount [ 选项 ] 设备 挂载点

功能：将设备挂载到挂载点处，设备是指要挂载的设备名称，挂载点是指文件系统中已经存在的一个目录名。

其中主要选项含义如下：

-t：指定文件系统类型

-r：以只读方式挂载文件系统

Linux 系统中，磁盘分区不能够直接访问，需要将其挂载到系统中的某一个目录中（挂载点），然后通过访问挂载点来实现分区的访问。

例 3-14　文件系统挂载。

第 1 步：使用 fdisk 命令查看磁盘的分区情况，如图 3-2 所示，主要是看设备（如 /dev/hdax）与文件系统（Win95 FAT32）之间的对应关系。

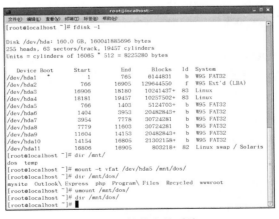

图 3-2　挂载文件系统

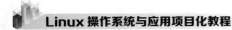

在 Linux 系统中，对不同的分区都定义了不同的类型。常见的类型如下：

① 5：扩展分区。

② 82：交换分区（swap 分区）。

③ 83：Linux 标准分区（ext2/ext3）。

④ 8e：LVM 分区。

⑤ fd：SoftWare Raid 分区。

⑥ b：Windows FAT32。

**注意：**

fdisk创建分区的流程：① fdisk <磁盘设备名>；② n命令（创建新的分区）；③ t命令（修改分区类型）；④ w命令（保存并退出）。fdisk的具体用法见3.2.6节。

第 2 步：使用图 3-2 中第二条命令，查看 /mnt/ 目录下有哪些挂载点，用户也可以在该目录下创建新的挂载点。

**注意：**

可以在其他目录中创建挂载点，但不提倡这样做。

第 3 步：使用图 3-2 中第三条命令，将设备 /dev/hda5（Windows 中的 D: 盘）挂载到 /mnt/dos 目录下，文件系统类型为 vfat，即 FAT32。使用第四条命令可以查看该设备中的内容。

（2）umount 命令

格式：umount 挂载点 / 设备名

功能：将使用 mount 命令挂载的文件系统卸载。

在图 3-2 中，当操作完毕后，可以使用第五条命令将设备（/dev/hda5 或 /mnt/dos）卸载，然后用第六条命令再来看挂载点中内容时，发现为空，表明设备已卸载。

**注意：**

卸载时，当前目录不能在挂载点中、不能使用挂载点中的数据。

**2. 系统启动时挂载**

（1）/etc/fstab 文件

虽然用户可以使用 mount 命令来挂载一个文件系统，但是，若将挂载信息写入 /etc/fstab 文件中，将会简化这个过程，当系统启动时，系统会自动从 /etc/fstab 读取配置项，自动将指定的文件系统挂载到指定的目录。

/etc/fstab 文件结构如下：

```
[file system] [mount point] [type] [options] [dump] [pass]
```

（2）[file system]

用来指定要挂载的文件系统的设备名称或块信息，也可以是远程的文件系统。此外，还可以用 Label（卷标）或 UUID（universally unique identifier，全局唯一标识符）来表示。用 Label

表示之前，先要用 e2label 创建卷标，例如：e2label /dev/sda8 data，其意思是说用 data 来表示 /dev/sda8 的名称。然后，在 /etc/fstab 下按如下形式添加：

```
LABEL=data  /mnt/sda8  <type>  <options>  <dump>  <pass>。
```

重启后，系统会将 /dev/sda8 挂载到 /mnt/sda8 目录上。

可以通过 blkid <设备名 > 查询设备的 UUID 与文件系统类型。

对于 UUID，可以用 blkid -o value -s UUID /dev/sdxx 来获取。比如想挂载第一块硬盘的第八个分区，先用命令 blkid -o value -s UUID /dev/sda8 来取得 UUID，假如是 7gd593gr-2589-dfgb-23f4-df34df5g4f8k，则 UUID = 7gd593gr- 2589-dfgb- 23f4 -df34df5g4f8k，即 可 表 示 /dev/sda8。

（3）[mount point]

挂载点，也就是找一个或创建一个目录，然后把 <file sysytem> 挂载到这个目录上，然后就可以从这个目录中访问挂载的文件系统了。对于 swap 分区，这个域应该填写：swap，表示没有挂载点。

（4）[type]

用来指文件系统的类型。下面的文件系统都是目前 Linux 所能支持的：adfs、befs、cifs、ext3、ext2、ext、iso9660、kafs、minix、msdos、vfat、umsdos、proc、reiserfs、swap、squashfs、nfs、hpfs、ncpfs、ntfs、affs、ufs。

（5）[options]

用来填写设置选项，各个选项用逗号隔开。由于选项非常多，而这里篇幅有限，所以不再作详细介绍，如需了解，请用命令 man mount 来查看。但在这里有个非常重要的关键字需要了解一下：defaults，它代表的选项有"rw,suid,dev,exec,auto,nouser,async"。

🛈 注意：

光驱和软驱只有在装有介质时才可以进行挂载，因此它是noauto。

当文件被创建，修改和访问时，Linux 会记录这些时间信息。记录文件最近一次被读取的时间信息，当系统的读文件操作频繁时，将是一笔不少的开销。所以，为了提高系统的性能，可在读取文件时不修改文件的 atime 属性。可通过在加载文件系统时使用 noatime 选项做到这一点。当以 noatime 选项加载（mount）文件系统时，对文件的读取不会更新文件属性中的 atime 信息。设置 noatime 的重要性是消除了文件系统对文件的写操作，文件只是简单地被系统读取。由于写操作相对读来说要更消耗系统资源，所以这样设置可以明显提高磁盘 I/O 的效率、提升文件系统的性能、提高服务器的性能。

（6）[dump]

此处为 1 的话，表示要将整个 <fie sysytem> 里的内容备份；为 0 的话，表示不备份。现在很少用到 dump 这个工具，在这里一般选 0。

（7）[pass]

这里用来指定如何使用 fsck 来检查硬盘。如果为 0，则不检查；挂载点为"/"的（即根分区），必须在这里填写 1，其他的都不能填写 1。如果有分区填写大于 1，则在检查完根分区后，接着按填写的数字从小到大依次检查下去。同数字的同时检查。比如第一和第二个分区填写 2，第三和第四个分区填写 3，则系统在检查完根分区后，接着同时检查第一和第二个分区，然后再同时检查第三和第四个分区。

示例如下：

要在 /etc/fstab 文件中添加一条记录，可以直接编辑该文件。如图 3-3 中的第七行，将 Windows 的一个分区（/dev/hda10）挂载到了 /mnt/dos 目录下。该文件的每条记录包含多个字段，字段之间用空格或 Tab 字符分开，各字段的说明如下：

```
                                       fstab (/etc) - gedit                    _ □ ×
文件(F)  编辑(E)  查看(V)  搜索(S)  工具(T)  文档(D)  帮助(H)
🗏 fstab   ×
LABEL=/                /                      ext3    defaults           1 1
tmpfs                  /dev/shm               tmpfs   defaults           0 0
devpts                 /dev/pts               devpts  gid=5,mode=620     0 0
sysfs                  /sys                   sysfs   defaults           0 0
proc                   /proc                  proc    defaults           0 0
LABEL=SWAP-sda11       swap                   swap    defaults           0 0
/dev/hda10             /mnt/dos               vfat    defaults           0 0
/dev/hda9              /mnt/temp              vfat    defaults           0 0
```

图 3-3　fstab 文件内容

字段 1 是被安装的文件系统的名称，通常以 /dev/ 开头。

字段 2 是挂载点。

字段 3 是被安装的文件系统的类型。

字段 4 是安装不同文件系统所需的不同选项。

字段 5 是一个数字，被 dump 命令用来决定一个文件系统在备份文件系统时是否需要备份，0 表示不需要备份。

字段 6 是一个数字，被 fsck 命令检查文件系统时，决定是否检查该系统以及检查的次序。1 表示启动分区，0 表示 fsck 命令不必检查该文件系统。对于 fsck 命令的使用方法请读者使用 #man fsck 命令查看联机帮助。

**!** 注意：
```
# mount -a          //挂载/etc/fstab中未挂载的设备。可以在其他目录中
                    //创建挂载点，但不提倡这样做
```

**3. e2label 命令**（Linux 卷标）

格式：e2label  device  [new-label]

功能：查看或设置分区的卷标。/etc/fstab 中会用到卷标。

示例如下：

```
# e2label  /dev/hda3              //查看分区的卷标
# e2label  /dev/hda3  boot        //设置分区的卷标为boot
```

由于设备文件名可能在硬盘结构发生变化时更动，因此 Red Hat Linux 对 ext2 文件系统使用卷标来挂载与卸载。卷标记录在 ext2/ext3/ext4 文件系统的超级块中。可以用 e2label 命令来查询与更改 ext2/ext3/ext4 文件系统的卷标。

用卷标名挂载文件系统：

```
# mount  -L  jb  /mnt/myjb
```

或者

```
# mount  LABEL=jb  /mnt/myjb
```

### 五、查看磁盘空间

#### 1. df（disk free）命令

格式：df [ 选项 ] 设备或文件名

功能：检查文件系统的磁盘空间占用情况，显示所有文件系统对 i 节点和磁盘块的使用情况。可以利用该命令来获取磁盘被占用了多少空间，目前还剩下多少空间。显示磁盘空间的使用情况，包括文件系统安装的目录名、块设备名、总字节数、已用字节数、剩余字节数等信息。

其中主要选项含义如下：

-a：显示所有文件系统的磁盘使用情况。

-h：以 2 的 *n* 次方为计量单位。

-H：以 10 的 *n* 次方为计量单位。

-i：显示 i 节点信息，而不是磁盘块。

-K：以 K 字节为单位显示。

-m：显示空间以 M 为单位。

-t：显示各指定类型的文件系统的磁盘空间的使用情况。

-T：显示文件系统类型。

-x：列出不是某一指定类型文件系统的磁盘空间的使用情况（与 t 选项相反）。

**例 3-15**　磁盘空间的查看。

第 1 步：使用带 -T 选项的 df 命令查看磁盘空间的使用情况，如图 3-4 所示。

第 2 步：分别使用带 -H 和 -h 选项的 df 命令查看磁盘空间的使用情况，如图 3-5 所示。

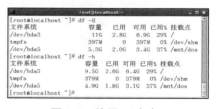

图 3-4　使用 df 命令　　　　　　　　　　图 3-5　使用 df 命令

#### 2. du（disk usage）命令

格式：du [ 选项 ]　Names

功能：统计目录（或文件）所占磁盘空间的大小，显示磁盘空间的使用情况。该命令逐级进入指定目录的每一个子目录并显示该目录占用文件系统数据块（1024 字节）的情况。若没有给出 Names，则对当前目录进行统计。显示目录或文件所占磁盘空间大小。

其中主要选项含义如下：

-a：递归的显示指定目录中各文件及子目录中各文件占用的数据块数。

-b：以字节为单位列出磁盘空间使用情况（默认以 K 字节为单位）。

-c：最后再加上一个总计（系统默认设置）。

-h：以 2 的 *n* 次方为计量单位。

-H：以 10 的 $n$ 次方为计量单位。

-l：计算所有的文件大小，对硬链接文件，则计算多次。

-m：显示空间以 M 为单位。

-s：统计 Names 目录中所有文件大小总和。

-x：跳过在不同文件系统上的目录，不予统计。

常用的命令示例如下：

```
# du  -sh  Names
# du  -ah  Names
```

## 六、其他磁盘相关命令

### 1. fdisk 命令

格式：fdisk [-l] [-u] [device ...] 或 fdisk -s partition

功能：分割硬盘工具，查看硬盘分区信息，即 fdisk 是一个分割硬盘的工具程序，可以处理 Linux 分区和各种非 Linux 分区。执行 fdisk 之后，并不会列出现有的磁盘分区表，而是列出 fdisk 命令的格式。

其中主要选项含义如下：

-u：列出分区表的时候以扇区的大小代替柱面大小。

-l：列出给定设备的分区表，如果没有给定设备，则列出 /proc/partitions 中设备的分区表。

-s partition：给出 partition 分区的大小（以块为单位）。

例 3-16　使用 fdisk 命令。

第 1 步：使用不带选项的 fdisk 命令对设备 /dev/hda 进行操作，如图 3-6 所示。

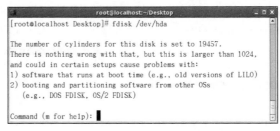

图 3-6　使用 fdisk 命令

第 2 步：输入 m 后显示出每个命令及其功能的说明，如图 3-7 所示。

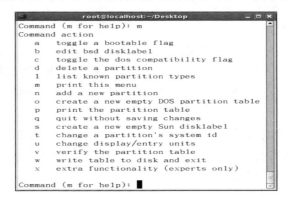

图 3-7　使用 m 命令

第 3 步：使用命令 p 把现有的分区表显示出来。它列出了每个驱动器开始于第几个 cylinder，结束于第几个 cylinder，如图 3-8 所示。

```
root@localhost:~/Desktop                          _ □ ×
Command (m for help): p

Disk /dev/hda: 160.0 GB, 160041885696 bytes
255 heads, 63 sectors/track, 19457 cylinders
Units = cylinders of 16065 * 512 = 8225280 bytes

   Device Boot      Start         End      Blocks   Id  System
/dev/hda1   *           1         765     6144831    b  W95 FAT32
/dev/hda2             766       16905   129644550    f  W95 Ext'd (LBA)
/dev/hda3           16906       18180    10241437+  83  Linux
/dev/hda4           18181       19457    10257502+  83  Linux
/dev/hda5             766        1403     5124703+   b  W95 FAT32
/dev/hda6            1404        3953    20482843+   b  W95 FAT32
/dev/hda7            3954        7778    30724281    b  W95 FAT32
/dev/hda8            7779       11603    30724281    b  W95 FAT32
/dev/hda9           11604       14153    20482843+   b  W95 FAT32
/dev/hda10          14154       16805    21302158+   b  W95 FAT32
/dev/hda11          16806       16905      803218+  82  Linux swap / Solaris

Command (m for help):
```

图 3-8　使用 p 命令

第 4 步：如果要删除一个驱动器的话，就输入 d，输入 d 之后，询问用户要删除第几个分区，本例中回答第 10 个，如图 3-9 所示。如果要真的执行动作的话，就输入 w，否则输入 q 离开。

```
root@localhost:~/Desktop           _ □ ×
Command (m for help): d
Partition number (1-11): 10

Command (m for help): q

[root@localhost Desktop]#
```

图 3-9　使用 d、q 命令

2．mkfs 命令

为了能够在分区上读写数据，则需要在分区上创建文件系统（即格式化分区）。用到的命令是 mkfs。

格式：mkfs [-t] <fstype> <partition>

功能：格式化指定的分区。

其中主要选项含义如下：

-t fstype：指定文件系统的类型。

partition：要格式化的分区。

例 3-17　格式化分区。

如图 3-10 所示，执行"mkfs -t ext3 /dev/hda4"命令，将 hda4 分区格式化为 ext3 类型的文件系统。

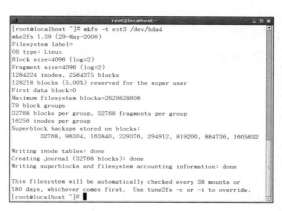

图 3-10　格式化分区

也可以使用这些命令：mkfs.ext2、mkfs.ext3、mke2fs、mkfs.reiserfs、mkfs.vfat、mkfs.msdos、mkdosfs。

```
# mkfs.ext2  /dev/hda4              //把该设备格式化成ext2文件系统
# mkfs.ext3  /dev/hda4              //把该设备格式化成ext3文件系统
# mke2fs  -j  /dev/hda4             //把该设备格式化成ext3文件系统
# mkfs.reiserfs  /dev/hda4          //把该设备格式化成reiserfs文件系统
# mkfs.vfat  /dev/hda4              //把该设备格式化成fat32文件系统
# mkfs.msdos  /dev/hda4             //把该设备格式化成fat16文件系统
# mkdosfs  /dev/hda4                //把该设备格式化成fat16文件系统
```

### 3. mkswap 命令

格式：mkswap [-c] [-v0] [-v1] [设备名称或文件] [交换区大小]

功能：将磁盘分区或文件设为 Linux 的交换区。

其中主要选项含义如下：

-c：建立交换区前，先检查是否有损坏的区块。

-v0：建立旧式交换区，此为预设值。

-v1：建立新式交换区。

示例如下：

```
# mkswap  /dev/hda8               //创建此分区为swap交换分区
# swapon  /dev/hda8               //加载交换分区
# swapoff /dev/hda8               //关闭交换分区
# swapon  /dev/hda8               //加载交换分区
# swapon  -s                      //列出加载的交换分区
```

如果硬盘不能再分区，可以创建 swap 文件。

```
//创建一个大小为512 MB的swap文件，在/tmp目录中，可以根据自己需要的大小来创建swap文件
# dd  if=/dev/zero  of=/tmp/swap  bs=1024  count=524288
# mkswap  /tmp/swap               //把/tmp/swap文件，创建成swap交换区
# swapon  /tmp/swap               //挂载swap
```

> **(!)注意：**
> 其实在安装系统的时候，就已经划分了交换分区；查看/etc/fstab，应该有swap的行；如果在安装系统时没有添加swap，可以通过这种办法来添加。

### 4. fsck 命令

格式：fsck [-aAprRV] [-t <文件系统类型>] [文件系统 ...]

功能：检查文件系统并尝试修复错误，可以同时检查一个或多个文件系统。

其中主要选项含义如下：

-a：自动修复文件系统，不询问任何问题。

-c：对文件系统进行坏块检查；这是一个极为漫长的过程。

-A：依照 /etc/fstab 配置文件的内容，检查文件内所列的全部文件系统。

-C：显示完整的检查进度。

-d：列出 e2fsck 的 debug 结果。

-p：同时有 -A 条件时，同时有多个 fsck 的检查一起执行。

-R：同时有 -A 条件时，省略 / 目录不检查。

-V：详细显示模式。

fsck 扫描还能修正文件系统的一些问题。

⚠️注意：

　　fsck扫描文件系统时一定要在单用户模式、修复模式或把设备umount后进行。否则，会造成文件系统损坏。

文件系统扫描工具有：fsck、fsck.ext2、fsck.jfs、fsck.msdos、fsck.vfat、fsck.ext3、fsck.reiserfs（reiserfsck）。最好根据文件系统来调用不同的扫描工具。

```
# fsck.ext3  -p  /dev/hda8          //扫描并自动修复
```

## 七、制作镜像文件

### 1．dd（制作磁盘镜像文件）

dd 命令是一个功能强大的 copy 命令，支持在复制文件的过程中转换文件格式，并且支持指定范围的复制。

第 1 步：制作磁盘镜像文件。

```
# dd  if=/dev/zero  of=/root/disk.img  bs=1M  count=1  seek=1024
```

第 2 步：格式化。

```
# mkfs.ext3  /root/disk.img
```

第 3 步：挂载镜像文件。

```
# mount  -o  loop  /root/base.img  /mnt/img
```

### 2．cp、mkisofs（制作光盘镜像文件）

第 1 步：直接将一个光盘复制成 ISO 镜像文件。

```
# cp  /dev/cdrom  xxx.iso
```

第 2 步：对系统中的一个目录制作 ISO。

```
# mkisofs  -J  -V  <光盘ID>  -o  xxx.iso  -r  <目录名>
```

说明：

-J：使用 Joliet 格式的目录与文件名称。

-V：指定光盘 ID。

-o：指定映像文件的名称。

-r：对指定的目录递归的烧录。

第 3 步：挂载 ISO 镜像文件。

```
# mount  -t  iso9660  -o  loop  <光盘镜像>  <挂载点>
```

### 3. 备份

```
dd if=/dev/hdx of=/dev/hdy                    //将本地的/dev/hdx整盘备份到/dev/hdy
//将/dev/hdx全盘数据备份到指定路径的image文件
dd if=/dev/hdx of=/path/to/image
//备份/dev/hdx全盘数据，并利用gzip工具进行压缩，保存到指定路径
dd if=/dev/hdx | gzip >/path/to/image.gz
```

### 4. 恢复

```
dd if=/path/to/image of=/dev/hdx                    //将备份文件恢复到指定盘
gzip -dc /path/to/image.gz | dd of=/dev/hdx         //将压缩的备份文件恢复到指定盘
```

### 5. 利用 netcat 远程备份

```
//在源主机上执行此命令备份/dev/hda
dd if=/dev/hda bs=16065b | netcat < targethost-IP > 1234
//在目的主机上执行此命令来接收数据并写入/dev/hdc
netcat -l -p 1234 | dd of=/dev/hdc bs=16065b
//目的主机命令的变化分别采用bzip2对数据进行压缩，并将备份文件保存在当前目录
netcat -l -p 1234 | bzip2 > partition.img
//目的主机命令的变化分别采用gzip对数据进行压缩，并将备份文件保存在当前目录
netcat -l -p 1234 | gzip > partition.img
```

### 6. 备份 MBR

```
//备份磁盘开始的512 B大小的MBR信息到指定文件
dd if=/dev/hdx of=/path/to/image count=1 bs=512
```

### 7. 恢复 MBR

```
dd if=/path/to/image of=/dev/hdx        //将备份的MBR信息写到磁盘开始部分
```

### 8. 复制内存资料到硬盘

```
//将内存里的数据复制到root目录下的mem.bin文件
dd if=/dev/mem of=/root/mem.bin bs=1024
```

### 9. 从光盘复制 iso 镜像

```
//复制光盘数据到root文件夹下，并保存为cd.iso文件
dd if=/dev/cdrom of=/root/cd.iso
```

### 10. 增加 Swap 分区文件大小

```
//创建一个足够大的文件（此处为256 MB）
dd if=/dev/zero of=/swapfile bs=1024 count=262144
mkswap /swapfile                        //把这个文件变成swap文件
swapon /swapfile                        //启用这个swap文件
```

### 11. 销毁磁盘数据

```
dd if=/dev/urandom of=/dev/hda1         //利用随机的数据填充硬盘，在某些必要的场合
//可以用来销毁数据。执行此操作以后，/dev/hda1将无法挂载，创建和复制操作无法执行
```

项目 3　Linux 的用户和系统管理

### 12. 恢复硬盘数据

```
dd if=/dev/sda of=/dev/sda
```

当硬盘较长时间（如 1、2 年）放置不使用后，磁盘上会产生 magnetic flux point。当磁头读到这些区域时会遇到困难，并可能导致 I/O 错误。当这种情况影响到硬盘的第一个扇区时，可能导致硬盘报废。上边的命令有可能使这些数据起死回生。这个过程是安全、高效的。

## 八、文件管理命令

### 1. 链接文件

链接文件就类似于微软 Windows 的快捷方式，只保留目标文件的地址，而不占用存储空间。使用链接文件与使用目标文件的效果是一样的。可以为链接文件指定不同的访问权限，以控制对文件的共享和安全性的问题。

Linux 中有两种类型的链接：硬链接和软链接（符号链接）。硬链接是利用 Linux 中为每个文件分配的物理编号 -inode 建立链接，因此，硬链接不能跨越文件系统。软链接是利用文件的路径名建立链接，通常建立软链接使用绝对路径而不是相对路径，以最大限度增加可移植性。

需要注意的是，如果是修改硬链接的目标文件名，链接依然有效；如果修改软链接的目标文件名，则链接将断开。对一个已存在的链接文件执行移动或删除操作，有可能导致链接的断开。假如删除目标文件后，重新创建一个同名文件，软链接将恢复，硬链接不再有效，因为文件的 inode 已经改变。

ln 命令可以用于创建文件的链接文件。默认情况下，ln 命令产生硬链接。

格式：ln [ 选项 ] < 源文件 > < 新建链接名 >

功能：为文件建立在其他路径中的访问方法（链接）。

其中主要选项含义如下：

-b：在链接时会对被覆盖或删除的目标文件进行备份。

-d：建立硬链接，目前还不可以对目录创建硬链接。

-i：覆盖已经存在的文件之前询问用户。

-n：把符号链接的目的目录视为一般文件。

-s：对源文件建立符号链接。

（1）硬链接（hard link）

硬链接是指通过索引节点来进行的链接。在 Linux 的文件系统中，保存在磁盘分区中的文件不管是什么类型，都给它分配一个编号，称为索引节点号（inode index）。在 Linux 中，多个文件名可以指向同一个索引节点，一般这种链接就是硬链接。硬链接的作用是允许一个文件拥有多个有效的路径名，这样用户就可以建立硬链接到重要文件，以防止"误删"，因为指向同一个索引节点的链接有一个以上时，删除一个链接并不影响索引节点本身和其他的链接，只有当最后一个链接被删除后，文件的数据块及目录的链接才会被释放，文件才会被真正删除。

格式：ln < 源文件 > < 新建链接名 >

硬链接文件完全等同于原文件，原文件名和链接文件都指向相同的物理地址。

· 61 ·

!注意：

　　不可跨文件系统创建硬链接，也不可为目录建立硬链接。文件在磁盘中的数据是唯一的，这样就可以节省硬盘空间。由于只有当删除文件的最后一个节点时，文件才能真正从磁盘空间中消除，因此可以防止不必要的误删除。

　　不能够对目录创建硬链接；只有在同一文件系统中的文件之间才能创建硬链接。

（2）软链接（符号链接：symbolic link）

格式：ln -s ＜源文件＞＜新建链接名＞

　　与硬链接相对应，Linux 系统中还存在另一种链接，称为符号链接，也称为软链接。软链接文件有点类似于 Windows 的快捷方式。它实际上是特殊文件的一种。在符号链接中，文件实际上是一个文本文件，其中包含有另一个文件的位置信息。符号链接可以是链接任意的文件或目录，可以链接不同文件系统的文件。在对符号链接文件进行读写操作时，系统会自动把该操作转换为对源文件的操作，但是删除链接文件时，系统仅仅删除链接文件，而不删除源文件本身。

例3-18　使用 ln 命令，如图 3-11 所示。

第 1 步：执行第一条命令，在桌面创建对 /etc/rc.d/rc.local 的符号链接 rc.local。

第 2 步：执行第二条命令，查看创建的符号链接 rc.local。

```
root@localhost:~/Desktop
[root@localhost Desktop]# ln -s /etc/rc.d/rc.local rc.local
[root@localhost Desktop]# ls -l r*
lrwxrwxrwx 1 root root 18 05-28 18:20 rc.local -> /etc/rc.d/rc.local
[root@localhost Desktop]#
```

图 3-11　使用 ln 命令

### 2. 修改目录或文件权限

　　Linux 系统中的每个文件和目录都有访问许可权限，可以使用它来确定某个用户可以通过某种方式对文件或目录进行操作。文件或目录的访问权限分为可读、可写和可执行三种。文件在创建的时候会自动把该文件的读写权限分配给其属主，使用户能够显示和修改该文件。也可以将这些权限改变为其他的组合形式。一个文件若有执行权限，则允许它作为一个程序被执行。文件的访问权限可以用 chmod 命令来重新设定；也可以利用 chown 命令来更改某个文件或目录的所有者。

（1）chmod（change mode）命令

格式：chmod [-cfvR] [--help] [--version] [u|g|o|a][+|-|=][mode] 文件或目录

功能：改变文件或目录的读写和执行权限，有符号法和八进制数字法。

其中主要选项含义如下：

-c：若该档案权限确实已经更改，才显示其更改动作。

-f：若该档案权限无法被更改，也不要显示错误信息。

-v：显示权限变更的详细资料。

-R：对目前目录下的所有档案与子目录进行相同的权限变更。

⚠️ 注意：

只有文件的拥有者和root用户才可以改变文件的权限。

① 符号法。

符号法的一般形式为：chmod [u|g|o|a][+|-|=][r|w|x] 文件或目录

② 八进制数字法。

八进制数字法的一般形式为：chmod [mode] 文件或目录

其中 mode 用三位八进制数作选项，每位数字分别表示用户本人（u）、同组用户（g）、其他用户（o）的权限，0（000）表示没有权限，1（001）表示可执行权限，2（010）表示可写权限，4（100）表示可读权限，然后将它们相加，可以得到一位八进制数。

**例** 3-19　使用 chmod 命令。

下面给出了 chmod 命令的一些常用的方法及其说明。

① 符号法。

例 1：#chmod a+rx exam1.txt　　　 // 让所有用户可以读和执行文件 exam1.txt

例 2：#chmod go-rx exam1.txt　　　 // 取消同组和其他用户读和执行文件 exam1.txt 的权限

例 3：#chmod ugo+r exam1.txt　　　 // 将文件 exam1.txt 设为所有人皆可读取

例 4：#chmod a+r exam1.txt　　　　 // 将文件 exam1.txt 设为所有人皆可读取

例 5：#chmod ug+w,o-w exam1.txt exam2.txt // 将文件 exam1.txt 与 exam2.txt 设为该文件拥有者和与其同组用户可写入，但其他以外的人则不可写入

例 6：#chmod u+x exam1.py　　　　 // 将 exam1.py 设定为只有该文件拥有者可以执行

例 7：#chmod -R a+r *　　　　　　 // 将目前目录下的所有文件与子目录设为任何人可读取

② 八进制数字法。

chmod 也可以用数字来表示权限。

语法：#chmod abc file（其中 a、b、c 各为一个八进制数字，分别表示 User、Group 和 Other 的权限），r=4，w=2，x=1。

若要 rwx 属性则 4+2+1=7；若要 rw- 属性则 4+2=6；若要 r-x 属性则 4+1=5。

例 1：#chmod 741 exam1.txt（让本人可读可写可执行、同组用户可读、其他用户可执行文件 exam1.txt）

例 2：#chmod a=rwx file1 和 #chmod 777 file1 效果相同

例 3：#chmod ug=rwx,o=x file1 和 #chmod 771 file1 效果相同

（2）umask 命令

格式：umask [-S] [ 权限掩码 ]

功能：指定在创建文件或目录时预设的权限掩码。如果带 -S 选项，那么用字符法来表示权限掩码；如果不带 -S 选项，那么用八进制法来表示权限掩码。

当在 Linux 系统中创建一个文件或目录时，会有一个默认权限，这个默认权限是根据 umask 值与文件、目录的基数来确定。

一般用户的默认 umask 值为 002，系统用户的默认 umask 值为 022。用户可以自主改动 umask 值，并且在改动后立刻生效。文件的基数为 666，目录的基数为 777。

新创建文件的权限是 666&(!umask)，出于安全考虑，系统不允许为新创建的文件赋予执行权限，必须在创建新文件后用 chmod 命令增加执行权限。

新创建目录的权限是 777-umask 或 777&(!umask)。

**注意：**

> 文件用八进制的基数666，即无x位；目录用八进制的基数777。chmod设哪个位，哪个位就有权限，而umask设哪个位，哪个位就没权限。

**例3-20** 使用 umask 命令。

第 1 步：如图 3-12 所示，执行第一条命令（umask），可知系统的默认权限掩码是 0022。

**注意：**

> umask输出的0022中的第1位总是0，目前没什么用。

第 2 步：如图 3-12 所示，执行第二条命令，使用默认权限掩码创建文件 file.txt。

第 3 步：如图 3-12 所示，执行第三条命令，使用默认权限掩码创建目录 direct。

第 4 步：如图 3-12 所示，执行第四条命令（ls -l），可知目录 direct 的权限是 755（777-022），文件 file.txt 的权限是 644（666-022）。

第 5 步：如图 3-13 所示，执行第一条命令（umask 033），将系统的权限掩码改为 033。

第 6 步：如图 3-13 所示，执行第二条命令（umask），查看系统的权限掩码，表明"umask 033"命令执行成功。

第 7 步：如图 3-13 所示，执行第三条命令，使用修改后的权限掩码（033）创建文件 file2.txt。

第 8 步：如图 3-13 所示，执行第四条命令，使用修改后的权限掩码（033）创建目录 direct2。

第 9 步：如图 3-13 所示，执行第五条命令（ls -l），可知目录 direct2 的权限是 744（777-033），文件 file2.txt 的权限是 644，而非 633（666-033），为什么？请读者思考。

图 3-12 使用 umask 命令

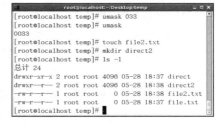

图 3-13 使用 umask 命令

（3）chown 命令

格式 1：chown user[:group] filename 或 chown -R user[:group] directory

格式 2：chown user[.group] filename 或 chown -R user[.group] directory

功能：chown（change owner）命令改变文件或目录的所有权。Linux 是多用户多任务操作系统，所有的文件皆有拥有者。利用 chown 可以将文件的拥有者加以改变。一般来说，这个命令由超级用户使用，一般用户没有权限改变别人文件的拥有者。

其中主要选项含义如下：

-c：文件属主改变时显示说明。

-R/r：改变目录下的文件及其子目录下所有文件的属主。

> ⚠️-注意：
>
> 只有 root 用户才可以用 chown 命令来改变文件的拥有者。

**例 3-21** 使用 chown 命令。

第 1 步：如图 3-14 所示，执行第一条命令（su ztguang）由 root 用户切换到普通用户 ztguang，执行第二条命令查看该用户（ztguang）主目录下的内容。执行第三条由 ztguang 用户切换到普通用户 ztg，要求输入口令。执行第四条命令，用户 ztg 想看用户 ztguang 的文件 ztguang.txt，但是权限不够。

> ⚠️-注意：
>
> 命令行提示符的变化。

第 2 步：如图 3-15 所示，执行第一条命令改变 /home/ztguang 目录的属主为 ztg，注意选项 "-R"。执行第二条命令切换为用户 ztg，此时执行第三条命令可以查看 ztguang.txt 文件的内容。

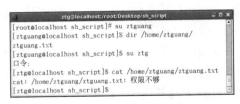

图 3-14  无权限的访问

图 3-15  使用 chown 命令

（4）chgrp 命令

格式：chgrp ＜组名＞ ＜文件名＞

功能：每一个文件都属于并只能属于一个指定的组。文件的创建者与 root 用户，可以用 chgrp 命令来改变文件所属的组。

> ⚠️-注意：
>
> 当使用文件创建者来改变所属的组时，那么被改变的新组中必须包含此用户。

### 3. 强制位与粘贴位

Linux ext3/ext4 文件系统支持强制位（setuid 和 setgid）与粘贴位（sticky）的特别权限。针对 u,g,o 分别有 setuid、setgid、sticky。针对文件创建者可以添加强制位（setuid），针对文件属组可以添加强制位（setgid），针对其他用户可以添加粘贴位（sticky）。

强制位与粘贴位添加在执行权限的位置上，如果该位置上原已有执行权限，则强制位与粘贴位以小写字母的方式表示；否则，以大写字母表示。setuid 与 setgid 在 u 和 g 的 x 位置上各采用一个 s，sticky 使用一个 t。

例如：文件的权限为 rwx r-- r-x，如果设置了强制位与粘贴位，则新的权限为 rwsr-Sr-t。

（1）对创建者设置强制位

对创建者设置强制位，一般针对的是一个系统中的命令。默认情况下，用户执行一个命令，会以该用户的身份来运行。当对一个命令对应的可执行文件设置了强制位，那么任何用户在执行该命令时，都会以命令对应的可执行文件的创建者身份来执行这个文件。

格式：chmod u ± s ＜文件名＞

例如：chmod u+s /bin/ls

一个典型的例子：/bin/passwd，要读写 /etc/passwd 文件需要超级用户权限，但一般用户也需要随时可以改变自己的密码，所以 /bin/passwd 就设置了 setuid，当用户改自己密码时就拥有了超级用户权限。

（2）对组设置强制位

对组设置强制位，一般针对的是一个目录。默认情况下，用户在某目录中创建的文件或子目录的属组是该用户的主属组。如果对一个目录设置了属组的强制位，则任何用户在此目录中创建的文件或子目录都会继承此目录的属组（前提为用户有权限在目录中创建文件或子目录）。

格式：chmod g ± s ＜目录＞

例如：chmod g+s /exam

（3）对其他用户设置粘贴位

要删除一个文件，不一定要有这个文件的写权限，但一定要有这个文件的上级目录的写权限。也就是说，即使没有一个文件的写权限，但有这个文件的上级目录的写权限，也可以删除这个文件，而如果没有一个目录的写权限，也就不能在这个目录下创建文件。如何才能使一个目录既可以让任何用户写入文件，又不让用户删除这个目录下其他人的文件，sticky 就是能起到这个作用。

对 other 设置粘贴位 sticky，一般只用在目录上，用在文件上起不到什么作用。

在一个目录上设了 sticky 位后（如 /home，权限为 1777），所有用户都可以在这个目录下创建文件，但只能删除自己创建的文件（root 除外），这就对所有用户能写的目录下的用户文件起到了保护的作用。

（4）通过符号来设置权限

setuid：chmod u+s ＜文件名＞

setgid：chmod g+s ＜目录名＞

sticky：chmod o+t ＜目录名＞

（5）通过数字来设置权限

强制位与粘贴位也可以通过一个数字加和，放在读写执行的三位数字前来指定。

4(setuid)、2(setgid)、1(sticky)

示例如下：

chmod 4755 ＜文件名＞，rwsr-xr-x，suid，文件属主具有读、写和执行的权限，所有其他用户具有读和执行的权限。

chmod 6711 ＜文件名＞，rws--s--x，suid、sgid，文件属主具有读、写和执行的权限，所有其他用户具有执行的权限。

chmod 4511 ＜文件名＞，rwS--x--x，suid，文件属主具有读、写的权限，所有其他用户具有执行的权限。

> **提示：**
>
> 　　rwS--x--x，其中 S 为大写。表示相应的执行权限位并未被设置，这是一种无用的 suid 设置，可以忽略它的存在。

> **(!) 注意：**
>
> 　　chmod 命令不进行必要的完整性检查，可以给某一个没用的文件赋予任何权限，但 chmod 命令并不会对所设置的权限组合进行检查。因此，不要看到一个文件具有执行权限，就认为它一定是一个程序或脚本。

### 九、访问控制列表

ACL（access control list）是标准 UNIX 文件属性（r、w、x）的附加扩展。ACL 给予用户和管理员更好控制文件读写和权限赋予的能力，Linux 从 2.6 内核开始对 ext2、ext3、XFS、JFS 等文件系统的 ACL 支持。

#### 1. 为什么要使用 ACL

在 Linux 中，对一个文件可以进行操作的对象被分为三类：user、group、other。

例如：

```
# ls -l
-rw-rw---- 1 ztg adm 0 Jul 3 20:12 test.txt
```

若现在希望用户 zhang 也可以对 test.txt 文件进行读写操作，有以下几种办法（假设 zhang 不属于 adm 组）。

① 给文件的 other 增加读写权限，这样由于 zhang 属于 other，因此 zhang 将拥有读写的权限。

② 将 zhang 加入 adm 组，则 zhang 将拥有读写的权限。

③ 设置 sudo，使 zhang 能够以 ztg 的身份对 test.txt 进行操作，从而获得读写权限。

第①种做法的问题：所有用户都将对 test.txt 拥有读写权限。

第②种做法的问题：zhang 被赋予了过多的权限，所有属于 adm 组的文件，zhang 都可以拥有其等同的权限。

第③种做法的问题：虽然可以达到只限定 zhang 用户一人拥有对 test.txt 文件的读写权限，但是需要对 sudoers 文件进行严格的格式控制，而且当文件数量和用户很多的时候，这种方法就很不灵活了。

看来好像没有一个好的解决方案，其实问题出在 Linux 的文件权限方面，主要在于对 other 的定义过于宽泛，以至于很难把"权限"限定于一个不属于 owner 和 group 的用户。而 ACL 就是用来帮助解决这个问题的。

ACL 可以为某个文件单独设置该文件具体的某用户或组的权限。需要掌握的命令也只有三个：getfacl、setfacl、chacl。

```
getfacl  <文件名>                    //获取文件的访问控制信息
setfacl  -m  u:用户名:权限  <文件名>   //设置某用户名的访问权限
```

```
setfacl  -m  g:组名:权限  <文件名>              //设置某个组的访问权限
setfacl  -x  u:用户名  <文件名>                 //取消某用户名的访问权限
setfacl  -x  g:组名  <文件名>                   //取消某个组的访问权限
chacl  u:用户名:权限,g:组名:权限  <文件名>       //修改文件的访问控制信息
```

### 2. Linux 是否有支持 ACL

因为 Linux 系统并不是每一个版本的核心都有支持 ACL 的功能，因此先要检查系统核心是否支持 ACL。

```
# cat  /boot/config-2.6.32-220.2.1.el6.x86_64 | grep  -i  ext3
CONFIG_EXT3_FS=m
CONFIG_EXT3_DEFAULTS_TO_ORDERED=y
CONFIG_EXT3_FS_XATTR=y
CONFIG_EXT3_FS_POSIX_ACL=y
CONFIG_EXT3_FS_SECURITY=y
```

此时如果能看到上面的几项则表示支持 ACL。

打开文件系统的 ACL 支持，修改 /etc/fstab 的 mount 属性。例如，针对 /home 文件系统，LABEL=/home /home ext3 rw,acl 1 2。

```
# mount  -v  -o  remount  /home
# mount  -l
/dev/hda10  on  /home  type  ext3 (rw,acl)  [/home]
```

### 3. ACL 的名词定义

ACL 是由一系列的 Access Entry 组成，每一条 Access Entry 定义了特定的类别可以对文件拥有的操作权限。Access Entry 有三个组成部分：Entry tag type、qualifier (optional)、permission。

Entry tag type 有以下几个类型。

ACL_USER_OBJ：相当于 Linux 里 file_owner 的 permission。

ACL_USER：定义了额外的用户可以对此文件拥有的 permission。

ACL_GROUP_OBJ：相当于 Linux 里 group 的 permission。

ACL_GROUP：定义了额外的组可以对此文件拥有的 permission。

ACL_MASK：定义了 ACL_USER、ACL_GROUP_OBJ、ACL_GROUP 的最大权限。

ACL_OTHER：相当于 Linux 里 other 的 permission。

例 3-22  获取 test.txt 文件的访问控制信息并解读。

```
[ztg@localhost ~]$ getfacl  ./test.txt
# file: test.txt
# owner: ztg
# group: adm
user::rw-                   //定义了ACL_USER_OBJ，说明file owner拥有读写权限
user:zhang:rw-              //定义了ACL_USER，这样用户zhang就拥有了对文件的读写权限
group::rw-                  //定义了ACL_GROUP_OBJ，说明文件的group拥有读写权限
group:dev:r--               //定义了ACL_GROUP，使得dev组拥有了对文件的读权限
mask::rw-                   //定义了ACL_MASK的权限为读写权限
other::r--                  //定义了ACL_OTHER的权限为读权限
```

前面三个以 # 开头的行是注释，可以用 --omit-header 省略。

#### 4．如何设置 ACL 文件

从上面的例子可以看到，每一个 Access Entry 都是由三个被分号（:）分隔开的字段所组成。

第一个是 Entry tag type，user 对应了 ACL_USER_OBJ 和 ACL_USER，group 对应了 ACL_GROUP_OBJ 和 ACL_GROUP，mask 对应了 ACL_MASK，other 对应了 ACL_OTHER。

第二个是 qualifier，也就是上面例子中的 zhang 和 dev 组，它定义了特定用户和组对于文件的权限，这里只有 user 和 group 才有 qualifier，其他的都为空。

第三个是 permission，它和 Linux 的"权限"一样，这里不再赘述。

如何设置 test.txt 文件的 ACL，让它来达到上面的要求。一开始文件没有 ACL 的额外属性。

```
[ztg@localhost ~]$ ls  -l
-rw-rw-r-- 1 ztg adm 0 Jul  3 22:06 test.txt
[ztg@localhost ~]$ getfacl  --omit-header  ./test.txt
user::rw-
group::rw-
other::r--
```

先让用户 zhang 拥有对 test.txt 文件的读写权限。

```
[ztg@localhost ~]$ setfacl  -m  user:zhang:rw-  ./test.txt
[ztg@localhost ~]$ getfacl  --omit-header  ./test.txt
user::rw-
user:zhang:rw-
group::rw-
mask::rw-
other::r--
```

这时就可以看到 zhang 用户在 ACL 里面已经拥有了对文件的读写权限，此时如果查看 Linux 的"权限"，还会发现一个不一样的地方。

```
[ztg@localhost ~]$ ls  -l  ./test.txt
-rw-rw-r--+ 1 ztg adm 0 Jul  3 22:06 ./test.txt
```

在文件"权限"的最后多了一个 + 号，表示该文件使用 ACL 的属性设置，是一个 ACL 文件。当任何一个文件拥有了 ACL_USER 或 ACL_GROUP 的值后，就可以称它为 ACL 文件。

接下来设置 dev 组拥有读权限。

```
[ztg@localhost ~]$ setfacl  -m  group:dev:r--  ./test.txt
[ztg@localhost ~]$ getfacl  --omit-header  ./test.txt
user::rw-
user:zhang:rw-
group::rw-
group:dev:r--
mask::rw-
other::r--
```

至此，就实现了上面提到的要求。

5. ACL_MASK 和 Effective permission

这里需要重点讲一下 ACL_MASK，因为这是掌握 ACL 的另一个关键。在 Linux 文件 "权限" 里面，比如 rw-rw-r--，中间的 rw- 是指 group 的权限。但是在 ACL 里，这种情况只是在 ACL_MASK 不存在的情况下成立，若文件有 ACL_MASK 值，则中间的 rw- 代表的就是 mask 值而不再是 group 的权限了。

看下面这个例子。

```
[ztg@localhost ~]$ ls  -l
-rwxrw-r-- 1 ztg adm 0 Jul  3 08:30 test.sh
```

这里说明 test.sh 文件只有 ztg 拥有可读可写可执行权限，adm 组只有读写权限。现在想让用户 zhang 也对 test.sh 具有和 ztg 一样的权限。

```
[ztg@localhost ~]$ setfacl  -m  user:zhang:rwx  ./test.sh
[ztg@localhost ~]$ getfacl  --omit-header  ./test.sh
user::rwx
user:zhang:rwx
group::rw-
mask::rwx
other::r--
```

可以看到 zhang 拥有了 rwx 权限，mask 值也被设定为 rwx，它规定了 ACL_USER、ACL_GROUP、ACL_GROUP_OBJ 的最大值。

再来看 test.sh 的 Linux "权限"。

```
[ztg@localhost ~]$ ls  -l
-rwxrwxr--+ 1 ztg adm 0 Jul  3 08:30 test.sh
```

现在 adm 组用户想要执行 test.sh，会发生什么情况呢？会被 "permission deny"。因为 adm 组用户只有读写权限，这里中间的 rwx 是 ACL_MASK 的值，而不是 group 的权限。

所以，如果是一个 ACL 文件，需要用 getfacl 确认它的权限。

下面再来继续看一个例子。假如现在设置 test.sh 的 mask 为只读，则 adm 组用户还会有写权限吗？

```
[ztg@localhost ~]$ setfacl  -m  mask::r--  ./test.sh
[ztg@localhost ~]$ getfacl  --omit-header  ./test.sh
user::rwx
user:zhang:rwx                 #effective:r--
group::rw-                     #effective:r--
mask::r--
other::r--
```

这时可以看到 ACL_USER 和 ACL_GROUP_OBJ 旁边多了个 #effective:r--，这是什么意思呢？现在再回顾一下 ACL_MASK 的定义：规定了 ACL_USER、ACL_GROUP_OBJ、ACL_GROUP 的最大权限。那么在这个例子中它们的最大权限也就是读。虽然这里给 ACL_USER、ACL_GROUP_OBJ 设置了其他权限，但是它们真正有效果的只有读权限。

这时再来看 test.sh 的权限，此时它的组权限显示其 mask 值。

```
[ztg@localhost ~]$ ls  -l
-rwxr--r--+ 1 ztg adm 0 Jul  3 08:30 test.sh
```

### 6．Default ACL

上面讲的都是 ACL，是对文件而言。而 Default ACL 是指对一个目录进行 Default ACL 设置，然后在此目录下建立的文件都将继承此目录的 ACL。

比如现在 ztg 用户建立了一个 dir 目录。

```
[ztg@localhost ~]$ mkdir  dir
```

希望所有在此目录下建立的文件都可以被 zhang 用户访问，那么应该对 dir 目录设置 Default ACL。

```
[ztg@localhost ~]$ setfacl  -d  -m  user:zhang:rw  ./dir
[ztg@localhost ~]$ getfacl  --omit-header  ./dir
user::rwx
group::rwx
other::r-x
default:user::rwx
default:user:zhang:rwx
default:group::rwx
default:mask::rwx
default:other::r-x
```

这里可以看到 ACL 定义了 default 选项，zhang 用户拥有了 default 的 rwx 权限，所有没有定义的 default 都将从 file permission 里复制而来。

现在 ztg 用户在 dir 下建立一个 test.txt 文件。

```
[ztg@localhost ~]$ touch  ./dir/test.txt
[ztg@localhost ~]$ ls  -l  ./dir/test.txt
-rw-rw-r--+ 1 ztg ztg 0 Jul  3 09:11 ./dir/test.txt
[ztg@localhost ~]$ getfacl  --omit-header  ./dir/test.txt
user::rw-
user:zhang:rw-
group::rwx                          #effective:rw-
mask::rw-
other::r--
```

可以看到，在 dir 下建立的文件，zhang 用户自动就有了读写权限。

### 7．ACL 相关命令

getfacl：用来读取文件的 ACL。

setfacl：用来设定文件的 ACL。

chacl：用来改变文件和目录的 ACL。chacl -B 可以彻底删除文件或目录的 ACL 属性。如果使用 setfacl -x 删除了文件的所有 ACL 属性，+ 号还会出现，此时应该是用 chacl -B。

用 cp 命令复制文件时，加上 -p 选项可以复制文件的 ACL 属性，对于不能复制的 ACL 属性将给出警告。

mv 命令将会默认地移动文件的 ACL 属性，如果操作不允许，会给出警告。

### 8. 需要注意的几点

如果某个文件系统不支持 ACL，需要执行下面命令重新挂载。

```
# mount  -o  remount,acl  [mount point]
```

如果用 chmod 命令改变 Linux file permission，相应的 ACL 值也会改变；改变 ACL 的值，相应的 file permission 也会改变。

## 十、文件的压缩与解压缩

用户在很多情况下都要求减少文件的大小，这样可以节省磁盘存储空间，还可以节省网络上传输该文件的时间。在这一小节中，首先介绍两个目前最常用的压缩命令和解压缩命令。然后再介绍一个归档命令。压缩与归档命令的联合执行可以让用户一次性地压缩整个子目录以及其中的所有文件。

Linux 文件压缩工具有：gzip、bzip2、rar、7zip、lbzip2、xz、lrzip、PeaZip、arj 等。

### 1. gzip 和 gunzip 命令

gzip、gunzip 是 Linux 的标准压缩工具，对文本文件可以达到 75% 的压缩率。

（1）gzip 命令

格式：gzip [ 选项 ] 文件名

功能：gzip 命令对文件进行压缩和解压，压缩成后缀为 .gz 的压缩文件。

其中主要选项含义如下：

-a：使用 ASCII 文字模式。

-c：把压缩后的文件输出到标准输出设备，不去更动原始文件。

-d：解开压缩文件。

-f：强行压缩文件。不理会文件名称或硬连接是否存在以及该文件是否为符号连接。

-h：在线帮助。

-l：列出压缩文件的相关信息。

-L：显示版本与版权信息。

-n：压缩文件时，不保存原来的文件名称及时间戳记。

-N：压缩文件时，保存原来的文件名称及时间戳记。

-q：不显示警告信息。

-r：递归处理，将指定目录下的所有文件及子目录一并处理。

-S：更改压缩字尾字符串。

-t：测试压缩文件是否正确无误。

-v：显示指令执行过程。

-V：显示版本信息。

-num：用指定的数字 num 调整压缩的速度，-1 或 --fast 表示最快压缩方法（低压缩比），-9 或 --best 表示最慢压缩方法（高压缩比）。系统默认值为 6。

**例3-23**　使用 gzip 命令，如图 3-16 所示。

执行第一条命令（dir），查看 txtfile 目录中的内容。

执行第二条命令（cd ..），退到上层目录（ztg）。

执行第三条命令（gzip -r txtfile），对 txtfile 目录中的子目录以及文件进行压缩。

执行第四条命令（dir txtfile/），查看 txtfile 目录中的内容，会发现文件以 .gz 为后缀。

执行第五条命令（dir txtfile/cpdir/），查看 txtfile/cpdir 目录内容，会发现文件以 .gz 为后缀。

```
root@localhost:/home/ztg
[root@localhost txtfile]# dir
cpdir  exam1.txt  exam2.txt  exam3.txt  temp.txt
[root@localhost txtfile]# cd ..
[root@localhost ztg]# gzip -r txtfile
[root@localhost ztg]# dir txtfile/
cpdir  exam1.txt.gz  exam2.txt.gz  exam3.txt.gz  temp.txt.gz
[root@localhost ztg]# dir txtfile/cpdir/
exam1.txt.gz  exam2.txt.gz  exam3.txt.gz  temp.txt.gz  www
[root@localhost ztg]#
```

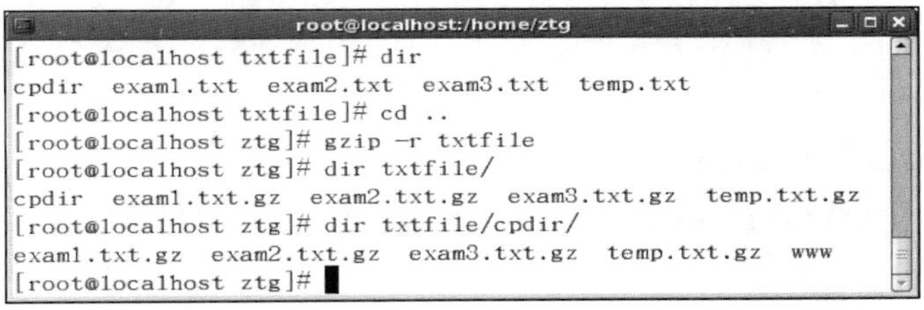

图 3-16　使用 gzip 命令

（2）gunzip 命令

格式：gunzip [ 选项 ] 文件名 .gz

功能：gunzip 命令与 gzip 命令相对，专门把 gzip 压缩的 .gz 文件解压缩。如果有已经压缩的文件，例如 exam1.gz，这时就可以对其进行解压缩 #gunzip exam1.gz，也可以用 gzip 自己来完成，效果完全一样 #gzip -d exam1.gz。事实上，gunzip 是 gzip 的硬链接，因此，不论是压缩或解压缩，都可以通过 gzip 命令来完成。

其中主要选项含义如下：

-a：使用 ASCII 文字模式。

-c：把解压后的文件输出到标准输出设备。

-f：强行解开压缩文件，不理会文件名称或硬连接是否存在以及该文件是否为符号连接。

-h：在线帮助。

-l：列出压缩文件的相关信息。

-L：显示版本与版权信息。

-n：解压缩时，若压缩文件内含有原来的文件名称及时间戳记，则将其忽略不予处理。

-N：解压缩时，若压缩文件内含有原来的文件名称及时间戳记，则将其保存到解开的文件上。

-q：不显示警告信息。

-r：递归处理，将指定目录下的所有文件及子目录一并处理。

-S：更改压缩字尾字符串。

-t：测试压缩文件是否正确无误。

-v：显示指令执行过程。

-V：显示版本信息。

**例3-24**　使用 gunzip 命令，如图 3-17 所示。

执行第一条命令（gunzip -r txtfile），对 txtfile 目录中的压缩文件进行解压缩。

执行第二条命令（dir txtfile/），查看 txtfile 目录中的内容，会发现以 .gz 为后缀的文件已经被解压缩了。

执行第三条命令（dir txtfile/cpdir/），查看 txtfile/cpdir 目录中的内容，会发现以 .gz 为后缀的文件已经被解压缩了。

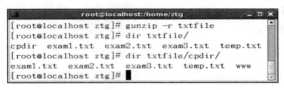

图 3-17　使用 gunzip 命令

### 2. bzip2、bunzip2、bzcat 命令

bzip2、bunzip2 是更新的 Linux 压缩工具，比 gzip 有着更高的压缩率。

（1）bzip2 命令

格式：bzip2 [ 选项 ] 文件名

功能：压缩文件。

其中主要选项含义如下：

-c：将压缩的过程产生的数据输出到屏幕上。

-d：解压缩的参数。

-z：压缩的参数。

-#：与 gzip 同样的，都是在计算压缩比的参数，-9 最佳，-1 最快。

示例如下：

```
//将man.config以bzip2压缩，此时man.config变成man.config.bz2
# bzip2  -z  man.config
//将man.config用最佳的压缩比压缩，并保留原本的档案
# bzip2  -9  -c man.config > man.config.bz2
//将man.config.bz2解压缩，可用bunzip2取代bzip2  -d
# bzip2  -d  man.config.bz2
```

（2）bunzip2 命令

```
# bunzip2  man.config.bz2              //将man.config.bz2解压缩
```

（3）bzcat 命令

```
# bzcat  man.config.bz2               //在屏幕上显示man.config.bz2解压缩之后的内容
```

### 3. zcat、zless、bzcat、bzless 命令

（1）zcat、zless

对于用 gzip 压缩的文件，zcat、zless 命令可以在不解压的情况下，直接显示文件的内容。

zcat：直接显示压缩文件的内容。

zless：直接逐行显示压缩文件的内容。

（2）bzcat、bzless

对于用 bzip2 压缩的文件，bzcat、bzless 命令可在不解压情况下，直接显示文件的内容。

bzcat：直接显示压缩文件的内容。

bzless：直接逐行显示压缩文件的内容。

4．tar 命令

格式：tar［选项］打包文件名　文件 | 目录

功能：tar（tape archive）命令将文件或目录打包成 .tar 的打包文件或将打包文件解开。

其中主要选项含义如下：

-b：设置每笔记录的区块数目，每个区块大小为 12 B。

-B：读取数据时重设区块大小。

-c：建立新的备份文件。

-f：指定备份文件。

-k：解开备份文件时，不覆盖已有的文件。

-m：还原文件时，不变更文件的更改时间。

-M：在建立、还原备份文件或列出其中的内容时，采用多卷册模式。

-t：列出备份文件的内容。

-u：仅置换较备份文件内的文件更新的文件。

-v：显示指令执行过程。

-w：每一步都要求确认。

-x：从备份文件中释放文件。

-z：通过 gzip 方式处理备份文件。

gzip 有一个致命的缺点为它仅能压缩一个文件。即使对子目录压缩，也是对子目录里的个别文件压缩，并没有把它们压成一个包。在 Linux 上，这个打包的任务由 tar 程序来完成。tar 并不是压缩程序，因为它打包之后的大小跟原来一样大。所以它不是压缩程序，而是打包程序。而习惯上会先打包，产生一个 .tar 文件，再把这个包拿去压缩。这就是 .tar.gz 文件名的由来。.tar.gz 这样的长的名称有其简短形式为 .tgz。

例 3-25　使用 tar 命令。

第 1 步：如图 3-18 所示，执行第二条命令，对 ztg 目录中的子目录 txtfile 进行打包和压缩，将打包压缩文件放在 /root/Desktop 目录中（即桌面上）。

图 3-18　使用 tar 命令

第 2 步：如图 3-19 所示，执行第二条命令，对 txtfile.tar.gz 进行解压缩。

第 3 步：如图 3-20 所示，执行 dir 命令，查看桌面上的内容。

图 3-19　查看 home 目录内容

图 3-20　查看 home 目录内容

第 4 步：如图 3-21 所示，执行第二条命令，将 /root/Desktop/txtfile.tar.gz 解压缩到 /home/ztg/school/data 目录中。

```
root@localhost:/home/ztg/school/data                _ □ ×
[root@localhost data]# pwd
/home/ztg/school/data
[root@localhost data]# tar -xzvf /root/Desktop/txtfile.tar.gz
```

图 3-21　查看 home 及 ztg 目录内容

第 5 步：分析如下的例子。

例 1：#tar -cf exam.tar exam1*.txt（把所有 exam1*.txt 的文件打包成一个 exam.tar 文件。其中，-c 是产生新文件；-f 是输出到默认的设备，可以把它当做一定要加的选项）。

例 2：#tar -rf exam.tar exam2*.txt（exam.tar 是一个已经存在的打包文件了，再把 exam2*.txt 的所有文件也打包进去。-r 是再增加文件的意思）。

例 3：#tar -uf exam.tar exam11.txt（刚才 exam1*.txt 已经打包进去了，但是其中的 exam11.txt 后来又做了更改，把新改过的文件再重新打包进去，-u 是更新的意思）。

例 4：#tar -tf exam.tar（列出 exam.tar 中有哪些文件被打包在里面。-t 是列出的意思）。

例 5：#tar -xf exam.tar（把 exam.tar 打包文件中全部文件释放出来，-x 是释放的意思）。

例 6：#tar -xf exam.tar exam2*.txt（只把 exam.tar 打包文件中的所有 exam2*.txt 文件释放出来，-x 是释放的意思）。

例 7：#tar -zcf exam.tar.gz exam1*.txt。

**(!) 注意：**

第一，加了 -z 选项，它会向 gzip 借用压缩能力；第二，注意产生出来的文件名是 exam.tar.gz，两个过程，一次完成。

例 8：解压解包。

```
#tar  -xzvf  exam.tar.gz//加一个选项-v，就是显示打包兼压缩或者解压的过程。因为Linux
//上最常见的软件包文件是.tar.gz文件，因此，最常看到的解压方式就是这样了
#tar  -xzvf  exam.tgz//如果是.tgz的文件名也是一样的，因为性质一样，只是文件名简单
//一点而已
#tar  -xzvf  exam.tar.gz  -C  exam/        //解压到exam目录中
#tar  -xjvf  exam.tar.bz  -C  exam/        //j: 使用bzip2
```

例 9：打包压缩。

```
#tar  -cjvf  test.tar.bz2  exam1*.txt
#tar  -czvf  test.tar.gz  exam1*.txt
```

**(!) 注意：**

这个 -xzvf 的选项几乎可以是固定的，读者最好将 -xzvf（解压解包）记住。.tar.gz 文件的生成如下所示，读者最好也将 -czvf（打包压缩）记住，以后就可以方便的生成这种文件了。

```
#tar -czvf exam.tar.gz *.*  或  #tar -czvf exam.tgz *.*。
```

!注意:

　.bz2和.gz都是Linux下压缩文件的格式，.bz2比.gz压缩率更高，.gz比.bz2花费更少的时间。也就是说同一个文件，压缩后，.bz2文件比.gz文件更小，但是.bz2文件的小是以花费更多的时间为代价的。读者最好也记住-cjvf（打包压缩）、-xjvf（解压解包）。

```
#tar  -cjvf  exam.tar.bz2  exam1*.txt
#tar  -xjvf  exam.tar.bz  -C  exam/          //j: 使用bzip2
```

## 任务描述

某企业有一台 Linux 文件服务器，现要为用户创建账号并将其分配在各部门所在的组，并设置各部门和用户的使用目录，要求如下：

① 部门：设计部——经理（jack）、员工（tom）、员工（lily）。

② 部门：市场部——经理（bill）、员工（rose）。

③ 设置一公用目录，除各部门经理外，其他员工只可读其中内容。

④ 各部门设置一公共目录，只允许该部门员工可见 / 可读 / 可写。

⑤ 各部门公共目录中的内容，除上传的用户外其他用户不能删除。

每位员工都有一个自己的私有目录，仅自己可操作。

## 任务流程

① 创建用户目录。

② 设置目录权限。

③ 设置用户和用户组。

## 任务实施

### 1. 创建用户目录

现在根据任务需求完成用户目录的创建，在 /home 目录下创建设计部目录 design 和市场部目录 market 以及一个公共目录 public，同时在各部门的目录下再设置一个公共目录 public 和各员工目录，命令如下：

```
[root@debian ~]# cd  /home
[root@debian /home]# mkdir  design
[root@debian /home]# mkdir  market
[root@debian /home]# mkdir  public
[root@debian /home]# mkdir  design/public
[root@debian /home]# mkdir  market/public
[root@debian /home]# cd design
[root@debian /home/design]# mkdir jack tom lily
[root@debian /home/design]# cd ../market
[root@debian /home/market]# mkdir bill rose
```

### 2. 设置目录权限

（1）设置公用目录 /home/public 权限

```
[root@debian /home]# chgrp  manager  public
[root@debian /home]# chmod  775  public
```

（2）设置 /home/design 和 /home/market 权限

```
[root@debian /home]# chgrp  design  design
[root@debian /home]# chmod  770  design
[root@debian /home]# chgrp  market  market
[root@debian /home]# chmod  770  market
```

（3）设置 /home/design/public 和 /home/market/public 权限

```
[root@debian /home]# chmod  o+t  design/public
[root@debian /home]# chmod  o+t  market/public
```

（4）设置各用户的私用目录权限

以 jack 用户为例：

```
[root@debian /home]# chown  jack:jack  design/jack
[root@debian /home]# chmod  700  design/jack
```

其他用户类似，就不再赘述了。注意这里的用户组 manager、design、market 以及用户 jack 等需要预先创建。

## 思考和练习

### 一、单项选择题

1. 用于文件系统挂载的命令是（　　　　）。

    A. fdisk        B. mount        C. df        D. man

2. 在终端输入 mount -a 命令的作用是（　　　　）。

    A. 强制进行磁盘检查

    B. 显示当前挂载的所有磁盘分区的信息

    C. 挂载 /etc/fstab 文件中除 noauto 以外的所有磁盘分区

    D. 以只读方式重新挂载 /etc/fstab 文件中的所有分区

3. 权限 741 为 rwxr----x，那么权限 652 为（　　　　）。

    A. rwxr-x-w-        B. r-xrwx-wx        C. r-xrwx-w-        D. rw-r-x-w-

4. 将光盘 /dev/hdc（挂载点为 /mnt/cdrom）卸载的命令是（　　　　）。

    A. umount /mnt/cdrom        B. umount /dev/hdc

    C. umount /mnt/cdrom/dev/hdc        D. unmount /mnt/cdrom/dev/hdc

5. 当 umask=027 时，此时创建的普通文件的初始权限为（　　　　）。

    A. 750        B. 640        C. 027        D. 635

### 二、问答题

1. 阐述 /etc/fstab 文件中每条记录中的各字段的作用？

2. 提高文件与目录的安全的措施有哪些？

三、实验

【实验目的】

1. 熟练掌握硬盘分区的方法。

2. 熟练掌握挂载和卸载外部设备的操作。

3. 熟练掌握文件权限的分配。

4. 掌握文件的压缩和归档。

【实验内容】

1. Linux 文件系统的操作。

2. 设置文件权限。

3. 文件的压缩与解压缩。

【实验要求】

1. 使用 fdisk 命令对个人计算机进行查看分区、添加分区、修改分区类型以及删除分区的操作。

2. 使用 fsck 命令检查文件系统。

3. 挂载光盘和卸载光盘，挂载 U 盘和卸载 U 盘。

4. 在用户的主目录下创建目录 test，在该目录下创建 file 文件。查看该文件的权限和所属的用户和组。

5. 设置 file 文件的权限，使其他用户可对其进行写操作，并查看设置结果。

6. 取消同组用户对该文件的读取权限，查看设置结果。

7. 设置 file 文件的权限，所有者可读、可写、可执行；其他用户和所属组用户只有读和执行的权限，查看设置结果。

8. 查看 test 目录的权限，并为其他用户添加对该目录的写权限。

9. 将 test 目录压缩并归档。

## 任务 3.3  认识和管理 Linux 的进程

### 任务引言

打开电脑并加载操作系统的过程称为引导。当计算机启动后，BIOS（基本输入 / 输出系统）将做一些测试，保证一切正常，然后开始真正的引导。例如当一台 x86 机器启动后，系统 BIOS 开始检测系统参数，如内存的大小、日期和时间、硬盘设备以及这些硬盘设备用于引导的顺序等。通常情况下，BIOS 都是被配置成首先检查光驱，然后再尝试从硬盘引导。如果在这些可移动设备（U 盘或光盘）中，没有找到可引导的介质，那么 BIOS 通常是转向硬盘的第 0 柱，第 0 面，第 1 扇区，查找用于装载操作系统的指令，这个扇区称为 MBR（master boot record，主引导记录）。因为硬盘可以包含多个分区，每个分区都有自己的引导扇区（即分区引导记录，partition boot record，PBR）。引导扇区包含一段小程序，该程序可以存入一个扇区，它的责任是从硬盘读入真正的操作系统并启动它。

相关知识

## 一、CentOS 8 的启动流程

CentOS 8 的系统启动过程有别于之前的版本，不仅由现在的 systemd 取代了过去的 upstart、init，而且 Linux 启动由文件控制转变为由单元控制。CentOS 8 启动流程如下：

① 计算机接通电源后系统固件运行开机自检，并开始初始化部分硬件。

② 自检完成后，系统的控制权将移交给启动管理器的第一阶段，它存储在一个硬盘的引导扇区（对于使用 BIOS 和 MBR 的系统而言）或存储在一个专门的 EFI 分区上。

③ 启动管理器的第一阶段完成后，接着进入启动管理器的第二阶段，通常大多数使用的是 GRUB。在 CentOS 8 中，通常采用 GRUB2，它保存在 /boot 中。

④ 启动加载器从磁盘加载 GRUB 配置，然后向用户显示用于启动的可能配置的菜单。在用户做出选择后，启动加载器会从磁盘加载配置的内核及初始化文件系统 initramfs，并将它们至于内存中。initramfs 是经过 gzip 的 cpio 归档，其中包含启动时所有必要的硬件的内核模块、初始化脚本等。在 CentOS 8 中，initramfs 包含自身可用的整个系统。

⑤ 启动加载器将系统控制权交给内核，从而传递启动加载器的内核命令行中指定任何选项，以及 initramfs 在内存中的位置。

⑥ 对于内核可在 initramfs 中找到驱动程序的所有硬件，内核会初始化这些硬件，然后作为 PID 1。

⑦ 从 initramfs 执行 /sbin/init。在 CentOS 8 中，initramfs 包含 systemd 的工作副本作为 /sbin/init，并包含 udev 守护进程。

⑧ initramfs 中 systemd 的实例会执行 initrd.target 目标的所有单元，这包括在根目录上实际挂载的 root 文件系统。

⑨ 内核 root 文件系统从 initramfs root 文件系统切换到之前挂载于根目录上的 root 文件系统，即内存文件系统切换到硬盘文件系统。随后，systemd 会使用系统中安装的 systemd 副本自动重新执行。

⑩ systemd 会查找从内核命令行传递或系统中配置的默认目标，然后启动（或者停止）单元，以符合该目标的配置，从而自动解决单元间的依赖关系。本质上，systemd 目标是一组应在激活后达到所需系统状态的单元。这些目标通常至少包含一个生成的基本文本的登录或图形登录屏幕。

systemd 把初始化的每一项工作作为一个 unit（单元），每一个 unit 对应一个配置文件，unit 文件保存于 /etc/systemd/system、/run/systemd/system 或 /usr/lib/systemd/system 目录。systemd 又将 unit 分成不同的类型，每一种类型的 unit 其配置文件具有不同的后缀名，常见的 unit 类型见表 3-2。

表 3-2　unit 类型

| 后　缀　名 | 含　　义 |
| --- | --- |
| service | 对应一个后台服务器进程，如 httpd、mysqld 等 |
| socket | 对应一个套接字，之后对应到一个 service（服务），类似于 xintend 的功能 |

续表

| 后 缀 名 | 含 义 |
|---|---|
| device | 对应一个用 udev 规则标记的设备 |
| mount | 对应系统中的一个挂载点，systemd 据此进行自动挂载。为了与 SysVinit 兼容，目前 systemd 自动处理 /etc/fstab 并转化为 mount |
| automount | 自动挂载点 |
| swap | 配置交换分区 |
| target | 配置单元的逻辑分组，包含多个相关的配置单元，相当于 SysVinit 中的运行级 |
| timer | 定时器，用来定时触发用户定义的操作，可以用来取代传统的 atd、crond 等 |

## 二、进程管理

进程是程序在一个数据集合上的一次具体执行过程。每一个进程都有一个独立的进程号（process ID, PID），系统通过进程号来调度操控进程。

Linux 系统的原始进程是 init。init 的 PID 总是 1。一个进程可以产生另一个进程。除了 init 以外，所有的进程都有父进程。Linux 是一个多用户多任务的操作系统，可以同时高效地执行多个进程。为了更好地协调这些进程的执行，需要对进程进行相应的管理。下面介绍几个用于进程管理的命令及其使用方法。

### 1. 监视进程命令

（1）ps（process status）命令

格式：ps［选项］

功能：显示系统中进程的信息。包括进程 ID、控制进程终端、执行时间和命令。根据选项不同，可列出所有或部分进程。无选项时只列出从当前终端上启动的进程或当前用户的进程。

其中主要选项含义如下：

a：显示所有进程

-a：显示同一终端下的所有程序

-A：显示所有进程

-H：显示树状结构

r：显示当前终端的进程

T：显示当前终端的所有程序

u：指定用户的所有进程

-au：显示较详细的资讯

-aux：显示所有包含其他使用者的进程

例3-26　使用 ps 命令。

步骤如图 3-22 所示。

第 1 步：执行带选项 a 的 ps 命令。

第 2 步：执行带选项 -a 的 ps 命令。

第 3 步：先执行带选项 aux 的 ps 命令，然后通过管道将 ps 的输出作为 grep 命令的输入。

```
[root@localhost ~]# ps a
  PID TTY      STAT   TIME COMMAND
 2371 tty4     Ss+    0:00 /sbin/mingetty tty4
 2372 tty5     Ss+    0:00 /sbin/mingetty tty5
 2384 tty6     Ss+    0:00 /sbin/mingetty tty6
 2466 tty7     Ss+    3:27 /usr/bin/Xorg :0 -br -audit 0 -auth /var/gdm/:0.Xauth -nolisten tcp vt7
 2727 pts/0    Ss     0:00 bash
 3654 tty3     Ss+    0:00 /sbin/mingetty tty3
 3672 tty2     Ss+    0:00 /sbin/mingetty tty2
 3686 tty1     Ss+    0:00 /sbin/mingetty tty1
 3692 pts/0    R+     0:00 ps a
[root@localhost ~]# ps -a
  PID TTY          TIME CMD
 3693 pts/0    00:00:00 ps
[root@localhost ~]# ps aux|grep bash
root      2727  0.0  0.1   4740  1408 pts/0    Ss   17:06   0:00 bash
root      3695  0.0  0.0   4136   664 pts/0    R+   18:48   0:00 grep bash
[root@localhost ~]#
```

图 3-22　使用 ps 命令

# ps aux 命令的输出格式如下，其各选项及其功能如下：

```
【USER  PID  %CPU  %MEM  VSZ  RSS  TTY  STAT  START  TIME  COMMAND】
```

USER：进程拥有者。

PID：pid。

%CPU：CPU 使用率。

%MEM：内存使用率。

VSZ：占用的虚拟内存大小。

RSS：占用的内存大小。

TTY：终端的次设备号。

STAT：进程的状态（D 表示不可中断的静止；R 表示正在执行中；S 表示静止状态；T 表示暂停执行；Z 表示僵尸状态；W 表示没有足够的内存分页可分配；< 表示高优先级的进程；N 表示低优先级的进程；L 表示有内存分页分配并锁在内存内）。

START：进程开始时间。

TIME：执行的时间。

COMMAND：所执行的命令。

另外两个例子如下：

① 查看当前系统进程的 uid、pid、stat、pri，以 uid 排序。

```
# ps  -eo  pid,stat,pri,uid  -sort  uid
```

② 查看当前系统进程的 user、pid、stat、rss、args，以 rss 排序。

```
# ps  -eo  user,pid,stat,rss,args  -sort  rss
```

（2）pstree（process status tree）命令

格式：pstree ［选项］

功能：以树状方式表现进程的父子关系。用 ASCII 字符显示树状结构，清楚地表达进程间的相互关系。如果不指定进程识别码或用户名称，则会把系统启动时的第一个进程（init）视为根，并显示之后的所有进程。若指定用户名称，会以隶属该用户的第一个进程当作根，然后显示该用户的所有进程。

其中主要选项含义如下：

a：显示每个程序的完整指令，包含路径，参数或是常驻服务的标示。

-c：不使用精简标示法。

-G：用 VT100 终端机的列绘图字符。

-h：列出树状图时，特别标明执行的程序。

-H< 程序识别码 >：此参数的效果和指定 "-h" 参数类似，但特别标明指定的程序。

-l：采用长列格式显示树状图。

-n：用程序识别码排序。预设是以程序名称来排序。

-p：显示程序识别码。

-u：显示用户名称。

-U：使用 UTF-8 列绘图字符。

-V：显示版本信息。

**例 3-27**　使用 pstree 命令。

如图 3-23 所示，执行带选项 -cp 的 pstree 命令，查看 PID 是 2714 的进程及其子进程。

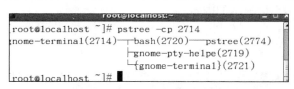

图 3-23　使用 pstree 命令

（3）top 命令

格式：top [ 选项 ]

功能：top 命令提供了对系统处理器实时的状态监视，显示系统中活跃的进程列表，可以按 CPU、内存以及进程的执行时间对进程进行排序，通常会全屏显示，而且会随着进程状态的变化不断更新。可以通过按键来不断刷新当前状态，如果在前台执行该命令，它将独占前台，直到用户终止该程序为止，另外，可以通过交互式的命令进行相应的操作。

其中主要选项含义如下：

-d：指定更新的间隔，以秒计算。

-q：没有任何延迟的更新。如果使用者有超级用户，则 top 命令将会以最高的优先级执行。

-c：显示进程完整的路径与名称。

-S：累积模式，会将已完成或消失的子行程的 CPU 时间累积起来。

-s：安全模式。

-i：不显示任何闲置或无用的进程。

-n：显示更新的次数，完成后将会退出 top。

**注意：**

　　top命令是Linux下常用的系统性能分析工具，能实时显示系统中各进程的资源占用情况。

例 3-28　使用 top 命令。

第 1 步：在终端窗口执行 top 命令，如图 3-24 所示。

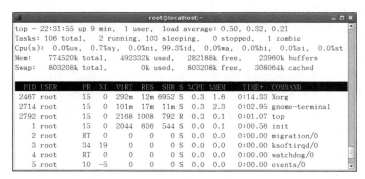

图 3-24　执行 top 命令

前 5 行是统计信息区，显示了系统整体的统计信息。

统计信息区的下方是进程信息区，显示了各个进程的详细信息。

第 2 步：更改进程信息区显示的内容。

通过【F】键可以选择显示的内容，在图 3-24 中，按【F】键之后会显示列的列表，如图 3-25 所示，按【A】～【Z】键可以显示或隐藏对应的列，然后按【Enter】键确定。

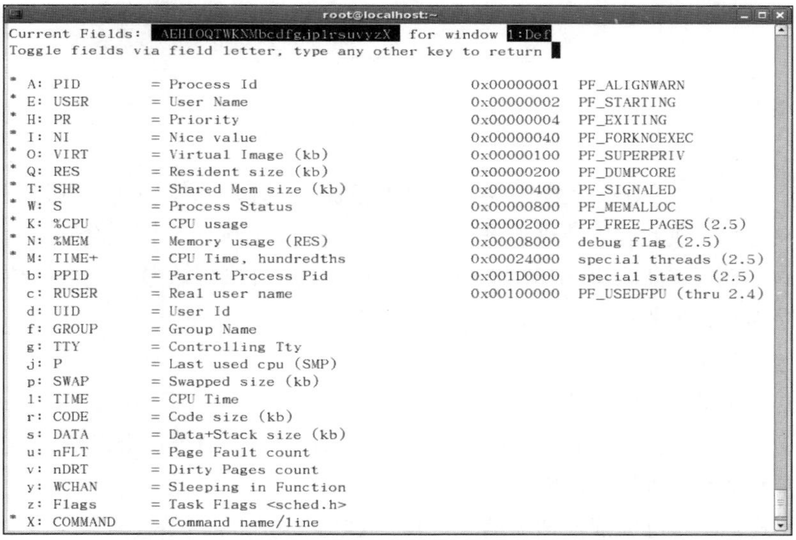

图 3-25　进程信息区列说明

第 3 步：学习 top 的交互命令。

在 top 命令执行过程中可以使用一些交互命令，这些命令及其功能如下所述：

C：切换显示命令名称和完整命令行。

Ctrl+L：擦除并且重写屏幕。

f 或 F：从当前显示中添加或者删除列。

h 或者 ?：显示帮助信息。

i：忽略闲置和僵死进程。

k：终止一个进程，系统将提示用户输入需要终止的 PID，以及需要发送给该进程的信号。一般终止进程可使用信号 15，如果不能正常结束就使用信号 9 强制结束该进程，默认值是信号 15。

l：切换显示平均负载和启动时间信息。

m：切换显示内存信息。

M：根据驻留内存大小进行排序。

o 或 O：改变显示列的顺序。

P：根据 CPU 使用百分比大小进行排序。

q：退出程序。

r：重新安排一个进程的优先级。系统提示用户输入需要改变的 PID，以及需要设置的进程优先级值。输入一个正值将使优先级降低；反之则可以使该进程拥有更高的优先权。默认值是 10。

s：改变两次刷新之间的延迟时间。

S：切换到累计模式。

t：切换显示进程和 CPU 状态信息。

T：根据时间 / 累计时间进行排序。

W：将当前设置写入 ~/.toprc 文件中，这是写 top 配置文件的推荐方法。

（4）gnome-system-monitor 命令

直接在字符界面输入该命令后，可以通过图形化界面的方式监视系统，包括 CPU 占用率、内存占用率以及网络速率等。

### 2. 搜索进程命令

（1）pgrep 命令

格式：pgrep [-flvx] [-n | -o] [-d delim] [-P ppidlist] [-g pgrplist] [-s sidlist] [-u euidlist] [-U uidlist] [-G gidlist] [-J projidlist] [-t termlist] [-T taskidlist] [-c ctidlist] [-z zoneidlist] [pattern]

功能：通过程序的名字或其他属性查找进程，一般是用来判断程序是否正在运行。在服务器的配置和管理中，这个工具常被应用，简单明了。pgrep 程序检查系统中活动的进程，报告进程属性，匹配命令行上指定条件的进程 ID。每一个进程 ID 以一个十进制数表示，通过一个分割字符串和下一个 ID 分开，默认的分割字符串是一个新行。对于每个属性选项，用户可以在命令行上指定一个以逗号分隔的可能值的集合。pgrep 命令选项的具体含义请使用 man 命令。示例如下：

```
# pgrep  -lo  httpd
# pgrep  -ln  httpd
# pgrep  -l  httpd
# pgrep  -G  other,daemon          //匹配真实组ID是other或者是daemon的进程
//多个条件被指派，这些匹配条件按逻辑与规则运算
# pgrep  -G  other,daemon  -U  root,daemon
# pgrep  -u  root                  //显示指定用户进程
# pgrep  -v  -P  1                 //列出父进程不为1（init进程）的进程
# pgrep  -P  1                     //列出父进程为1（init进程）的所有进程
# pgrep  at                        //列出at字符串相关的程序
# pgrep  -U  root
# pgrep  -G  root
```

（2）pidof 命令

格式：pidof [-s] [-x] [-o omitpid] [-o omitpid..] program [program..]

功能：根据确切的程序名称，找出一个正在运行的程序的 PID。

其中主要选项含义如下：

-s：只返回 1 个 pid。

-x：同时返回运行给定程序的 Shell 的 pid。

-o：告诉 pidof 表示忽略后面给定的 pid，可以使用多个 -o。可以用 %PPID 表示忽略 pidof 程序的父进程的 PID，也就是调用 pidof 的 Shell 或者脚本的 pid。

示例如下：

```
# pidof  bash
```

（3）ps|grep 命令

功能：通过管道来搜索。

```
# ps  aux | grep XXX
```

### 3. 控制进程命令

（1）kill 命令

格式：kill [ 信号代码 ] PID

功能：该命令用来终止一个进程。向指定的进程发送信号。预设信号为 SIGTERM(15)，可终止指定的进程。如果仍无法终止该进程，可以使用 SIGKILL(9) 信号尝试强制终止进程。进程或作业号可利用 ps 命令或 jobs 命令查看。

其中主要选项含义如下：

-9：立刻强制删除一个进程。

-15：以正常的方式终止一项进程，与 -9 不一样。

-l：信号，若果不加信号的编号参数，则使用 "-l" 参数会列出全部的信号名称。

-a：终止全部进程。

-p：指定 kill 命令只打印相关进程的进程号，而不发送任何信号。

-s：指定发送信号。

-u：指定用户 。

kill 通常和 ps 或 pgrep 命令结合在一起使用。

# man  7  signal 命令用于显示信号的详细列表。

例3-29  使用 kill 命令。

第 1 步：在一个终端窗口，执行命令 # find / -name asdfg，从根目录开始查找一个文件名是 asdfg 的文件。

注意：

这是一条很费时的命令。

第 2 步：在另一个终端窗口，先执行命令 # ps  aux | grep find，看第 1 步 find 命令对应的 PID 是 xxx。然后执行 # kill xxx，终止 find 命令的执行。再执行 # ps  aux | grep find，观看结果。

（可以执行 # ps  aux | grep  find | grep  -v  grep，看看有何不同？）

对于进程的管理，也可在 GUI 下进行。在 GNOME 桌面环境中，依次选择"应用程序"|
"系统工具"|"系统监视器"，就会出现"系统监视器"窗口。另外，也可使用 top 命令监
视进程状态。

（2）killall 命令

格式：killall  [-signal]  <进程名 >

功能：killall 通过程序的名字，直接杀死所有进程。

killall 也和 ps 或 pgrep 结合使用，比较方便。通过 ps 或 pgrep 命令来查看哪些程序在运行。

```
# pgrep  -l  httpd
3023 httpd
# killall  httpd
```

（3）pkill 命令

格式：pkill  [-signal]  <进程名 >

功能：pkill 通过程序的名字，直接杀死所有进程。

示例如下：

```
# pgrep  -l  httpd
6565 httpd
# pkill  httpd
```

### 4. 进程的优先级命令

（1）nice

格式：nice [-n ADJUST] [--adjustment= ADJUST] [--help] [--version] [command [arg...]]

功能：进程的优先级，用 nice 值来表示。nice 命令可以调整程序运行的优先级，让使用者
在执行程序时，指定一个优先级，称为 nice 值（ADJUST），范围从 −20（最高优先级）到 19（最
低优先级）共 40 个等级，数值越小优先级越高，数值越大优先级越低，默认 ADJUST 是 10。只
有 root 有权使用负值。一般使用者只能往低优先级调整。如果 nice 命令没加上 command 参数，
那么会显示目前的执行的等级。如果调整后的程序运行优先级高于 −20，那么就以优先级 −20 来
运行命令，如果调整后的程序运行优先级低于 19，则就以优先级 19 来运行命令。如果 nice 命令
没有指定优先级的调整值，那么就以默认值 10 来调整程序运行优先级，即在当前程序运行优先
级基础之上增加 10。

其中主要选项含义如下：

-n,--adjustment=ADJUST：将原优先级增加 ADJUST。

--help：显示程序帮助信息。

--version：显示程序版本信息。

例 3-30　使用 nice 命令。

第 1 步：如图 3-26 所示。

执行 #nice 命令显示出当前程序运行的优先级是 0。

执行 #nice nice 命令，第 1 个 nice 命令以默认值（10）来调整第 2 个 nice 命令（优先级是 0）
运行的优先级，得到程序新的运行优先级是 10，然后以优先级 10 来运行第 2 个 nice 命令。

执行 #nice nice nice 命令，第 1 个 nice 命令以默认值（10）来调整第 2 个 nice 命令（优先级是 0）运行的优先级，得到程序新的运行优先级是 10，然后以优先级 10 来运行第 2 个 nice 命令。第 2 个 nice 命令又以默认值（10）来调整第 3 个 nice 命令（优先级是 10）运行的优先级，得到程序新的运行优先级是 20，可是 20 大于最低优先级 19，所以第 3 个 nice 命令新的运行优先级是 19。

第 2 步：如图 3-27 所示，读者自行分析。

图 3-26　执行 #nice nice nice 命令　　　　　图 3-27　执行 #nice -n 命令

第 3 步：如图 3-28 所示，普通用户使用 nice 命令。

```
                            ztg@localhost:/
[root@localhost /]# nice -n 5 ls
bin   dev  home  lost+found  misc  net   proc  sbin     srv   tmp   var
boot  etc  lib   media       mnt   opt   root  selinux  sys   usr
[root@localhost /]# su ztg
[ztg@localhost /]$ nice -n 2 ls
bin   dev  home  lost+found  misc  net   proc  sbin     srv   tmp   var
boot  etc  lib   media       mnt   opt   root  selinux  sys   usr
[ztg@localhost /]$ nice -n -2 ls
nice: cannot set niceness: 权限不够
[ztg@localhost /]$
```

图 3-28　权限不够

（2）renice 命令

格式：renice priority [ [ -p ] pids ] [ [ -g ] pgrps ] [ [ -u ] users ]

功能：renice 命令允许用户修改一个正在运行的进程的优先权等级。

例如：将进程 PID 为 456 及 123 的进程与进程拥有者为 ztg 及 root 的优先权等级分别加 1。

```
#renice +1 456 -u ztg root -p 123
```

### 5. 前台进程与后台进程命令

（1）前台进程和后台进程

默认情况下，一个命令执行后，此命令将独占 shell，并拒绝其他输入，称为前台进程。反之，则称为后台进程。

对每一个终端，都允许多个后台进程。

对前台进程 / 后台进程的控制与调度，被称为任务控制。

（2）将一个前台进程放入后台

```
① # command &            //将一个进程直接放入后台
② Ctrl + z               //将一个正在运行的前台进程暂时停止，并放入后台
```

（3）控制后台进程

```
# jobs                   //列出系统作业号和名称
# fg  [%作业号]            //前台恢复运行
```

```
# bg   [%作业号]                                  //后台恢复运行
# kill  [%作业号]                                 //给对应的作业发送终止信号
```

### 三、cron 计划任务和 at 命令

有时希望系统能够定期执行或者在指定时间执行一些程序，此时可以使用 cron 和 at 命令。cron 可以定期执行一些程序，at 命令可以在指定时间执行一些程序。

（1）cron 计划任务

cron 是一种 system V 服务，需要开启该服务才能使用。root 可以用 systemctl start|stop crond 来开关 cron 服务。

cron 计划任务的管理是通过命令 crontab。

格式：crontab [crontabfile] [-u user] {-l|-r|-e}

功能：crontab 命令是用来让使用者在固定时间执行指定的程序，[ -u  user ] 是指定某个用户（比如 root），前提是必须有该用户的权限（比如 root）。如果不使用 [ -u  user ] 就表示设置自己的 crontab。

```
# man  5  crontab                               //查看crontab帮助信息
```

crontab 命令的主要选项含义如下：

crontabfile：用指定的文件 crontabfile 替代目前的 crontab。

-u：指定某个用户，如果省略，默认是 root 用户。

-e：编辑某个用户的 crontab。

-r：删除某个用户的 crontab。

-l：列出某个用户的 crontab。

例 3-31　使用 crontab 命令。

问题描述：某单位防火墙的要求是，周一到周五上午 8:00 ～ 12:00，下午 14:30 ～ 17:30 对工作人员的上网进行限制，其他时间不受限制。对此，使用了两个防火墙规则文件 iptables_work.sh 和 iptables_rest.sh。上班时间执行 iptables_work.sh 中的规则，其他时间执行 iptables_rest.sh 中的规则。为了使防火墙自动切换这两套防火墙规则，使用了 crond 服务。

第 1 步：启动 crond 服务。

crond 是 Linux 系统中的定时执行工具，可以自动运行程序。手工启动 crond 服务的相关命令如下：

```
# systemctl start/stop/restart crond           //启动/关闭/重启crond服务
# systemctl  reload  crond                      //重新载入crond配置文件
```

第 2 步：创建 crontab。

可以执行 "#crontab  -e" 命令来创建 crontab，每次创建完某个用户的 crontab 后，cron 会自动在 /var/spool/cron 下生成一个与该用户同名的文件，该用户的 cron 信息都记录在这个文件中，不过这个文件不可以直接编辑，只能用 "#crontab  -e" 命令来编辑。cron 启动后每分钟读一次该文件，检查是否有需要执行的命令，所以修改该文件后不需要重新启动 cron 服务。

如图 3-29 所示，第一条命令用来查看 root 用户（默认）的 crontab，此时没有 crontab。第三条命令再次查看 root 用户（默认）的 crontab，表明 root 用户（默认）的 crontab 创建成功。

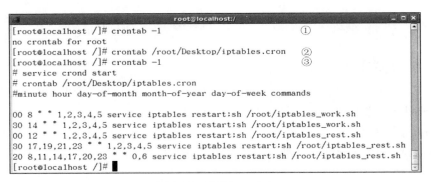

图 3-29 创建 crontab

图 3-29 中，后 5 行要求 crond 服务在不同时间执行对应的命令。每一行都有 6 个字段的内容，前 5 个字段指时间，第 6 个字段指要执行的命令，比如 "00 8 * * 1,2,3,4,5 service iptables restart;sh /root/iptables_work.sh" 这行，它的各个字段及其含义如下：

00：minute（0~59）。

8：hour （0~23）。

*：day-of-month（1~31）。

*：month-of-year（1~12）。

1,2,3,4,5：day-of-week（0~6），0 代表星期天。

前 5 个字段中，除了数字还可以使用几个特殊的符号："*"、"/"、"-" 和 ","。"*" 代表所有取值范围内的数字；"/" 代表每的意思，如果第 1 个字段是 "*/10"，那么表示每 10 分钟；

"-" 代表从某个数字到某个数字，如果第 3 个字段是 "5-10"，那么表示一个月的 5 号到 10 号；"," 分隔几个离散的数字，如果第 4 个字段是 "1,2,3,4,5"，那么表示周一到周五，此时也可以写成 "1-5"。

cron 服务每分钟不仅要读一次 /var/spool/cron 内的所有文件，还需要读一次 /etc/crontab，因此也可以编辑 /etc/crontab 文件，使得 cron 服务在固定的时间执行指定的程序。/etc/crontab 文件内容如图 3-30 所示。

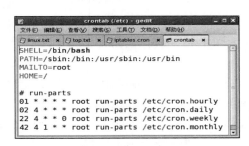

图 3-30 /etc/crontab 文件内容

 注意：

run-parts命令执行/etc/cron.hourly、/etc/cron.daily等目录中的脚本文件。

对后 4 行的说明如下：

```
01 * * * * root run-parts /etc/cron.hourly    //每小时执行/etc/cron.hourly内的脚本文件
02 4 * * * root run-parts /etc/cron.daily      //每天执行/etc/cron.daily内的脚本文件
22 4 * * 0 root run-parts /etc/cron.weekly      //每星期执行/etc/cron.weekly内的脚本文件
42 4 1 * * root run-parts /etc/cron.monthly    //每月执行/etc/cron.monthly内的脚本文件
```

(!) 注意:

在 Linux 系统中，系统本身的 crontab 和用户（比如 root）的 crontab 是有区别的，如果要修改系统本身的 crontab，可以直接编辑 /etc/cron.*/下面的文件；如果要修改用户（比如 root）的 crontab，可以执行 #crontab crontabfile 或 #crontab -e 命令，并且创建的用户 crontab 自动保存在 /var/spool/cron 目录下。

(!) 注意:

如果文件 /etc/cron.allow 存在，那么只有在 cron.allow 中列出的非 root 用户才能使用 cron 服务。如果 cron.allow 不存在，但是 /etc/cron.deny 存在，那么在 cron.deny 中列出的非 root 用户不能使用 cron 服务，如果 cron.deny 文件为空，那么所有用户都能使用 cron 服务。如果这两个文件都不存在，那么只允许 root 用户使用 cron 服务。root 用户可以编辑这两个文件来允许或限制某个普通用户使用 cron 计划任务。下面介绍的 at 命令（/etc/at.allow、/etc/at.deny）与此类似。

（2）at 命令

格式：at [-f file] [-mldvV] TIME

功能：at 命令可以让用户在指定时间执行某个程序或命令。TIME 的格式是 HH:MM [MM/DD/YY]，其中 HH 是小时，MM 是分钟，如果要指定超过一天内的时间，那么可以用 MM/DD/YY，其中 MM 是月，DD 是日，YY 是年。

```
# atq                        //查询当前用户正在等待的计划任务
# atrm  <任务号>              //删除一个正在等待的计划任务
```

其中主要选项含义如下：

-d：删除指定的定时命令。

-f file：读入预先写好的命令文件。

-l：列出所有的定时命令。

-m：定时命令执行完后将输出结果通过邮件传给用户。

-v：列出所有已经完成但尚未删除的定时命令。

-V：显示版本号。

例 3-32　使用 at 命令。

如图 3-31 所示，执行第一条命令（指定了时间），进入 at 命令的交互模式，输入在指定时间要执行的命令 #touch /root/Desktop/at_example.txt 后按【Enter】键，然后按下【Ctrl+D】键退出 at 命令的交互模式。执行第二条命令，查看指定时间执行命令的结果。

图 3-31　指定时间执行命令

## 四、其他系统管理

### 1. 查询系统状况命令

（1）uname 命令

格式：uname［选项］

功能：uname 可显示电脑以及操作系统的相关信息。uname 可以知道用户现在所用的操作系统的版本、硬件的名称等各种数据。

其中主要选项含义如下：

-a：显示全部的信息。

-m：显示计算机的类型、硬件的型号。

-n：显示在网络上的主机名称。

-r：显示操作系统 release 版本。

-s：显示操作系统名称。

-v：显示操作系统的 version 版本。

（2）hostname 命令

格式：hostname［选项］

功能：用来显示或者设置当前系统的主机名，主机名被许多网络程序使用，来标识主机。

其中主要选项含义如下：

-a：别名。

-d：DNS 域名。

-f：长主机名。

-i：IP 地址。

-s：短主机名。

-v：运行时显示详细的处理过程。

（3）last 命令

格式：last［选项］［账号名称 ...］［终端机编号 ...］

功能：列出目前与过去登录系统用户的相关信息（主要有登录时间和登录终端）。单独执行 last 命令，它会读取 /var/log/wtmp 文件，并把该文件记录的登录系统的用户名单全部显示出来。

其中主要选项含义如下：

-a：把从何处登录系统的主机名称或 IP 地址，显示在最后一行。

-d：将 IP 地址转换成主机名称。

-f：指定记录文件。

-n：设置列出名单的显示列数。

-R：不显示登录系统的主机名称或 IP 地址。

例3-33　使用 last 命令。

如图 3-32 所示，执行 last 命令，显示各用户的登录情况，请读者分析。

```
[root@localhost ~]# last
root     pts/3        :0.0             Wed May 28 17:49   still logged in
root     pts/3        :0.0             Wed May 28 17:48 - 17:49  (00:00)
ztguang  tty3                          Wed May 28 17:47   still logged in
ztg      tty2                          Wed May 28 17:47   still logged in
root     pts/1        :0.0             Wed May 28 17:37   still logged in
root     pts/1        :0.0             Wed May 28 15:50 - 17:37  (01:46)
root     :0                            Wed May 28 15:49   still logged in
root     :0                            Wed May 28 15:49 - 15:49  (00:00)
reboot   system boot  2.6.18-92.el5    Wed May 28 15:45          (02:21)
root     tty1                          Wed May 28 00:30 - down   (00:01)
root     pts/1        :0.0             Wed May 28 00:24 - 00:30  (00:05)
```

图 3-32　使用 last 命令

（4）lastlog 命令

格式：lastlog [ 选项 ]

功能：lastlog 命令用来显示上次登录的系统用户数。登录信息是从 /var/log/lastlog 读取。列出用户最后登录的时间和登录终端的地址，如果此用户从来没有登录，则显示：**Never logged in**。

其中主要选项含义如下：

-t n：只显示超过最近 n 天的登录信息。

-u username：只显示登录的用户名信息。

```
# lastlog  -t  5                //显示5天前的登录信息
# last  -u  username            //显示指定用户的登录信息
```

（5）free 命令

格式：free [ 选项 ]

功能：显示内存状态，free 命令会显示内存的使用情况，包括实体内存，虚拟的交换文件内存，共享内存区段，以及系统核心使用的缓冲区等。

其中主要选项含义如下：

-b：以 Be 为单位显示内存使用情况。

-k：以 KB 为单位显示内存使用情况。

-m：以 MB 为单位显示内存使用情况。

-o：不显示缓冲区调节列。

-s：持续观察内存使用状况。

-t：显示内存总和列。

-V：显示版本信息。

例 3-34　使用 free 命令。

执行带不同选项的 free 命令的执行情况如图 3-33 所示。

```
[root@localhost ~]# free
             total       used       free     shared    buffers     cached
Mem:        774488     759548      14940          0      22396     323956
-/+ buffers/cache:     413196     361292
Swap:       803208        148     803060
[root@localhost ~]# free -V
procps version 3.2.7
[root@localhost ~]# free -o
             total       used       free     shared    buffers     cached
Mem:        774488     760564      13924          0      22552     324000
Swap:       803208        148     803060
[root@localhost ~]# free -om
             total       used       free     shared    buffers     cached
Mem:           756        745         11          0         22        316
Swap:          784          0        784
[root@localhost ~]#
```

图 3-33　使用 free 命令

## 2. /proc 目录

最初开发 /proc 文件系统是为了提供有关系统中进程的信息。但是由于这个文件系统非常有用，因此内核中的很多元素也开始使用它来报告信息，或启用动态运行时配置。/proc 文件系统包含了一些目录（用作组织信息的方式）和虚拟文件。虚拟文件可以向用户呈现内核中的一些信息，也可以用作一种从用户空间向内核发送信息的手段。

/proc 文件系统是一个虚拟文件系统，包含了来自正在运行着的核心的信息，通过它可以使用一种新的方法在 Linux 内核空间和用户空间之间进行通信。在 /proc 文件系统中，可以将对虚拟文件的读写作为与内核中实体进行通信的一种手段，但是与普通文件不同的是，这些虚拟文件的内容都是动态创建的。

用户可以通过 cat proc/ 下的文件，来获得系统的信息，这些信息包括系统硬件、网络设置、内存使用等。/proc/sys 目录下的文件，允许系统管理员修改，这些变动会直接影响当前内核。

下面简单介绍 /proc 下的一些文件。

● /proc/cmdline：给出了内核启动的命令行。

● /proc/cpuinfo：提供了有关系统 CPU 的多种信息。这些信息是从内核里对 CPU 的测试代码中得到的。

● /proc/devices：列出字符和块设备的主设备号，以及分配到这些设备号的设备名称。

● /proc/dma 文件：列出由驱动程序保留的 DMA 通道和保留它们的驱动程序名称。casade 项供用于把次 DMA 控制器从主控制器分出的 DMA 行所使用；这一行不能用于其他用途。

● /proc/filesystems：列出可供使用的文件系统类型，一种类型一行。虽然它们通常是编入内核的文件系统类型，但该文件还可以包含可加载的内核模块加入的其他文件系统类型。

● /proc/interrupts：文件的每一行都有一个保留的中断。每行中的域有中断号、本行中断的发生次数、可能带有一个加号的域（SA_INTERRUPT 标志设置）以及登记这个中断的驱动程序的名字。可以在安装新硬件前，像查看 /proc/dma 和 /proc/ioports 一样用 cat 命令手工查看手头的这个文件。这几个文件列出了当前投入使用的资源（但是不包括那些没有加载驱动程序的硬件所使用的资源）。

● /proc/ioports：列出了诸如磁盘驱动器，以太网卡和声卡设备等多种设备驱动程序登记的许多 I/O 端口范围。

● /proc/kcore：是系统的物理内存以 core 文件格式保存的文件。例如，GDB 能用它考察内核的数据结构。它不是纯文本，而是 /proc 目录下为数不多的几个二进制格式的项之一。

● /proc/kmsg：用于检索用 printk 生成的内核消息。任何时刻只能有一个具有超级用户权限的进程可以读取这个文件。也可以用系统调用 syslog 检索这些消息。通常使用工具 dmesg 或守护进程 klogd 检索这些消息。

● /proc/ksyms：列出了已经登记的内核符号；这些符号给出了变量或函数的地址。每行给出一个符号的地址，符号名称以及登记这个符号的模块。程序 ksyms、insmod 和 kmod 使用这个文件。它还列出了正在运行的任务数、总任务数和最后分配的 PID。

● /proc/loadavg：给出几个不同的时间间隔计算的系统平均负载，这就如同 uptime 命令显示的结果那样。前三个数字是平均负载。这是通过计算过去 1 分钟、5 分钟、15 分钟里运行队列中的平均任务数得到的。随后是正在运行的任务数和总任务数。最后是上次使用的进程号。

● /proc/locks：包含在打开的文件上的加锁信息。文件中的每一行描述了特定文件和文档上的加锁信息以及对文件施加的锁的类型。内核也可以在需要时对文件施加强制性锁。

● /proc/mdstat：包含了由 md 设备驱动程序控制的 RAID 设备信息。

● /proc/meminfo：给出了内存状态的信息。它显示出系统中空闲内存，已用物理内存和交换内存的总量。它还显示出内核使用的共享内存和缓冲区总量。这些信息的格式和 free 命令显示的结果类似。

● /proc/misc：报告用内核函数 misc_register 登记的设备驱动程序。

● /proc/modules：给出可加载内核模块的信息。lsmod 程序用这些信息显示有关模块的名称、大小、使用数目方面的信息。

● /proc/mounts：以 /etc/mtab 文件的格式给出当前系统所安装的文件系统信息。这个文件也能反映出任何手工安装从而在 /etc/mtab 文件中没有包含的文件系统。

● /proc/pci：给出 PCI 设备的信息。用它可以方便地诊断 PCI 问题。可以从这个文件中检索到的信息包括诸如 IDE 接口或 USB 控制器这样的设备、总线、功能编号、设备延迟以及 IRQ 编号。

● /proc/scsi：包含一个列出了所有检测到的 SCSI 设备的文件，并且为每种控制器驱动程序提供一个目录，在这个目录下又为已安装的此种控制器的每个实例提供一个子目录。

● /proc/stat：包含的信息有 CPU 利用率、磁盘、内存页、内存对换、全部中断，接触开关以及赏赐自举时间（自 1970 年 1 月 1 日起的秒数）。

● /proc/uptime：给出自从上次系统自举以来的秒数，以及其中有多少秒处于空闲。这主要供 uptime 程序使用。比较这两个数字能够得出 CPU 周期浪费的比例。

● /proc/version：只有一行内容，说明正在运行的内核版本。可以用标准的编程方法进行分析获得所需的系统信息。

● /proc/net：此目录下的文件描述或修改了联网代码的行为。可以通过使用 arp,netstat,route 和 ipfwadm 命令设置或查询这些特殊文件中的许多文件。

● /proc/net/arp：转储每个网络接口的 arp 表中 dev 包的统计。

● /proc/net/dev：来自网络设备的统计。

● /proc/net/dev_mcast：列出二层（数据链路层）多播组。

● /proc/net/igmp：加入的 IGMP 多播组。

● /proc/net/netlink：netlink 套接口的信息。

● /proc/net/netstat：网络流量的多种统计。第一行是信息头，带有每个变量的名称。接下来的一行保存相应变量的值。

● /proc/net/raw：原始套接口的套接口表。

● /proc/net/route：静态路由表。

● /proc/net/rpc：包含 RPC 信息的目录。

● /proc/net/rt_cache：路由缓冲。

● /proc/net/snmp：snmp agent 的 ip/icmp/tcp/udp 协议统计；各行交替给出字段名和值。

● /proc/net/sockstat：列出使用的 tcp/udp/raw/pac/syc_cookies 的数量。

● /proc/net/tcp：TCP 连接的套接口。

● /proc/net/udp：UDP 连接的套接口表。

● /proc/net/unix：UNIX 域套接口的套接口表。

● /proc/sys：此目录下有许多子目录。此目录中的许多项都可以用来调整系统的性能。

● /proc/sys/fs/file-max：指定了可以分配的文件句柄的最大数目。

● /proc/sys/fs/file-nr：有三个值，已分配文件句柄的数目 / 已使用文件句柄的数目 / 文件句柄的最大数目。

● /proc/sys/fs/super-max：指定超级块处理程序的最大数目。

● /proc/sys/fs/super-nr：显示当前已分配超级块的数目。

● /proc/sys/kernel/acct：有三个可配置值，根据包含日志的文件系统上可用空间的数量（以百分比表示）。

● /proc/sys/kernel/ctrl-alt-del：该值控制系统在接收到【Ctrl+Alt+Delete】按键组合时如何反应 0、1。这两个值表示：

0 表示捕获【Ctrl+Alt+Delete】，并将其送至 init 程序。这将允许系统可以完美地关闭和重启，就好像输入 shutdown 命令一样。

1 表示不捕获【Ctrl+Alt+Delete】，将执行非干净的关闭，就好像直接关闭电源一样。

● /proc/sys/kernel/domainname：允许配置网络域名。

● /proc/sys/kernel/hostname：允许配置网络主机名。

● /proc/sys/kernel/msgmax：指定了从一个进程发送到另一进程的消息的最大长度。

● /proc/sys/kernel/msgmnb：指定在一个消息队列中最大的字节数。

● /proc/sys/kernel/msgmni：指定消息队列标识的最大数目。

● /proc/sys/kernel/panic：发生内核严重错误（kernel panic），则内核在重新引导之前等待的时间（以秒为单位）。默认 0 为禁止重新引导。

● /proc/sys/kernel/printk：有四个数字值，它们根据日志记录消息的重要性，定义将其发送到何处。关于不同日志级别的更多信息，请阅读 syslog(2) 联机帮助页。该文件的四个值为：

控制台日志级别：优先级高于该值的消息将被打印至控制台。

默认的消息日志级别：将用该优先级来打印没有优先级的消息。

最低的控制台日志级别：控制台日志级别可被设置的最小值（最高优先级）。

默认的控制台日志级别：控制台日志级别的默认值。

● /proc/sys/kernel/shmall：系统上可以使用的共享内存的总量（以字节为单位）。

● /proc/sys/kernel/shmmni：表示用于整个系统共享内存段的最大数目。

● /proc/sys/kernel/sysrq：如果该文件指定的值为非零，则激活 system request key。

● /proc/sys/kernel/threads-max：指定内核所能使用的线程的最大数目。

● /proc/sys/net/core/message_burst：写新的警告消息所需的时间（以 1/10 秒为单位）；在这个时间内所接收到的其他警告消息会被丢弃。这用于防止某些企图用消息"淹没"系统的人所使用的拒绝服务（denial of service）攻击。

● /proc/sys/net/core/message_cost：该文件存有与每个警告消息相关的成本值。该值越大，越有可能忽略警告消息。

● /proc/sys/net/core/netdev_max_backlog：指定了在接口接收数据包的速率比内核处理这些包的速率快时，允许送到队列的数据包的最大数目。

- /proc/sys/net/core/optmem_max：指定了每个套接字所允许的最大缓冲区的大小。
- /proc/sys/net/core/rmem_default：指定接收套接字缓冲区大小的默认值（以字节为单位）。
- /proc/sys/net/core/rmem_max：指定了接收套接字缓冲区大小的最大值（以字节为单位）。
- /proc/sys/net/core/wmem_default：指定发送套接字缓冲区大小的默认值（以字节为单位）。
- /proc/sys/net/core/wmem_max：指定了发送套接字缓冲区大小的最大值（以字节为单位）。
- /proc/sys/net/ipv4：所有 IPv4 和 IPv6 的参数都被记录在内核源代码文档中。请参阅文件 /usr/src/linux/Documentation/networking/ip-sysctl.txt。
- /proc/sys/vm/buffermem：控制用于缓冲区内存的整个系统内存的数量（以百分比表示）。它有三个值，通过把用空格相隔的一串数字写入该文件来设置这三个值。用于缓冲区的内存的最低百分比；如果发生所剩系统内存不多，而且系统内存正在减少这种情况，系统将试图维护缓冲区内存的数量；用于缓冲区的内存的最高百分比。
- /proc/sys/vm/freepages：控制系统如何应对各种级别的可用内存。它有三个值，通过把用空格相隔的一串数字写入该文件来设置这三个值。

如果系统中可用页面的数目达到了最低限制，则只允许内核分配一些内存。

如果系统中可用页面的数目低于这一限制，则内核将以较积极的方式启动交换，以释放内存，从而维持系统性能。

内核将试图保持这个数量的系统内存可用。低于这个值将启动内核交换。

- /proc/sys/vm/kswapd：控制允许内核如何交换内存。它有三个值，通过把用空格相隔的一串数字写入该文件来设置这三个值，默认设置：512 32 8。

内核试图一次释放的最大页面数目。如果想增加内存交换过程中的带宽，则需要增加该值。

内核在每次交换中试图释放页面的最少次数。

内核在一次交换中所写页面的数目。这对系统性能影响最大。这个值越大，交换的数据越多，花在磁盘寻道上的时间越少。然而，这个值太大会因"淹没"请求队列而反过来影响系统性能。

- /proc/sys/vm/pagecache：与 /proc/sys/vm/buffermem 的工作内容一样，但它是针对文件的内存映射和一般高速缓存。

总结：/proc 文件系统包含了大量的有关当前系统状态的信息。proc 的手册页中也有对这些文件的解释文档。把文件和分析这些文件的工具产生的输出进行比较能够更加清晰地了解这些文件。

## 五、系统日志

系统日志记录着系统运行中的信息，在服务或系统发生故障时，通过查询系统日志，有助于进行诊断。系统日志可以预警安全问题。系统日志一般存放在 /var/log 目录下。

常用的系统日志：/var/log/messages、/var/log/secure。

### 1. /var/log/messages

/var/log/messages 是核心系统日志文件，包含了系统启动时的引导消息，以及系统运行时的其他状态消息。IO 错误、网络错误和其他系统错误都会记录到该文件中。如果服务正在运行，比如 DHCP 服务器，可以在 messages 文件中观察它的活动。通常，/var/log/messages 是在故障诊断时，首先要查看的文件。可以执行以下命令查看该文件。

```
# tail  -n10  /var/log/messages        //查看最后10条日志
# tail  -f  /var/log/messages          //实时查看服务器的日志变化
```

### 2．/var/log/secure

/var/log/secure 记录安全相关的信息、系统登录与网络连接的信息。例如 POP3、SSH、Telnet、FTP 等都会被记录，可以利用此文件找出不安全的登录 IP。

## 六、其他命令

### 1．man 命令

格式：man [-ka] [command_name]

功能：显示参考手册，提供联机帮助信息。

选项：-k 按指定关键字查询有关命令；-a 查询参数的所有相关页。

man page 分成八个标准章节，每个章节的主题分别为：命令、系统调用、库函数、设备说明、文件格式、游戏、杂项和管理员命令。

在不同章节的页有时会有相同的名字。比如 passwd 命令和 /etc/passwd 文件，如果执行命令 man passwd，则只显示首先搜索到的页（即 passwd 命令）。要查看 /etc/passwd 的帮助页，必须指明章数，即 man 5 passwd。

man page 通常会在页名后将章数用括号括起来，如 passwd(1)、passwd(5)。每章都包括一个叫 intro 的介绍页，所以命令 man 5 intro 可查看第 5 章的介绍页。

示例如下：

```
# man  -k  passwd
# man  5  passwd
# man  -a  passwd
# man  5  intro
```

### 2．date /hwclock/clock/tzselect 命令

Linux 时钟分为系统时钟（system clock）和硬件时钟（real time clock, RTC）。系统时钟是指当前 Linux Kernel 中的时钟，而硬件时钟则是主板上由电池供电的时钟，硬件时钟可以在 BIOS 中进行设置。当 Linux 启动时，系统时钟会读取硬件时钟的设置，然后系统时钟就会独立于硬件运作。

Linux 中的所有命令（包括函数）都是采用系统时钟。在 Linux 中，用于时钟查看和设置的命令主要有 date、hwclock 和 clock。其中，clock 和 hwclock 用法相近，只用一个就行，不过 clock 命令除了支持 x86 硬件体系外，还支持 Alpha 硬件体系。

只有超级用户才有权限使用 date 命令设置时间，一般用户只能使用 date 命令显示时间。当以 root 身份更改了系统时间之后，一定要用 #clock -w 命令来将系统时间写入 CMOS 中，这样下次重新开机时系统时间才会保持最新的正确值。

（1）date

```
# date                                 //查看系统时间
# date  --set  "03/03/12 10:19:20"     //（月/日/年 时:分:秒）设置系统时间
```

（2）hwclock/clock

```
# hwclock  -show                            //查看硬件时间
# clock  -show                              //查看硬件时间
# hwclock  --set  --date="03/03/12 10:19:20" //（月/日/年 时:分:秒）设置硬件时间
# clock  --set  --date="03/03/12 10:19:20"  //（月/日/年 时:分:秒）设置硬件时间
```

（3）硬件时间和系统时间同步

按照前面的说法，重新启动系统，硬件时间会读取系统时间，实现同步，但是在不重新启动的时候，需要用 hwclock 或 clock 命令实现同步。

```
//硬件时钟与系统时钟同步，hc代表硬件时间，sys代表系统时间
# hwclock  --hctosys 或者 # clock  --hctosys
# hwclock  --systohc 或者 # clock  --systohc       //系统时钟和硬件时钟同步
```

（4）时区的设置

```
# tzselect
```

读者可以根据提示进行设置。如果不用 tzselect 命令，可以修改文件变更时区。

```
# vim  /etc/sysconfig/clock
Z/Shanghai                       #可以查/usr/share/zoneinfo/下面的文件
UTC=false
ARC=false
# rm  /etc/localtime
# ln  -sf  /usr/share/zoneinfo/Asia/Shanghai  /etc/localtime
```

或者

```
# cp  /usr/share/zoneinfo/Asia/Shanghai  /etc/localtime
```

重新启动即可。

### 3. cal（calendar）命令

格式：cal [ 选项 ] [ 月 ] [ 年 ]

功能：显示某年某月的日历。

其中主要选项含义如下：

-j：显示给定月中的每一天是一年中的第几天（从 1 月 1 日算起）。

-y：显示整年的日历。

### 4. pwd 命令

格式：pwd

功能：显示当前所在目录。

### 5. shutdown 命令

格式：shutdown [ 选项 ] [ 时间 ] [ 警告信息 ]

功能：系统关机命令，shutdown 命令可以关闭所有进程，并按用户的需要，进行重新开机或关机的动作。shutdown 命令安全地将系统关机。有些用户会使用直接断掉电源的方式来关闭 Linux，这是十分危险的。因为 Linux 后台运行着许多进程，所以强制关机可能会导致进程的数

据丢失，使系统处于不稳定的状态，甚至在有的系统中会损坏硬件设备。

⚠️ 注意：

　　shutdown命令只能由root用户运行。

其中主要选项含义如下：

-h：关机。

-k：只是送出信息给所有用户，但不会实际关机。

-r：重新启动。

-t：送出警告信息和删除信息之间要延迟多少秒。

例如：# shutdown -h +10 "System needs a rest"

该命令将一条警告信息发送给当前登录到系统上的所有用户，让他们有时间在系统关闭前结束自己的工作。系统将在 10 分钟后关闭。

### 6. halt 命令

格式：halt [ 选项 ]

功能：关闭系统，halt 会先检测系统的 runlevel。若 runlevel 为 0 或 6，则关闭系统，否则即调用 shutdown 来关闭系统。其实 halt 就是调用 shutdown -h。halt 执行时，关闭应用进程，执行 sync 系统调用，文件系统写操作完成后就会停止内核。

其中主要选项含义如下：

-i：在 halt 命令之前，关闭全部的网络界面。

-w：并不是真正的重启或关机，只是写 wtmp（/var/log/wtmp）记录。

### 7. reboot 命令

格式：reboot [ 选项 ]

功能：重新开机，执行 reboot 命令可让系统停止运作，并重新开机。

其中主要选项含义如下：

-i：在重开机之前，先关闭所有网络界面。

-n：重开机之前不检查是否有未结束的进程。

### 8. init 命令

格式：init state

功能：改变系统状态。可以使用该命令重启或关闭系统等。init 命令使用表示系统状态的数字作为参数。系统状态及其描述如下所述：

0：完全关闭系统。

1：管理模式的单用户状态，只允许超级用户访问整个多用户文件系统。

2：多用户状态，不支持 NFS，若没有网络，则和状态 3 相同。

3：完全多用户模式，允许网络上的其他系统进行远程文件共享。

4：未使用。

5：只用在 X11 上，即 GUI。

6：关闭系统重启。

不管是进入哪一种状态（除关机状态），都可以使用 init 命令切换到其他状态。如果默认状态为 3，则可执行 #init 5 命令切换到状态 5，即 GUI。

9．runlevel 命令

使用 runlevel 命令可以查看当前系统所处的运行状态。

10．login 命令

格式：login

功能：用户登录，Linux 是多用户的系统，login 登录系统的时候，首先输入用户名称，然后输入口令。如果正确，则可进入系统。

11．logout 命令

格式：logout

功能：用户注销。注销的目的在于防止下一位坐在终端机前面的用户继续用您的权限去存取文件。所以长久离开座位以及下班之前，请记得输入 logout 注销。请下一位用户再自行用他的账号和密码进行登录。logout 命令让用户退出系统，其功能和 login 命令相对应。

### 任务描述

作为某企业网管，保障服务器安全、稳定地运行是很重要的一项工作。因此应经常对服务器所运行的进程进行监控和管理。

根据工作需要，要求每天早晨 4:00 系统自动运行 /usr/lib/firefox-3.6 目录下的 run-mozilla. sh 脚本，以对 Web 数据库进行检查从而避免数据丢失。

### 任务流程

① 监控和管理进程。

② 配置 cron 服务。

③ 启动 cron 服务。

### 任务实施

① 查看系统进程信息。

```
[root@server ~]# ps  -aux
[root@server ~]# top
```

② 配置 cron 服务。

```
[root@server ~]# crontab  -e
```

输入以下信息，并保存退出：

```
0  4  *  *  *  root  /usr/lib/firefox-3.6/run-mozilla.sh
```

③ 启动 cron 服务。

```
[root@server ~]#systemctl  start  crond
```

**思考和练习**

一、单项选择题

1. 在 /etc/crontab 文件中可定义的执行任务的小时栏中，可选择的范围是（　　）。

    A. 0 到 12　　　　B. 1 到 12　　　　C. 0 到 23　　　　D. 1 到 24

2. nice 的取值范围是（　　）。

    A. −50 到 100　　B. 1 到 99　　　　C. −20 到 19　　　D. 0 到 100

3. 终止前台进程可能用到的命令和操作是（　　）。

    A. poweroff　　　B. 按【Ctrl+C】键　C. shut down　　D. halt

4. 使用 at 规划进程任务时，可用（　　）选项删除已规划好的工作任务。

    A. -f　　　　　　B. -l　　　　　　C. -d　　　　　　D. -m

5. 从后台启动进程，应在命令的结尾加上符号（　　）。

    A. &　　　　　　B. @　　　　　　C. #　　　　　　D. ¥

6. top 命令的作用是（　　）。

    A. 返回到顶层目录　　　　　　　　B. 显示系统运行时间

    C. 显示系统当前运行状况　　　　　D. 关机

7. 使用 ps 获取当前运行进程的信息时，输出内容 PPID 的含义为（　　）。

    A. 进程的用户 ID　　　　　　　　B. 进程调度的级别

    C. 进程 ID　　　　　　　　　　　D. 父进程 ID

8. 为了在每天的 23:45 运行 myscript，需要如何设置 cron？（　　）

    A. 23 45 * * myscript　　　　　　　B. 23 45 * * * myscript

    C. 45 23 * * * myscript　　　　　　D. * * 23 45 myscript

9. 以下（　　）命令使用进程名称来停止进程。

    A. stop　　　　　B. down　　　　　C. killall　　　　D. kill

10. 以下（　　）命令可以为即将启动的进程指定优先级。

    A. renice　　　　B. nice　　　　　C. top　　　　　D. 以上都不是

二、问答题

1. 进程和程序有什么区别？

2. 如何查询进程的状态？如何终止进程的运行？

3. 什么是计划任务？crontab 文件中的字段有哪些？分别代表什么意思？

三、实验

【实验目的】

1. 掌握进程的概念。

2. 掌握进程管理命令的使用。

3. 熟悉创建计划任务的方法。

【实验内容】

1. 以不同的账户使用 ps 命令，并分别使用不同的命令选项，观察显示结果。

2. 输入 top 命令，观察与 ps 命令的区别。

3. 以不同的账户使用 kill 等命令，学习 kill 等命令的使用。

4. 编辑用户自己的 crontab 文件。

【实验要求】

1. 以 root 账户登录到 tty1 和 tty2，以普通账户登录到 tty3 和 tty4。

2. 在各控制台分别使用 ps 命令，观察显示结果。

3. 在 tty1 和 tty3 分别使用 ps 命令，依次加上 -u、-1、-a、-x 选项，注意显示结果的不同，写出显示的最后两行的结果。

4. 使用 ps 命令，分别加上上述选项的组合，观察显示结果。

5. 在 tty1 和 tty3 分别使用 top 命令，观察运行结果，并分别用【Ctrl+C】组合键终止进程的运行。

6. 在 tty3 运行 top 命令，在 tty4 用 ps 命令查找 top 命令的 PID，并用 kill 命令终止进程的运行。

7. 在 tty2 运行 top 命令，在 tty1 用 ps 命令查找 top 命令的 PID，并用 kill 命令终止进程的运行。

8. 在 tty3 运行 top 命令，在 tty1 用 killall 命令终止上述 tty2 和 tty3 中的 top 进程。

9. 以普通用户身份创建 my.cron 文件，要求在文件中编辑一条自动作业，使计算机在当前时间 3 分钟后，在用户的主目录下创建 cron 子目录。使用 crontab 命令安装该文件。查看在 /var/spool/cron 目录下生成的用户文件 crontab。

10. 在实验结束前用命令删除上述 cron 任务。

# 项目总结

学习本项目需要完成用户和组的管理、管理 Linux 的文件系统及认识和管理 Linux 的进程三个学习任务。通过本项目的学习，可以对 Linux 的用户和组的概念有一个初步认识，并且通过对 Linux 文件和系统管理的相关知识及其管理命令的学习和掌握，能为后续学习打下一个良好的基础。

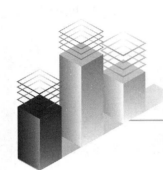

# 项目 4
# 网络的组建和管理

使用和配置 Linux 操作系统的网络功能要求进行各种网络服务软件的安装和卸载，只有这样才能充分地发挥 Linux 平台的功能从而完成各种工作任务；另外，进行基本的网络环境配置也是应用各种网络服务的前提条件。

## 项目导读

| 项目任务 | 任务 4.1　Linux 中的软件管理<br>任务 4.2　网络的基本配置及其管理 |
| --- | --- |
| 知识目标 | ① 掌握 Linux 中软件管理的基本方法<br>② 掌握网络的基本配置方法 |
| 技能目标 | ① 掌握 rpm、dnf 命令的使用<br>② 熟悉基本的网络配置文件<br>③ 掌握基本的网络配置命令 |

## 任务 4.1 　Linux 中的软件管理

### 任务引言

大家都知道一台可用的计算机是由两大部分组成，分别是硬件系统和软件系统。当硬件系统准备好后，就需要安装软件系统；软件系统的安装顺序是先安装操作系统，然后在操作系统上再安装各种各样的应用软件。操作系统的安装在项目一中已经介绍了，在这一任务中主要讲述在 Linux 中如何安装和管理软件。

在 Windows 下安装软件时，只需运行软件的安装程序（setup、install 等）或者用 zip 等解压缩软件解压缩开即可安装，或者运行反安装程序（uninstall、unware、"卸载"等）就能将软件清除干净。

而在 Linux 系统的使用和维护过程中，安装和卸载软件也是经常会做的工作。但与 Windows 系统不同，为了便于软件的维护更新，CentOS 8 提供了 RPM 软件包管理器来进行相关的操作。

### 相关知识

#### 一、Linux 中以二进制形式发布的软件

Linux 软件的二进制分发是指事先已经编译好二进制形式的软件包的发布形式，其优点是安

装使用容易，缺点则是缺乏灵活性，如果该软件包是为特定的硬件 / 操作系统平台编译的，那它就不能在另外的平台或环境下正确执行。

CentOS 中主要有两种类型的二进制形式发布的软件包，分别是：

① *.rpm 软件包。

② DNF 软件包。

### 二、*.rpm 软件包的管理

#### 1. *.rpm 软件包的安装

rpm（redhat packge manager）是 RedHat 公司推出的软件包管理器，使用它可以很容易地对 rpm 形式的软件包进行安装、升级、卸载、验证、查询等操作，安装简单，而卸载时也可以将软件安装在多处目录中的文件删除干净，因此推荐初学者尽可能使用 rpm 形式的软件包。

安装软件 *.rpm 软件包的命令格式： rpm -ivh *.rpm

这个命令中的参数 -i 是安装，-v 是校验，-h 是用散列符显示安装进度；*.rpm 是软件包的文件名（这里的 *.rpm 特指 *.src.rpm 以外的以 rpm 为后缀的文件）；参数 -e 是删除软件包，packgename 是软件包名，与软件包的文件名有所区别，它往往是文件名中位于版本号前面的字符串，例如 apache-3.1.12- i386.rpm 和 apache-devel-3.1.12- i386.rpm 是软件包文件名，而它们的软件包名则分别是 apache 和 apache- devel。更多的 rpm 参数请自行参看手册页。

另外一般情况下，在安装 rpm 形式的软件之前，可以先确定一下需要安装的软件有没有已经安装上，如果有就没有必要重复安装，否则需要安装。

检查软件是否被安装的命令为：rpm -qa packgename，命令输入并按【Enter】键后无提示则说明软件包没有安装，有提示则说明软件包被安装了。

#### 2. *.rpm 软件包的升级

命令格式：rpm [升级操作选项] 操作对象

升级软件：rpm -u *.rpm

#### 3. *.rpm 软件包的卸载

命令格式：rpm [卸载操作选项] 操作对象

卸载软件：rpm -e softname

( ! ) 注意：

　*.rpm中的"*"指的是软件包名，softname指的是软件名。

例如：

```
#rpm  -e  cpio，这里的cpio指的是软件名。
```

#### 4. *.rpm 软件包的强行卸载

当需要卸载有依赖关系的 rpm 软件时，必须强制卸载，否则会出现错误信息。

例如：

```
#rpm  -e  cpio
error:Failed  dependencies:
...
```

在这种情况下，可以用 --nodeps 选项强制卸载。例如：

```
#rpm  -e  cpio --nodeps cpio
```

### 5. 查询软件包

命令格式：rpm [查询操作选项] 操作对象

```
#rpm  -q  *.rpm
```

常用选项说明如下：

-a 选项查询所有安装过的包；-l 选项表示查询软件包中的安装文件；-c 选项表示只查询配置文件；-d 选项表示只查询说明文件；-i 选项表示查询软件包的信息；-s 选项表示查询软件包中的文件状态；-f 选项表示查询文件所属的软件包。

例如：

```
#rpm -qa                                    //查询所有安装过的包
#rpm -q prated parted-3.2-36.el8.x86_64     //查询某个已安装软件包的文件全名
#rpm -ql rpcbind                            //查询rpm包中的文件安装的位置
/etc/sysconfig/rpcbind
/usr/bin/rpcbind
/usr/lib/.build-id
/usr/sbin/rpcbind
/usr/share/doc/rpcbind
...
#rpm -qf  /run/rpcbind                      //查询文件所属的软件包
rpcbind-1.2.5-3.el8.x86_64
```

### 6. 安装 .src.rpm 类型的文件

目前 rpm 有两种格式，一种是 rpm 格式，如 *.rpm，表示的是已经经过编译且包装完成的 rpm 文件；另一种是 srpm 格式，如 *.src.rpm，表示的是包含了源代码的 rpm 包，在安装时需要进行编译。srpm 采用源代码的格式，可以通过修改 srpm 内的参数配置项，重新编译生成能适合相应 Linux 环境的 rpm 文件，方便用户选择安装。这类软件包有多种安装方法，下面以安装 nginx-1.15.12-1.el8.ngx.src.rpm 为例介绍其中一种方法。

```
① #mount  /dev/cdrom/mnt                     //挂载光驱
② #dnf -y  install  rpm-build                //安装rpm-build命令
③ #dnf -y  install  gcc pcre-devel openssl * //安装依赖包
④ #useradd  builder                          //创建builder用户
⑤ #su  -builder                              //切换到普通用户
⑥ $rpm  -i  nginx-1.15.12-1.el8.ngx.src.rpm
⑦ $cd  /home/builder/rpmbuild/SPECS
⑧ $rpmbuild  -bb nginx.specs                 //编译软件包同名的specs文件
⑨ $su                                        //切换到管理员用户
⑩ #cd  /home/builder/rpmbuild/RPMS/x86_64
⑪ #rpm  -ivh  nginx-1.15.12-1.el8.ngx.src.rpm//安装rpm包
```

在 CentOS 8 中，rpmbuild 的默认工作目录为 builder 用户家目录下的 rpmbuild 目录，即 /

home/builder/rpmbuild。在制作 rpm 软件包时尽量不要以 root 身份进行操作，因为在制作 rpm 包的过程中，会把软件编译和安装到系统中，这样可能会破坏系统。

## 三、DNF 软件包的管理

### 1. 简介

DNF 是新一代的 RPM 软件包管理器，它能够从指定的服务器自动下载 RPM 软件包并且安装，可以自动处理软件包的依赖性关系，并且一次安装所有依赖的软件包，无须烦琐的一次次下载、安装。DNF 克服了 YUM 软件包管理器的一些瓶颈，提升了包括用户体验、内存占用、依赖分析、运行速度等多方面的内容。DNF 已取代 YUM 正式成为 CentOS 8 的软件包管理器。考虑到兼容性，原有的 YUM 命令仅为 dnf 的软链接。

### 2. DNF 配置

DNF 的配置文件分为两部分：main 和 repository。main 部分定义了全局配置选项，整个 DNF 配置文件应该只有 main，位于 /etc/yum.conf 文件中；repository 部分定义了每个源 / 服务器的具体配置，可以分一个或多个，均位于 /etc/yum.repo.d 目录下并以 .repo 为后缀的文件中。

（1）/etc/yum.conf 主配置文件

```
[main]                              //通用主配置段
gpgchkeck=1
//有1和0两个选择，分别代表是否进行gpg校验。如果没有这一项，默认也会校验
installonly_limit=3                 //允许同时安装多个软件包。设置为0将禁用此功能
clean_requirements_on_remove=True
//当删除软件包时，遍历每个软件包的依赖项。如果任何其他软件包不再需要它们中的任何一个，
//则还应将它们标记为要移除
best=True                           //升级软件时，总是安装最高版本
```

（2）创建本地 repository

在 CentOS 8.0 中有两个存储库：BaseOS 和 APPStream。BaseOS 中的软件包旨在提供底层操作系统功能的核心集，为所有类型的安装提供基础；APPStream 中的软件包包括用户空间应用程序、运行时语言和数据库，以支持各种工作负载和用例等。

把光盘作为本地资源库可以按照如下操作步骤：

```
#mount   /dev/cdrom   /media/cdrom           //挂载光驱
#vi   /etc/yum.repos.d/CentOS-Media.repo     //修改repo文件
[c8-media-BaseOS]                            //用于区别不同的repository，名称必须唯一
name=CentOS-BaseOS-$releaserver-Media        //对repository的描述
baseurl=file:///media/cdrom/BaseOS
//指定baseurl，其中url支持的协议有http、ftp等，baseurl后可以有多个url，
//但baseurl后只能有一个
gpgcheck=1                    //将RPM包进行gpg校验，以确定RPM包的来源有效和安全
enabled=1                     //表示软件源是启用的，设置为0将禁用此功能
gpgkey=file:///etc/pki/rpm-gpg/RPM-GPG-KEY-centosofficial
//定义用于校验的gpg密钥
[c8-media-APPStream]
name=CentOS-BaseOS-$releaserver-Media
```

```
baseurl=file:///media/cdrom/APPStream
gpgcheck=1
enabled=1
gpgkey=file:///etc/pki/rpm-gpg/RPM-GPG-KEY-centosofficial
```

### 3. 常用的 DNF 指令

```
#dnf  repolist                        //查看系统中可用的DNF软件库
#dnf  repolist  all                   //查看系统中可用的和不可用的所有的DNF软件库
#dnf  list                            //列出所有RPM包
#dnf  list  installed                 //列出所有安装了的RPM包
#dnf  list  available                 //列出所有可供安装的RPM包
#dnf  search  vsftpd                  //搜索软件库中的vsftpd包
#dnf  provides  /bin/bash             //查找某一文件的提供者
#dnf  info  vsftpd                    //查看vsftpd软件包详情
#dnf  install  vsftpd                 //安装vsftpd软件包
#dnf  remove  vsftpd                  //删除vsftpd软件包
#dnf  autoremove                      //删除孤立的无用软件包
#dnf  clean  all                      //删除缓存的无用软件包
#dnf  help  clean                     //获取有关某条命令的使用帮助
#dnf  history                         //查看DNF命令的执行历史
#dnf  grouplist                       //查看所有的软件包组
#dnf  groupinstall  'setup'           //安装setup软件包组
#dnf  -enablerepo=epel install nginx  //从特定的软件包库安装特定的软件(nginx)
#dnf  reinstall nano                  //重新安装特定软件包
```

### 任务描述

某企业购买了一批 Linux 主机，准备用于常规办公，需要使用 Office 办公软件，经比较，选择了 OpenOffice 并进行安装。

### 任务流程

① 下载 OpenOffice 软件。
② 解压 OpenOffice 软件。
③ 安装 OpenOffice 软件。

### 任务实施

① 上网查找并下载 OpenOffice。
请参照 4.1.2 节有关内容完成以下任务实施流程：
② 解压 OpenOffice。
③ 进入解压后的 OpenOffice 文件夹，并找到主安装文件，双击它开始安装。
④ 依据安装向导进行各种设置，完成安装。
⑤ 安装结束后在活动桌面出现 OpenOffice 的图标，单击开始使用。

### 思考和练习

一、单项选择题

1. 检查是否安装了 apache 软件包的指令是（　　　）。
    A. rpm -x apache　　　　　　　　B. rpm -r apache
    C. rpm -t apache　　　　　　　　D. rpm -q apache
2. 通过 make file 方式来安装已编译过的代码的命令是（　　　）。
    A. make　　　　B. install　　　　C. make depend　　D. make install
3. 目前市场上各种流行的 Linux 发行版本大多采用（　　　）格式的打包系统。
    A. RPM　　　　B. deb　　　　C. zip　　　　D. tar
4. 欲安装 bind 套件，应用指令（　　　）。
    A. rpm -ivh bind*.rpm　　　　　　B. rpm -ql bind*.rpm
    C. rpm -V bind*.rpm　　　　　　　D. rpm -ql bind

二、问答题

1. 假设从网上下载了一个软件包 myprog-3.0.tar.gz，存放在目录 /root 中，如何安装该软件包？安装完成后，如果又不想要它了，如何卸载或删除该软件包？
2. Linux 中有哪几种主要软件安装方式？

三、实验

【实验目的】
掌握 Linux 中常见的软件安装方法。
【实验内容】
安装 OpenOffice。
【实验要求】

1. 在 Linux 图形界面中上网查找并下载 OpenOffice 的安装包。
2. 如果下载的安装包是被压缩的则在字符界面下将其解压缩。
3. 图形界面中进入 OpenOffice 目录，并找到主安装文件。
4. 根据安装向导完成软件的安装。
5. 运行 OpenOffice 软件，查看其是否可用。

## 任务 4.2　网络的基本配置及其管理

### 任务引言

　　Linux 服务器就是一种网络服务器，这是由它的出身决定的。Linux 服务器最重要的、最常用的用途之一就是作为网络服务器，为网络中的用户提供各种各样的服务。要实现在网络中提供服务，Linux 主机必须能够与其他主机通信，换句话说，就是必须要有正确的网络配置。网络配置通常包括主机名的配置、网卡 IP 地址的配置、默认网关的配置、DNS 服务器地址的配置等。
　　Linux 系统中配置网络可采用三类方法，分别是：

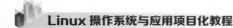

① 字符界面下通过配置命令进行，这种方法比较方便快捷，但系统重启后配置会丢失，所以这种配置方式比较适用于网络调试。

② 通过编辑网络配置文档。使用这种方法配置完的配置不能马上生效，需要重启系统或者网络服务；配置完后配置信息能保存下来，系统再重启后配置信息也会依然生效，这种方法是常用的配置网络的方法。

③ 通过图形界面进行配置，类似于 Windows 的图形配置方式。这种方法主要提供给非网络技术人员使用，比较容易掌握。

## 相关知识

### 一、基本网络配置命令

#### 1. 配置和显示网络的基本参数

主机名用于标识一台主机的名称，在网络中主机名具有唯一性。要查看当前主机的名称，可使用hostnamectl命令。若要更改主机名，可使用"#hostnamectl set-hostname 新主机名"命令来实现。

例如，设置主机名，如图 4-1 所示。

```
[root@localhost ~]# hostnamectl set-hostname myservier
[root@localhost ~]#
```

图 4-1　设置主机名

> **注意：**
>
> 设置了新的主机名后，系统提示符中的主机名不能同步更改，须先使用"logout"命令注销，并重新登录后才可以显示出新的主机名，如图4-2所示。
>
> ```
> CentOS Linux 8 (Core)
> Kernel 4.18.0-147.el8.x86_64 on an x86_64
>
> Activate the web console with: systemctl enable --now cockpit.socket
>
> myservier login: root
> Password:
> Last login: Sun Jul 16 18:09:42 on tty2
> [root@myservier ~]#
> ```
>
> 图 4-2　查看新的主机名

#### 2. 显示网卡信息

Linux 中对网卡及 TCP/IP 的设置与其他系统、网络设备一样，一般可以通过两种途径来完成：一种是通过 DHCP 服务器动态分配获得，一种是手工配置。另外在配置网卡之前需要查看一下网卡配置信息，包括网卡的名称、是否启用、是否已有 IP 地址等。对网卡的配置及信息的查看都可以使用命令 ifconfig。

① 查看当前活动网卡信息，如图 4-3 所示。

② 查看所有网卡信息，如图 4-4 所示。

```
[root@myservier ~]# ifconfig
ens33: flags=4163<UP,BROADCAST,RUNNING,MULTICAST>  mtu 1500
        inet 192.168.36.131  netmask 255.255.255.0  broadcast 192.168.36.255
        inet6 fe80::f95e:559b:6a4:16ad  prefixlen 64  scopeid 0x20<link>
        ether 00:0c:29:2a:1e:92  txqueuelen 1000  (Ethernet)
        RX packets 1039  bytes 1053222 (1.0 MiB)
        RX errors 0  dropped 0  overruns 0  frame 0
        TX packets 605  bytes 51716 (50.5 KiB)
        TX errors 0  dropped 0 overruns 0  carrier 0  collisions 0

lo: flags=73<UP,LOOPBACK,RUNNING>  mtu 65536
        inet 127.0.0.1  netmask 255.0.0.0
        inet6 ::1  prefixlen 128  scopeid 0x10<host>
        loop  txqueuelen 1000  (Local Loopback)
        RX packets 48  bytes 4080 (3.9 KiB)
        RX errors 0  dropped 0  overruns 0  frame 0
        TX packets 48  bytes 4080 (3.9 KiB)
        TX errors 0  dropped 0 overruns 0  carrier 0  collisions 0
```

图 4-3　查看当前活动网卡信息

```
[root@myservier ~]# ifconfig -a
ens33: flags=4163<UP,BROADCAST,RUNNING,MULTICAST>  mtu 1500
        inet 192.168.36.131  netmask 255.255.255.0  broadcast 192.168.36.255
        inet6 fe80::f95e:559b:6a4:16ad  prefixlen 64  scopeid 0x20<link>
        ether 00:0c:29:2a:1e:92  txqueuelen 1000  (Ethernet)
        RX packets 1069  bytes 1056726 (1.0 MiB)
        RX errors 0  dropped 0  overruns 0  frame 0
        TX packets 605  bytes 51716 (50.5 KiB)
        TX errors 0  dropped 0 overruns 0  carrier 0  collisions 0

lo: flags=73<UP,LOOPBACK,RUNNING>  mtu 65536
        inet 127.0.0.1  netmask 255.0.0.0
        inet6 ::1  prefixlen 128  scopeid 0x10<host>
        loop  txqueuelen 1000  (Local Loopback)
        RX packets 48  bytes 4080 (3.9 KiB)
        RX errors 0  dropped 0  overruns 0  frame 0
        TX packets 48  bytes 4080 (3.9 KiB)
        TX errors 0  dropped 0 overruns 0  carrier 0  collisions 0
```

图 4-4　查看所有网卡信息

③ 查看指定网卡信息，如图 4-5 所示。

```
[root@myservier ~]# ifconfig ens33
ens33: flags=4163<UP,BROADCAST,RUNNING,MULTICAST>  mtu 1500
        inet 192.168.36.131  netmask 255.255.255.0  broadcast 192.168.36.255
        inet6 fe80::f95e:559b:6a4:16ad  prefixlen 64  scopeid 0x20<link>
        ether 00:0c:29:2a:1e:92  txqueuelen 1000  (Ethernet)
        RX packets 1099  bytes 1060230 (1.0 MiB)
        RX errors 0  dropped 0  overruns 0  frame 0
        TX packets 605  bytes 51716 (50.5 KiB)
        TX errors 0  dropped 0 overruns 0  carrier 0  collisions 0
```

图 4-5　查看指定网卡信息

### 3. 设置网卡的 IP 地址和子网掩码

命令格式：

```
ifconfig  网卡设备名  ip地址  netmask  子网掩码
```

示例如图 4-6 所示。

```
[root@myservier ~]# ifconfig ens33 10.10.10.10 netmask 255.255.255.0
[root@myservier ~]# ifconfig ens33
ens33: flags=4163<UP,BROADCAST,RUNNING,MULTICAST>  mtu 1500
        inet 10.10.10.10  netmask 255.255.255.0  broadcast 10.10.10.255
        inet6 fe80::f95e:559b:6a4:16ad  prefixlen 64  scopeid 0x20<link>
        ether 00:0c:29:2a:1e:92  txqueuelen 1000  (Ethernet)
        RX packets 1163  bytes 1070488 (1.0 MiB)
        RX errors 0  dropped 0  overruns 0  frame 0
        TX packets 624  bytes 54588 (53.3 KiB)
        TX errors 0  dropped 0 overruns 0  carrier 0  collisions 0

[root@myservier ~]# ping 10.10.10.10
PING 10.10.10.10 (10.10.10.10) 56(84) bytes of data.
64 bytes from 10.10.10.10: icmp_seq=1 ttl=64 time=0.063 ms
64 bytes from 10.10.10.10: icmp_seq=2 ttl=64 time=0.055 ms
64 bytes from 10.10.10.10: icmp_seq=3 ttl=64 time=0.057 ms
```

图 4-6　设置网卡的 IP 地址和子网掩码

图 4-6 中可以看出新配置的 IP 地址立即生效了。

(!) 注意：

此命令配置的IP地址重启系统后会失效，若要永久配置静态IP地址可采用如下命令。
修改IP地址命令：nmcli connection modify 网络名称ipv4.addresses IP地址/子网掩码。
保存修改命令：nmcli connection up 网络名称。

### 4. 网卡的禁用与启用

网卡的禁用与启用在 Linux 中可以使用 ifconfig 命令或者 ifup\ifdown 命令来实现。示例如下：

关闭网卡：ifconfig　网卡设备名 down　或　ifdown　网卡设备名

启动网卡：ifconfig　网卡设备名 up　　或　ifup　　网卡设备名

## 二、配置路由、默认网关、网卡 MAC 地址的命令

### 1. 路由、默认网关相关概念

路由就是到达某一目的网络的路径。路由用于指示路由器如何转发 IP 数据包。下一跳就是到达目的网络应跳到的下一个网络设备点的地址。通常为与当前路由器互联的下一个路由器的互联接口地址。

路由的获得方式分为手工静态配置指定和动态获取两种方式。网关是将当前网络中的主机与其他网络中的主机互联并实现网络间通信的一个设备。网关是一个网络与另一个网络进行通信交流必经的一个关口，故称为网关。网关地址与网段内的主机地址必须属于同一个网段。设置默认网关也即设置了一条默认路由，当找不到匹配的路由时，数据包只能从默认路由指示的下一跳地址将数据转发出去。

### 2. 路由配置命令

在 Linux 系统中，对路由的配置和管理使用 route 命令来实现 。

（1）查看当前路由信息

命令格式：

```
#route
```

查看当前路由信息如图 4-7 所示。

```
[root@myservier ~]# route
Kernel IP routing table
Destination     Gateway         Genmask         Flags Metric Ref    Use Iface
default         _gateway        0.0.0.0         UG    100    0        0 ens33
192.168.36.0    0.0.0.0         255.255.255.0   U     100    0        0 ens33
192.168.122.0   0.0.0.0         255.255.255.0   U     0      0        0 virbr0
```

图 4-7　查看当前路由信息

（2）添加 / 删除默认网关

命令格式：

```
#route  add  default  gw  网关IP地址  dev  网络接口设备名
#route  del  default  gw  网关IP地址
```

添加 / 删除默认网关如图 4-8 所示。

```
[root@myservier ~]# route
Kernel IP routing table
Destination     Gateway         Genmask         Flags Metric Ref    Use Iface
default         _gateway        0.0.0.0         UG    100    0        0 ens33
192.168.36.0    0.0.0.0         255.255.255.0   U     100    0        0 ens33
192.168.122.0   0.0.0.0         255.255.255.0   U     0      0        0 virbr0
[root@myservier ~]# route add default gw 192.168.36.254 dev ens33
[root@myservier ~]# route
Kernel IP routing table
Destination     Gateway         Genmask         Flags Metric Ref    Use Iface
default         _gateway        0.0.0.0         UG    0      0        0 ens33
default         _gateway        0.0.0.0         UG    100    0        0 ens33
192.168.36.0    0.0.0.0         255.255.255.0   U     100    0        0 ens33
192.168.122.0   0.0.0.0         255.255.255.0   U     0      0        0 virbr0
[root@myservier ~]# route del default gw 192.168.36.254 dev ens33
[root@myservier ~]# route
Kernel IP routing table
Destination     Gateway         Genmask         Flags Metric Ref    Use Iface
default         _gateway        0.0.0.0         UG    100    0        0 ens33
192.168.36.0    0.0.0.0         255.255.255.0   U     100    0        0 ens33
192.168.122.0   0.0.0.0         255.255.255.0   U     0      0        0 virbr0
[root@myservier ~]#
```

图 4-8　添加 / 删除默认网关

（3）添加 / 删除路由

向路由表添加路由记录，命令格式：

```
#route  add  -net  目标网络地址  netmask  子网掩码  [dev 网卡设备名]  [gw 网关地
址（下一跳地址）]
```

删除某条路由记录，命令格式：

```
#route  del  -net  目标网络地址  netmask  子网掩码
```

添加 / 删除路由如图 4-9 所示。

```
[root@myservier ~]# route
Kernel IP routing table
Destination     Gateway         Genmask         Flags Metric Ref    Use Iface
default         _gateway        0.0.0.0         UG    100    0        0 ens33
192.168.36.0    0.0.0.0         255.255.255.0   U     100    0        0 ens33
192.168.122.0   0.0.0.0         255.255.255.0   U     0      0        0 virbr0
[root@myservier ~]# route add -net 100.100.100.0 netmask 255.255.255.0 gw 192.16
8.36.254
[root@myservier ~]# route
Kernel IP routing table
Destination     Gateway         Genmask         Flags Metric Ref    Use Iface
default         _gateway        0.0.0.0         UG    100    0        0 ens33
100.100.100.0   192.168.36.254  255.255.255.0   UG    0      0        0 ens33
192.168.36.0    0.0.0.0         255.255.255.0   U     100    0        0 ens33
192.168.122.0   0.0.0.0         255.255.255.0   U     0      0        0 virbr0
[root@myservier ~]# route del -net 100.100.100.0 netmask 255.255.255.0 gw 192.16
8.36.254
[root@myservier ~]# route
Kernel IP routing table
Destination     Gateway         Genmask         Flags Metric Ref    Use Iface
default         _gateway        0.0.0.0         UG    100    0        0 ens33
192.168.36.0    0.0.0.0         255.255.255.0   U     100    0        0 ens33
192.168.122.0   0.0.0.0         255.255.255.0   U     0      0        0 virbr0
[root@myservier ~]#
```

图 4-9　添加 / 删除路由

### 3. 修改网卡 MAC 地址的命令

当配置网络时，有时候出于某种原因，需要修改网卡的硬件地址。修改硬件地址的命令也是 ifconfig，但修改之前先要把网卡关掉。

命令格式如下：

```
#ifconfig  网卡设备名  hw  ether  硬件地址
```

修改网卡 MAC 地址如图 4-10 所示。

```
[root@myservier ~]# ifconfig ens33
ens33: flags=4163<UP,BROADCAST,RUNNING,MULTICAST>  mtu 1500
        inet 192.168.36.131  netmask 255.255.255.0  broadcast 192.168.36.255
        inet6 fe80::f95e:559b:6a4:16ad  prefixlen 64  scopeid 0x20<link>
        ether 00:0c:29:2a:1e:92  txqueuelen 1000  (Ethernet)
        RX packets 354  bytes 49820 (48.6 KiB)
        RX errors 0  dropped 0  overruns 0  frame 0
        TX packets 143  bytes 17090 (16.6 KiB)
        TX errors 0  dropped 0 overruns 0  carrier 0  collisions 0

[root@myservier ~]# ifdown ens33
成功停用连接 "ens33" (D-Bus 活动路径: /org/freedesktop/NetworkManager/ActiveConnection/4
)
[root@myservier ~]# ifconfig ens33 hw ether 00:0c:29:2a:1e:95
[root@myservier ~]# ifup ens33
连接已成功激活 (D-Bus 活动路径: /org/freedesktop/NetworkManager/ActiveConnection/5)
[root@myservier ~]# ifconfig ens33
ens33: flags=4163<UP,BROADCAST,RUNNING,MULTICAST>  mtu 1500
        inet 192.168.36.133  netmask 255.255.255.0  broadcast 192.168.36.255
        inet6 fe80::f95e:559b:6a4:16ad  prefixlen 64  scopeid 0x20<link>
        ether 00:0c:29:2a:1e:95  txqueuelen 1000  (Ethernet)
        RX packets 364  bytes 51453 (50.2 KiB)
        RX errors 0  dropped 0  overruns 0  frame 0
        TX packets 176  bytes 21937 (21.4 KiB)
        TX errors 0  dropped 0 overruns 0  carrier 0  collisions 0
```

图 4-10　修改网卡 MAC 地址

### 三、图形界面配置网络

CentOS 8 提供了两种图形化的方式来配置网络。一种是通过命令"nmtui"，另一种是通过 X Windows 的桌面菜单方式。两者的界面和配置项目都不尽相同，但本质都是通过修改网卡的配置文件来实现的，而且也都需要重启网络服务。X Windows 能自动重启服务，"nmtui"需要手工重启。

#### 1．nmtui 工具

nmtui 网络配置工具在字符界面中提供了基于字符的窗口界面，通过它可以完成对 IP 地址、子网掩码、默认网关、DNS 服务器地址的设置。使用时只需要在命令提示符下输入 nmtui，即可进入配置界面，然后根据界面中的提示即可完成配置，如图 4-11 所示。

`[root@myservier ~]# nmtui`

图 4-11　nmtui 命令

利用 nmtui 工具进行网络配置的具体步骤如下：

① 进入主界面，如图 4-12 所示。

② 选择需要配置的网卡，如图 4-13 所示。

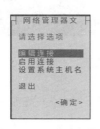

图 4-12　nmtui 主界面

图 4-13　nmtui 配置

③ 然后设置 IP 地址、子网掩码、默认网关、DNS 服务器地址等信息，如图 4-14 所示。

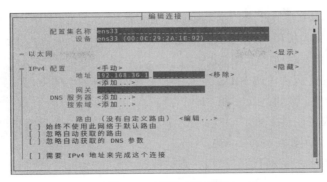

图 4-14　网络参数配置

### 2. 使用桌面菜单配置网络

使用桌面菜单配置网络的基本步骤如下：

① 在桌面环境下由 root 用户依次选择"活动"|"显示应用程序"|"设置"菜单项，在"网络"窗口中就可以进行配置了，如图 4-15 所示。

② 在"IPv4"选项卡中选择需要配置的网卡，单击"手动"就可以对网卡进行配置了。除 IPv4 网络外，通过此窗口还可以进行其他的网络配置，如图 4-16 所示。

图 4-15　网络配置界面 1

图 4-16　网络配置界面 2

## 四、常用网络配置文件

Linux 中 TCP/IP 网络的配置信息分别存储在多个不同的配置文件中。相关的配置文件有 /etc/sysconfig/network-scripts/ifcfg-ensN 、/etc/hosts 、/etc/resolv.conf 、/etc/host.conf 、/etc/services 等文件。下面分别对它们进行介绍。

### 1. /etc/sysconfig/network-scripts/ifcfg-ensN

在 Linux 系统中，对网卡的 IP 配置信息，是通过网卡配置文件来实现的，每一块网卡，对应一个配置文件，其配置文件位于 /etc/sysconfig/network-scripts 目录中。配置文件名具有以下格式：

```
ifcfg-网卡类型以及网卡名
```

从 CentOS 6 开始，网卡命名非唯一且固定，会根据情况有所改变；CentOS 6 及其以之前版本，网络接口采取 eth0、eth1 连续序号，会随着网卡增删变化。而 CentOS 7/8 采用 dmidecode 采集命名方案，以此来得到主板信息；它可以实现网卡名字永久唯一化（dmidecode 这个命令可以采集有关硬件方面的信息）对网卡命名方式：

① 如果 Firmware（固件）或 BIOS 为主板上集成的设备提供的索引信息可用，且可预测，则根据此索引进行命名，例如：ifcfg-ens33。

② 如果 Firmware（固件）或 BIOS 为 PCI-E 扩展槽所提供的索引信息可用，且可预测，则根据此索引进行命名，例如：ifcfg-enp33。

③ 如果硬件接口的物理位置信息可用，则根据此信息进行命名，例如：enp2s0。

上述均不可用时，则使用传统命名机制。

虚拟网卡的设备名为 ethN:M，对应的配置文件为 ifcfg-ensN:M。

虚拟网卡的配置文件可通过更名复制 ifcfg-ensN 的配置文件来获得，然后通过修改配置文件来指定该虚拟网卡要设置的 IP 地址。

网卡文件的设置项目主要有：

```
DEVICE="ens33"                      //设备名
BOOTPROTO="static"                  //static静态分配、dhcp动态分配
HWADDR=00:0C:29:6A:08:39            //MAC地址
IPADDR=192.168.4.251               //IP地址
NETMASK=255.255.255.128            //子网掩码
ONBOOT="yes"                       //是否在开机时激活网卡
GATEWAY=192.168.4.129              //网关地址
```

## 2. /etc/hosts

此文件是用来把主机名映射到 IP 地址的，这种映射是本机有效，别的主机是不可以通过网络获取本机该文件的映射内容的。如果网络中配置有 DNS 服务器，并且服务器内记录有需要的映射关系，则可以不配置此文件；相反，如果没有 DNS 服务器，或者需要某些特殊的映射，则需要配置此文件。

此文件的基本配置如下：

```
127.0.0.1   localhost localhost.localdomain localhost4 localhost4.localdomain4
::1         localhost localhost.localdomain localhost6 localhost6.localdomain6
```

其中的每一行为主机名与 IP 地址的映射记录行，每一行为一条映射，每条映射由三部分组成，每部分由空格隔开。

第一部分：主机 IP 地址；

第二部分：主机名；

第三部分：主机名.域名。

例如，在网络中有三台网络服务器，分别是网页服务器、文件传输服务器和邮件服务器，在文件中可以这样编写文档内容：

```
10.0.0.1  www   www.test.com
10.0.0.2  ftp   ftp.test.com
10.0.0.3  mail  mail.test.com
```

### 3.　/etc/resolv.conf

文件 /etc/resolv.conf 用于配置 DNS 客户端，它包含了主机的域名搜索顺序和 DNS 服务器的地址，每一行应包含一个关键字和一个或多个的由空格隔开的参数。示例如下：

```
search test.com
nameserver 202.96.128.86
nameserver 202.96.128.133
```

① "search  test.com" 表示当提供了一个不包括完全域名的主机名时，在该主机名后添加 test.com 的后缀。

② "nameserver" 表示解析域名时使用该地址指定的主机为域名服务器。其中域名服务器是按照文件中出现的顺序来查询的，且只有当第一个 nameserver 没有反应时才查询下面的 nameserver。其中 domainname 和 search 可同时存在，也可只有一个；nameserver 可指定多个。

### 4.　/etc/host.conf

该文件用来指定如何进行域名解析。Linux 通过解析数据库来获得主机名对应的 IP 地址。示例如下：

```
order  bind,hosts
multi  on
nospoof  on
```

① "order  bind,hosts" 指定主机名的查询顺序，这里规定先查询 "/etc/hosts" 文件，然后再使用 DNS 来解析域名（也可以相反）。

② "multi  on" 表示是否允许 "/etc/hosts" 文件中指定的主机可以有多个地址，拥有多个 IP 地址的主机一般称为多穴主机。

③ "nospoof  on" 指不允许对该服务器进行 IP 地址欺骗。IP 地址欺骗是一种攻击系统安全的手段，通过把 IP 地址伪装成别的计算机，从而来取得信任。

### 5.　/etc/services

/etc/services 文件记录网络服务名和它们对应使用的端口号及协议。文件中的每一行对应一种服务，它由四个字段组成，中间用 Tab 或空格分隔，分别表示 "服务名称" "使用端口" "协议名称" "别名"，如图 4-17 所示。

图 4-17　系统服务端口

通常服务的配置文件里会自行定义端口。那么两者间是什么关系呢？事实上，服务最终采用的方案仍然是自己的端口定义配置文件。

但是 /etc/services 的存在有以下意义：

① 如果每一个服务都能够严格遵循该机制，在此文件里标注自己所使用的端口信息，则主机上各服务间对端口的使用，将会非常清晰明了，易于管理。

② 在该文件中定义的服务名，可以作为配置文件中的参数使用。

例如：在配置路由策略时，使用 "www" 代替 "80"，即是调用了此文件中的条目 "www 0"。

③ 当有特殊情况，需要调整端口设置时，只需要在 /etc/services 中修改 www 的定义，即可影响到该服务。

例如：在文件中增加条目"privPort 55555"，然后在某个私有服务中的多个配置文件里广泛应用，进行配置。当有特殊需要，要将这些端口配置改为 66666，则只需修改 /etc/services 文件中的对应行即可。

### 五、常用网络调试命令

在网络的使用过程中经常会由于某些原因，出现导致网络无法正常使用的现象。Linux 为了使我们可以查找并解决网络故障，提供了一些网络诊断调试命令。本小节介绍一些常用的网络命令，如 ping、netstat、traceroute、arp 等，对网络调试比较熟悉的读者会发现这些命令在 Windows 系统中也存在，这是因为命令基本上是通用的，或者写法上有一点改变而已，不论是在网络设备中，还是在各种主机中都一样的。

#### 1. ping 命令

① 命令格式：ping [ 选项 ] [ 主机名或 IP 地址 ]

② 命令功能：ping 命令用于确定网络和各外部主机的状态、跟踪和隔离硬件和软件问题以及测试、评估和管理网络。如果主机正在运行并连在网上，它就对回送信号进行响应。每个回送信号请求包含一个网际协议 IP 和 ICMP 头，后面紧跟一个 tim 结构，以及来填写这个信息包的足够的字节。默认情况是连续发送回送信号请求直到接收到中断信号（进程中断的快捷键是【Ctrl+C】）。

另外，ping 命令每秒发送一个数据报并且为每个接收到的响应打印一行输出。ping 命令计算信号往返时间和（信息）包丢失情况的统计信息，并且在完成之后显示一个简要总结。

③ 命令选项：

-d：使用 Socket 的 SO_DEBUG 功能。

-f：极限检测。大量且快速地送网络封包给一台机器，看它的回应。

-n：只输出数值。

-q：不显示任何传送封包的信息，只显示最后的结果。

-r：忽略普通的 Routing Table，直接将数据包送到远端主机上。通常是查看本机的网络接口是否有问题。

-R：记录路由过程。

-v：详细显示指令的执行过程。

-c：数目，在发送指定数目的包后停止。

-i：秒数，设定间隔几秒送一个网络封包给一台机器，预设值是一秒送一次。

-I：网络界面，使用指定的网络界面送出数据包。

-l：前置载入，设置在送出要求信息之前，先行发出的数据包。

-p：范本样式，设置填满数据包的范本样式。

-s：字节数，指定发送的数据字节数，预设值是 56，加上 8 字节的 ICMP 头，一共是 64 字节 ICMP 数据。

-t：存活数值，设置存活数值 TTL 的大小。

示例如下：

例4-1　ping 通的情况如图 4-18 所示。

```
[root@myservier sysconfig]# ping 10.10.10.1
PING 10.10.10.1 (10.10.10.1) 56(84) bytes of data.
64 bytes from 10.10.10.1: icmp_seq=1 ttl=64 time=1.26 ms
64 bytes from 10.10.10.1: icmp_seq=2 ttl=64 time=0.083 ms
64 bytes from 10.10.10.1: icmp_seq=3 ttl=64 time=0.039 ms
64 bytes from 10.10.10.1: icmp_seq=4 ttl=64 time=0.042 ms
64 bytes from 10.10.10.1: icmp_seq=5 ttl=64 time=0.051 ms
64 bytes from 10.10.10.1: icmp_seq=6 ttl=64 time=0.038 ms
64 bytes from 10.10.10.1: icmp_seq=7 ttl=64 time=0.051 ms
^C
--- 10.10.10.1 ping statistics ---
7 packets transmitted, 7 received, 0% packet loss, time 6564ms
rtt min/avg/max/mdev = 0.038/0.223/1.261/0.424 ms
```

图 4-18　ping 命令通

例4-2　ping 不通的情况如图 4-19 所示。

```
[root@myservier sysconfig]# ping 10.10.10.10
PING 10.10.10.10 (10.10.10.10) 56(84) bytes of data.
From 10.10.10.2 icmp_seq=1 Destination Host Unreachable
From 10.10.10.2 icmp_seq=2 Destination Host Unreachable
From 10.10.10.2 icmp_seq=3 Destination Host Unreachable
From 10.10.10.2 icmp_seq=4 Destination Host Unreachable
From 10.10.10.2 icmp_seq=5 Destination Host Unreachable
From 10.10.10.2 icmp_seq=6 Destination Host Unreachable
^C
--- 10.10.10.10 ping statistics ---
8 packets transmitted, 0 received, +6 errors, 100% packet loss, time 7167ms
pipe 4
```

图 4-19　ping 命令不通

## 2. netstat 命令

① 命令格式：netstat [ 选项 ]

② 命令功能：用于显示与 IP、TCP、UDP 和 ICMP 协议相关的统计数据，一般用于检验本机各端口的网络连接情况。通过该命令可让用户了解整个 Linux 系统的网络运行情况。

③ 常用选项：

-a：显示所有选项，默认不显示 Listen 相关。

-t：仅显示 tcp 相关选项。

-u：仅显示 udp 相关选项。

-n：拒绝显示别名，能显示数字的全部转化成数字。

-l：仅列出有在 Listen（监听）的服务状态。

-p：显示建立相关链接的程序名。

-r：显示路由信息、路由表。

-e：显示扩展信息，例如 uid 等。

-s：按各个协议进行统计。

-c：每隔一个固定时间，执行该 netstat 命令。

示例如下：

显示系统与 tcp、udp 相关的选项，如图 4-20 所示。

```
[root@myservier sysconfig]# netstat -tu
Active Internet connections (w/o servers)
Proto Recv-Q Send-Q Local Address              Foreign Address            Stat
e
tcp    188      0 dns.test.com:34119           dns.test.com:netbios-ssn   ESTA
BLISHED
```

图 4-20　netstat 命令

**3. traceroute 命令**

① 命令格式：traceroute [ 选项 ] [ 主机 ]

② 命令功能：traceroute 指令可以追踪网络数据包的路由途径。通过 traceroute 可以知道信息从计算机到互联网另一端的主机走的是什么路径。

③ 常用选项：

-d：使用 Socket 层级的排错功能。

-f：设置第一个检测数据包的存活数值 TTL 的大小。

-F：设置勿离断位。

-g：设置来源路由网关，最多可设置 8 个。

-i：使用指定的网络界面送出数据包。

-I：使用 ICMP 回应取代 UDP 资料信息。

-m：设置检测数据包的最大存活数值 TTL 的大小。

-n：直接使用 IP 地址而非主机名称。

-p：设置 UDP 传输协议的通信端口。

-r：忽略普通的 routing table，直接将数据包送到远端主机上。

-s：设置本地主机送出数据包的 IP 地址。

-t：设置检测数据包的 TOS 数值。

-v：详细显示指令的执行过程。

-w：设置等待远端主机回报的时间。

-x：开启或关闭数据包的正确性检验。

示例如下：

```
[root@localhost ~]# traceroute  www.baidu.com
traceroute to www.baidu.com (61.135.169.125), 30 hops max, 40 byte packets
 1  192.168.1.1 (192.168.1.1)  2.606 ms  2.771 ms  2.950 ms
 2  211.151.56.57 (211.151.56.57)  0.596 ms  0.598 ms  0.591 ms
 3  211.151.227.206 (211.151.227.206)  0.546 ms  0.544 ms  0.538 ms
 4  210.77.139.145 (210.77.139.145)  0.710 ms  0.748 ms  0.801 ms
 5  202.106.42.101 (202.106.42.101)  6.759 ms  6.945 ms  7.107 ms
 6  61.148.154.97 (61.148.154.97)  718.908 ms * bt-228-025.bta.net.cn (202.106.228.25)  5.177 ms
 7  124.65.58.213 (124.65.58.213)  4.343 ms  4.336 ms  4.367 ms
 8  202.106.35.190 (202.106.35.190)  1.795 ms 61.148.156.138 (61.148.156.138)  1.899 ms  1.951 ms
 9  * * *
30  * * *
```

记录按序列号从 1 开始，每个纪录就是一跳，一跳表示一个网关，每行有三个时间，单位是 ms，其实就是 -q 的默认参数。这个时间即为探测数据包向每个网关发送三个数据包，网关响应后返回的时间。

有时我们 traceroute 一台主机时，会看到有一些行是以星号表示的。出现这样的情况，可能是防火墙封掉了 ICMP 的返回信息，所以得不到什么相关的数据包返回数据。

有时在某一网关处延时比较长，有可能是某台网关比较阻塞，也可能是物理设备本身的原因。当然如果某台 DNS 出现问题时，不能解析主机名、域名时，也会有延时长的现象；可以加 -n 参数来避免 DNS 解析，以 IP 格式输出数据。

如果在局域网中的不同网段之间，可以通过 traceroute 来排查问题所在，查看是主机的问题还是网关的问题。

4．arp 命令

① 命令格式：arp［选项］［主机］

② 命令功能：可以使用 arp 命令配置并查看 Linux 系统的 arp 缓存，包括查看 arp 缓存、删除某个缓存条目及添加新的 IP 地址和 MAC 地址的映射关系。

③ 常用选项：

-a：通过询问当前协议数据，显示当前的 ARP 项。如果指定 inet_addr，则只显示指定计算机的 IP 地址和物理地址。如果不止一个网络接口使用 ARP，则显示每个 ARP 表的项。

-g：与 -a 作用相同。

-v：在详细模式下显示当前的 ARP 项。所有无效项和环回接口上的项都将显示。

-d：删除 inet_addr 指定的主机。inet_addr 可以是通配符"*"，以删除所有主机。

-s：添加主机并且将 Internet 地址 inet_addr 与物理地址 eth_addr 相关联。物理地址是用连字符分隔的 6 个十六进制字节，该项是永久的。

示例如下：

```
#arp  -s  202.206.90.4  00:19:56:6F:87:D2        //添加静态项
#arp                                             //显示ARP表
```

## 任务描述

某公司网络管理员需要给 CentOS 主机配置网络参数，使之能连入公司局域网内，具体要求如下：

① 服务器主机名设置为 WebServer。

② 网卡 ens33 的第 1 个 IP 地址设置为 192.168.1.10/24，第 2 个 IP 地址为 192.168.1.100/24，网关地址为 192.168.1.1。

③ 设置 DNS 服务器的 IP 地址为 192.168.0.6，域为 example.com。

## 任务流程

① 配置服务器的主机名。

② 配置网卡参数。

③ 配置 DNS 服务器的客户端。

## 任务实施

① 配置服务器的主机名。

```
[root@server ~]#hostnamectl set-hostname  WebServer
```

② 配置网卡参数。

```
[root@server ~]#ifconfig  ens33     192.168.1.10  netmask  255.255.255.0
[root@server ~]#ifconfig  ens33:34  192.168.1.100  netmask  255.255.255.0
[root@server ~]#route  add  default  gw  192.168.1.1  dev  ens33
```

③ 配置 DNS 服务器的客户端。

用 vim 编辑 /etc/resolv.conf 文件，输入 DNS 服务器的 IP 等参数。

```
[root@debian ~]# vim /etc/resolv.conf
search example.com
nameserver 192.168.0.6
```

## 思考和练习

**一、选择题**

1. 添加一条静态路由，使网络 196.199.3.0 通过 ens33 接口出去，用（    ）命令。

    A. route add -net 196.199.3.0

    B. route add -net 196.199.3.0 netmask 255.0.0.0 ens33

    C. route add 196.199.3.0 netmask 255.0.0.0 ens33

    D. route add -net 196.199.3.0 netmask 255.255.255.0 ens33

2. 将 Linux 配置成路由器时，对（    ）文件进行了编辑。

    A. /etc/services

    B. /etc/inittab

    C. /etc/sysconfig/network-scripts/ifcfg-ensN

    D. /etc/inetd.conf

3. 使用命令（    ）检测基本网络连接。

    A. ping        B. route        C. netstat        D. ifconfig

4. 局域网的网络地址为 192.168.1.0/24，局域网连接其他网络的网关地址是 192.168.1.1。当主机 192.168.1.20 访问 172.16.1.0/24 网络时，其路由设置正确的是（    ）。

    A. route add –net 192.168.1.0 gw 192.168.1.1 netmask 255.255.255.0 metric 1

    B. route add –net 172.16.1.0 gw 192.168.1.1 netmask 255.255.255.0 metric 1

    C. route add –net 172.16.1.0 gw 172.168.1.1 netmask 255.255.255.0 metric 1

    D. route add default 192.168.1.0 netmask 172.168.1.1 metric 1

5. 下列文件中，包含了主机名到 IP 地址的映射关系的文件是（    ）。

    A. /etc/HOSTNAME        B. /etc/hosts

    C. /etc/resolv.conf        D. /etc/networks

6. 在 CentOS 中利用图形界面进行网络配置时，进行网络配置的主要参数包括（　　　）。（多选）

　　A. 网络 IP 地址　　B. 子网掩码　　　　　C. 网关　　　　　　　D. DNS 服务器地址

7. 网卡配置文件存储在路径（　　　）中。

　　A. /etc　　　　　　　　　　　　　　B. /etc/sysconfig/network/

　　C. /etc/sysconfig/network-scripts/　　D. /home

8. 字符界面下使用命令（　　　）可以打开图形形式的网络配置界面。

　　A. ifconfig　　　　B. networkManager　C. nmtui　　　　　D. route

## 二、问答题

1. 如果物理网卡没有对应的接口配置文件，应如何处理？

2. Linux 中与网络配置有关的配置文件有哪些？

## 三、实验

【实验目的】

掌握 Linux 中通过修改配置文件的方法来配置网络。

【实验内容】

配置 ip 地址、网关、DNS 服务器。

【实验要求】

1. 配置网卡的 ip 地址。

2. 配置 DNS 服务器地址。

3. 配置默认路由。

4. 使用 ifconfig 命令来查看配置后的网络信息。

5. 使用 ping 命令检查网络连通性。

## 项目总结

　　学习本项目需要完成用户和组的管理、管理 Linux 的文件系统及认识和管理 Linux 的进程三个学习任务。通过本项目的学习，了解 Linux 系统中用户和组的基本概念并熟练地使用它们进行基本的系统资源分配。另外，通过本单元也可以初步认识 Linux 的文件系统的特点以及掌握 Linux 系统的内部进程的基本管理方法，这为以后熟练的应用 Linux 操作系统进行资源配置打下了良好的基础。

# 项目 5

# 基本网络服务器的组建

Linux 操作系统作为一个具有代表性的网络操作系统，它当然能为终端用户提供各种基本的网络服务。而作为初学者，熟练掌握 Linux 操作系统的各种基本网络服务，能为后续深入的学习 Linux 的各项高级网络功能打下良好的基础。同时在学习的过程中，与其他网络操作系统相比较，在实现相同功能的不同实现路径上，可以进一步领略 Linux 操作系统在网络配置与管理这一方面的优越性。

## 项目导读

| 项目任务 | 任务 5.1　配置 Samba 服务器<br>任务 5.2　配置 Web 服务器<br>任务 5.3　配置 Ftp 服务器<br>任务 5.4　配置 DNS 服务器<br>任务 5.5　配置 DHCP 服务器<br>任务 5.6　配置 E-mail 服务器 |
| --- | --- |
| 知识目标 | ① 了解各个网络服务的功能和特点<br>② 了解各个网络服务的配置文件的结构和内容 |
| 技能目标 | ① 熟练掌握各个网络服务的基本配置方法<br>② 初步掌握各个网络服务的拓展应用<br>③ 根据实际需要，能进行各个网络服务的综合运用 |

## 任务 5.1 配置 Samba 服务器

● 视频
任务5.1

### 任务引言

Samba 是在 Linux 和 UNIX 系统上实现会话消息块（session message block, SMB）协议的一个免费软件，由服务器及客户端程序构成，它以简单、灵活和功能强大等特点受到广泛关注，利用 Samba，可以让类 UNIX 系统加入 Windows 网络中，实现与 Windows 系统资源共享。

### 相关知识

#### 一、Samba 概述

Samba 是一个工具套件，在 UNIX 上实现 SMB 协议，又称 NETBIOS/LanManager 协议。

Samba 作为一个网络服务器，既可以用于 Windows 和 Linux 之间的共享文件，也可以用于 Linux 和 Linux 之间的共享文件，在这一点上 Samba 服务器显然和 FTP 服务器是有区别的。当然，若只是在 Linux 之间共享文件，选择 NFS（net file system）服务器显然会更有效率。

Samba 服务器可以提供以下功能：

① 共享目录。

② 共享打印机。

③ 主域控制器（primary domain controller）。

④ 活动目录服务（active directory service）。

同时，它还可以成为一台打印服务器提供远程联机打印，或取代 Windows Server 成为域控制器，管理 Windows 域。Samba 本身是免费的，这样就可省下购买 Windows Server 许可证的费用。

## 二、SMB 协议

在 NetBIOS 出现之后，Microsoft 就使用 NetBIOS 实现了一个网络文件 / 打印服务系统，这个系统基于 NetBIOS 设定了一套文件共享协议，Microsoft 称之为 SMB（server message block）协议。这个协议被 Microsoft 用于它们 Lan Manager 和 Windows NT 服务器系统中，而 Windows 系统均包括这个协议的客户软件，因而这个协议在局域网系统中影响很大。随着 Internet 的流行，Microsoft 希望将这个协议扩展到 Internet 上去，成为 Internet 上计算机之间相互共享数据的一种标准。因此它将原有的几乎没有多少技术文档的 SMB 协议进行整理，重新命名为 CIFS（即 common internet file system 的缩写），并打算将它与 NetBIOS 相脱离，试图使它成为 Internet 上的一个标准协议。

因此，为了让 Windows 和 UNIX 计算机相集成，最好的办法即是在 UNIX 中安装支持 SMB/CIFS 协议的软件，这样 Windows 客户就不需要更改设置，就能如同使用 Windows NT 服务器一样，使用 UNIX 计算机上的资源了。

与其他标准的 TCP/IP 协议不同，SMB 协议是一种复杂的协议，因为随着 Windows 计算机的开发，越来越多的功能被加入协议中去了，很难区分哪些概念和功能应该属于 Windows 操作系统本身，哪些概念应该属于 SMB 协议。其他网络协议由于是先有协议，实现相关的软件，因此结构上就清晰简洁一些，而 SMB 协议一直是与 Microsoft 的操作系统混在一起进行开发的，因此协议中就包含了大量的 Windows 系统中的概念。

### 1. 浏览

在 SMB 协议中，计算机为了访问网络资源，就需要了解网络上存在的资源列表（例如在 Windows 下使用网络邻居查看可以访问的计算机），这个机制就被称为浏览（browsing）。虽然 SMB 协议中经常使用广播的方式，但如果每次都使用广播的方式了解当前的网络资源（包括提供服务的计算机和各个计算机上的服务资源），就需要消耗大量的网络资源和浪费较长的查找时间，因此最好在网络中维护一个网络资源的列表，以方便查找网络资源。只有必要的时候，才重新查找资源，例如使用 Windows 下的查找计算机功能。

但没有必要每个计算机都维护整个资源列表，维护网络中当前资源列表的任务由网络上的几个特殊计算机完成的，这些计算机被称为 Browser，这些 Browser 通过记录广播数据或查询名字服务器来记录网络上的各种资源。

Browser 并不是事先指定的计算机，而是在普通计算机之间通过自动进行的推举产生的。

不同的计算机可以按照其提供服务的能力，设置在推举时具备的不同权重。为了保证一个 Browser 停机时网络浏览仍然正常，网络中常常存在多个 Browser，一个为主 Browser（master browser），其他的为备份 Browser。

### 2. 工作组和域

工作组和域这两个概念在进行浏览时具备同样的用处，都是用于区分并维护同一组浏览数据的多个计算机。事实上它们的不同在于认证方式上，工作组中每台计算机都基本上是独立的，独立对客户访问进行认证，而域中将存在一个（或几个）域控制器，保存对整个域中都有效的认证信息，包括用户的认证信息以及域内成员计算机的认证信息。浏览数据的时候，并不需要认证信息，Microsoft 将工作组扩展为域，只是为了形成一种分级的目录结构，将原有的浏览和目录服务相结合，以扩大 Microsoft 网络服务范围的一种策略。工作组和域都可以跨越多个子网，因此网络中就存在两种 Browser，一种为 domain master browser，用于维护整个工作组或域内的浏览数据，另一种为 local master browser，用于维护本子网内的浏览数据，它和 domain master browser 通信以获得所有的可浏览数据。划分这两种 browser 主要是由于浏览数据依赖于本地网广播来获得资源列表，不同子网之间只能通过浏览器之间的交流能力，才能互相交换资源列表。

为了浏览多个子网的资源，必须使用 NBNS 名字服务器的解析方式，没有 NBNS 的帮助，计算机将不能获得子网外计算机的 NetBIOS 名字。local master browser 也需要查询 NetBIOS 名字服务器以获得 domain master browser 的名字，以相互交换网络资源信息。

由于域控制器在域内的特殊性，因此域控制器倾向于被用作 Browser，主域控制器应该被用作 domain master browser，它们在推举时设置的权重较大。

### 3. 认证方式

在 Windows 9x 系统中，习惯上使用共享级认证的方式互相共享资源，主要原因是在这些 Windows 系统上不能提供真正的多用户能力。一个共享级认证的资源只有一个口令与其相联系，而没有用户数据。这个想法是适合于一小组人员相互共享很少的文件资源的情况下，一旦需要共享的资源变多，需要进行的限制复杂化，那么针对每个共享资源都设置一个口令的做法就不再合适了。

因此对于大型网络来讲，更适合的方式是用户级的认证方式，区分并认证每个访问的用户，并通过对不同用户分配权限的方式共享资源。对于工作组方式的计算机，认证用户是通过本机完成的，而域中的计算机能通过域控制器进行认证。当 Windows 计算机通过域控制器的认证时，它可以根据设置执行域控制器上的相应用户的登录脚本并配置桌面环境的描述文件。至于共享资源，每个 SMB 服务器能对外提供文件或打印服务，因此，每个共享资源需要被给予一个共享名，而这个名字将显示在这个服务器的资源列表中。然而，如果一个资源的名字的最后一个字母为 $，则这个名字就为隐藏名字，不能直接表现在浏览列表中，而只能通过直接访问这个名字来进行访问。在 SMB 协议中，为了获得服务器提供的资源列表，必须使用一个隐藏的资源名字 IPC$ 来访问服务器，否则客户无法获得系统资源的列表。

## 三、安装 Samba 服务器

### 1. Samba 服务器的安装检查及配置安装

在进行 Samba 服务的操作之前，首先可使用下面的命令验证是否已安装了 Samba 组件。

```
#rpm   -qa | grep   samba
Samba-common-4.9.1-8.el8.noarch
Samba-winbind-4.9.1-8.el8.x86_64
Samba-client-4.9.1-8.el8.x86_64
Samba-4.9.1-8.el8.x86_64
```

命令执行结果表明系统已安装了 Samba 服务器。如果未安装可以用命令来安装 Samba 服务器，具体步骤如下：

① 创建挂载目录。

```
#mkdir   /media/cdrom
```

② 把安装光盘挂载到 /mnt/cdrom 目录下面。

```
#mount   /dev/cdrom   /media/cdrom
```

③ 配置好 YUM 源。

详见任务 4.1。

④ 安装 samba 服务器。

```
#dnf   -y   install   samba
```

若没有出现出错提示，则安装过程将顺利完成。

### 2. 启动、停止、重启 Samba 服务器

（1）启动 Samba 服务器

```
# systemctl   start   smb
```

（2）停止 Samba 服务器

```
# systemctl   stop   smb
```

（3）重启 Samba 服务器

```
# systemctl   restart   smb
```

## 四、配置 Samba 服务器

配置 Samba 服务器的主要方法是定制 Samba 的配置文件，以及根据需要建立 Samba 的用户账号。安装了 Samba 服务器后，就会自动生成 Samba 服务器的主配置文件，它默认存放在 /etc/samba 目录中。它用于设置工作群组、Samba 服务器工作模式、NetBiOS 名称以及共享目录等相关设置，Samba 服务器在启动时会读取该配置文件。

Samba 服务器的主配置文件为 smb.conf，该文件的内容不区分大小写，例如：参数 "writable=yes" 与 "writable=YES" 等价。文件中以 "#" 开始的行表示注释行，不会影响服务器的工作，若要使该行命令发挥作用，将 "#" 去掉即可。

可以借助文件编辑器 vim 查看 smb.conf 文件的内容，命令如下：

```
#vim   /etc/samba/smb.conf
```

### 1. 主配置文件 smb.conf 的全局选项

在 Samba 服务器的主配置文件 /etc/Samba/smb.conf 中，[global] 小节中的设置是关于 Samba

服务整体运行环境的选项，针对所有共享资源和共享定义设置共享目录。设置完基本参数后使用 testparm 命令检查语法错误，如看到"Loaded services file OK"的提示信息，则表明配置文件加载正常，否则系统会提示出错的地方。

在 [global] 项中的设置选项是一些主机的全局参数设置，包括工作群组、主机的 NetBIOS 名称、字符编码的显示、登录文件的设定、是否使用密码以及使用密码验证的机制等。下面把这部分的一些主要设置语句列出来，介绍设置方法。

**！注意：**

在默认提供的Samba.conf配置文件中，用"#"开头的都是对下面的语句进行说明的文字，配置时不用管它。另外，在语句设置中，赋值"="两端必须留有一个空格。

（1）workgroup = MYGROUP

这个设置语句用来设置 Windows 网络工作组或域名（如果是域，且工作模式为 ads，则必须是 DNS 名称，否则为 NetBIOS 名称）。但要注意，这里的配置要与下面的 security 语句对应设置，如果设置了 security = domain，则 workgroup 用来指定 Windows 域名（domain 模式为 NetBIOS 格式）。

（2）realm = MY_REALM

这是当 Samba 服务器设置为 ads 模式时专用的一个语句，用于指定 Windows Server 2000 或 Windows Server 2003 域网络中进行身份验证的 Kerberos 服务器的域名称。

（3）netbios name = Sambaserver

这是用来设置 Samba 服务器的 NetBIOS 名称。如果没有这个语句，则在 Windows 计算机中显示的是默认的 hostname 名称。

（4）host allow = 192.168.1.（网段形式）/192.168.2. 127（具体 IP 地址形式）

这个语句是用来允许（关键字为 allow）或禁止（关键字为 deny）访问 Samba 服务器的 ip 范围或域名，是一个与服务器安全相关的重要参数。参数值之间用逗号或者空格分隔。默认情况下，该参数被禁用，即表明所有主机都可以访问该 Samba 服务器。

**◎提示：**

当hosts deny和hosts allow语句同时出现，并且定义的内容中有包含关系，且有相互冲突时，hosts allow语句优先。如hosts deny语句中禁止了C类地址192.168.1.0/24整个网段主机访问，而在hosts allow语句中又设置了允许192.168.1.10主机访问Samba服务器，则最终是192.168.1.10主机可以访问，但 192.168.1.0/24网段中的其他主机仍不能访问。如果要允许或者禁止所有用户访问，则可用hosts allow = All或hosts deny = All语句。

在 hosts 语句中其实还有一个关键字经常用到，那就是 except（即除……之外）。例如，hosts allow = 192.168.0. except 192.168.0.1 192.168.0.10 192.168.1.20 语句表示允许 192.168.0.0 整个网段用户访问，但是 192.168.0.1、192.168.0.10 和 192.168.1.20 这几台计算机除外。

另外要注意，hosts 语句既可以全局设置，也可以局部设置。如果 hosts 语句是在 [global] 部分设置的，就会对整个 Samba 服务器全局生效，也就是对下面添加的所有共享目录生效，都采用相同的主机访问限制设置；而如果设置在具体的共享目录部分，则表示只对该共享目录生效，更加灵活。

（5）interfaces = 192.168.12.2/24　192.168.13.2/24

这个设置语句用来设置在 Samba 服务器上有多块网卡或者分配了多个 IP 地址时列出所有的 IP 地址，各 IP 地址间用空格分隔。注意这是以地址前缀方式表示的。

（6）guest account = pcguest

这个语句用来设置 guest 级别的来宾用户名，guest 级别的用户可以通过输入密码访问给定的 Samba 服务器。在此设置的账号名都必须在 /etc/passwd 文件中。如果没有指定，服务器会当成 nobody 账号进行处理。默认情况下不启用 guest 账号，除非是 user 工作模式。

（7）security = user

这是用来设置用户访问 Samba 服务器的安全模式。在 Samba 服务器中主要有四种不同级别的安全模式：auto、user、domain 和 ads，默认是 user 模式。

下面分别对这四种模式加以介绍：

auto：若采用此模式，Samba 将参考服务器角色参数来确定安全模式。

user：这时 Samba 服务器默认的安全模式，用户登录时需要用到账号和密码，检查账号及密码的工作由提供服务的 Samba 服务器负责。

domain：在此模式之下，说明 Samba 服务器已经加入 Windows 域中。此时，用户认证由域控制器负责。此时 workgroup 参数的设定值应是 Windows 域名。

ads：如果 Samba 服务器在基于 Windows 200x 平台的活动目录中，就应该使用该模式。

> (!) 注意：
>
> domain级别的Samba服务器只能成为域的成员，不能成为域控制器。而ads级别的Samba服务器不仅具有domain级别的所有功能，还可具备域控制器的功能。

以上就是 Samba 服务器配置文件的主要全局配置选项，下面介绍共享定义部分设置选项。

## 2. 主配置文件 smb.conf 的共享选项

在 Samba 服务器配置文件的配置中，在 [homes] 部分中包括了许多设置选项。本节要详细介绍这些配置选项。

（1）共享名

共享资源发布后，必须为每个共享目录或打印机设置不同的共享名，供网络用户访问时使用。这时以方括号括住共享名即可。如要设置一个共享名为 public 的共享目录，则在定义该共享目录的第一行中写上 [public] 即可；如果要定义一台名为 epson765 的共享打印机，则在定义该共享打印机的第一行中写上 [epson765] 即可。这里的 public 和 epson765 就是对应的共享资源共享名。用户访问时就是通过这个共享名来识别的。

（2）共享资源描述

这部分是以 comment（描述）关键字来设置的，语句格式为 comment = 描述信息。

（3）共享路径

共享资源存放或安装在网络中的其他主机上，所以在共享访问时必须指定它的共享路径。此处是定义本地 Samba 服务器上用于为 Windows 用户提供共享的共享资源路径，它是通过 path

（路径）关键字来设置的，语句格式为 path = 共享资源的绝对路径。如要把 /etc/tools 目录设置成共享，则它的共享路径设置为 path = /etc/tools。

（4）共享权限

共享权限就是用户对 Samba 服务器的共享资源所具有的访问权限。这里就针对不同共享权限有不同的语句。

要允许匿名访问，则要加上 public = yes（如果要禁止匿名访问，则为 no）语句。

> **提示：**
>
> 其实还有一种称为设置来宾账户访问的语句，即 guest ok = yes（如果要禁止，则为 no）语句。这是设置是否允许以来宾账户访问 Samba 服务器的语句。在 Windows 7 以后的系统中，匿名访问和来宾访问是不同的，Linux 系统中也是这样的。如果要使用来宾设置，则除了要设置 guest ok = yes 外，还要用 "guest account = 来宾账户" 这样的语句指定来宾账户的具体账户。当然，这时用户访问时必须输入正确的指定来宾账户的密码，实际属于 user 工作模式。

要隐藏共享资源，则要加上 browseable = yes（默认是禁止的，为 no）语句，这样每个用户只能看到自己为所有者的共享资源，不能看到其他共享资源。相当于 Windows 系统在设置共享目录加上了 "$" 符号。

要只允许读取权限，则要加上 read only = yes（如为 no，则表示可读可写）语句。

要允许写入权限，则要加上 writable = yes（若要禁止写入权限，但仍具有读取权限，则为 no）语句。

（5）有效用户

如果某共享资源仅允许特定用户或组成员访问，则要使用 valid 关键字指定有效用户。如果指定的是用户账户，则设置格式为 valid users = 用户名 1 用户名 2 ……；如果指定的是组账户，则设置格式为 valid users = @ 组名 1 @ 组名 2 ……。

（6）printable

设置是否允许访问用户打印。如要允许打印，则设置为 printable = yes，否则为 printable = no。

（7）create mask

设置用户对在此共享目录下创建的文件的默认访问权限。通常是以数字表示的，如 0604，代表的是文件所有者对新创建的具有可读可写权限，其他用户具有可读权限，而所属主要组成员不具有任何访问权限。

（8）directory mask

设置用户对在此共享目录下创建的子目录的默认访问权限。通常也是以数字表示的，如 0765，代表的是目录所有者具有对新创建的子目录具有可读可写可执行权限，所属组成员具有可读可写权限，其他用户具有可读和可执行权限。

对于共享打印机的共享权限配置，需要设置 printer（打印机的共享名）、valid users（可以共享打印机的用户）。

### 3. 添加 Samba 用户

Samba 服务器一般默认的安全模式为用户模式（security = user）。在这种安全模式下，需要为 Samba 添加用户账户及设置账户的密码才能访问。以下介绍添加 Samba 账户的步骤：

创建 Samba 账户的方法其实同创建 Linux 系统账户的方法一样，不过，为了安全起见，创建好账户以后，要记得设置账户的登录密码。

例如：创建用户"ye"，并为其设置密码。

```
# useradd  ye
# passwd  ye
```

添加 Samba 账号登录密码：

添加 Samba 账号密码的命令是 smbpasswd，下面的命令为 ye 用户添加 Samba 登录密码。

```
# smbpasswd -a  ye
```

命令执行后，将在 /etc/samba 目录下创建 smbpasswd 文件，并将 Linux 用户映射为 Samba 用户。

## 五、共享资源的访问

在 Samba 服务器上配置好各种共享资源后，可从 Windows 客户端或 Linux 客户端访问共享资源。

图 5-1　Windows 的"运行窗口"

### 1. 从 Windows 客户端访问 Samba 服务器

从 Windows 客户端访问共享资源非常方便，如同访问 Windows 共享资源一样，通过"网上邻居"就可正常访问，也可打开"运行"窗口，直接输入 Samba 服务器地址（192.168.0.5）进行访问，如图 5-1 所示。

如果 Samba 配置有用户认证，则在访问时需输入合法账户和正确密码。

### 2. 从 Linux 客户端访问 Samba 服务器

当 Samba 服务器配置好共享资源后，也可从 Linux 客户端进行访问，并且从 Linux 客户端也可通过网络访问 Windows 服务器提供的共享资源。无论是访问 Samba 服务器资源还是 Windows 服务器资源，Linux 客户端都需要使用 smbclient 命令。

smbclient 是基于 SMB 协议的用于存取共享目标的客户端程序，其命令格式如下：

```
#smbclient  -L   网络共享资源  -U   用户名
```

各参数含义说明如下：

-L：显示服务器端所分享出来的所有资源。

网络共享资源：网络共享资源的格式为"// 服务器名称 / 共享目录名"。

-U　用户名：指定登录用户名称。

例如：以账号 zhaoyong 登录 IP 为 192.168.0.5 服务器的 tools 共享目录。

```
#smbclient  -L  //192.168.0.5/tools   -U   zhaoyong
Enter  zhaoyong's  Password:
Domain=[LMPROJECT] OS=[UNIX] Server=[Samba 3.5.4-68.el6]
smb:\>
```

当出现"smb:\>"提示符时，说明登录成功，此时可以使用诸如 cd、ls 等命令进行操作，输入 help 命令可以进行相关命令查看。

在使用 smbclient 命令时也可在用户名后直接输入密码，比如在上面的示例中，设置密码为 abcd，可用以下命令直接访问共享资源：

```
#smbclient    //192.168.0.5/tools    -U    zhaoyong%abcd
```

## 任务描述

某企业需要配置一台文件服务器，使企业员工可方便地进行资源共享，如图 5-2 所示。

/home/public：为通用共享目录，允许所有客户访问，权限为只读，仅经理有读写权限。

/home/finance：为账务部共享目录，只允许账务部的用户访问，有读写权限。

/home/market：为市场部共享目录，只允许市场部的用户访问，有读写权限。

为每个员工在服务器上创建一个属于用户自己的主目录，该目录仅用户自己可访问。

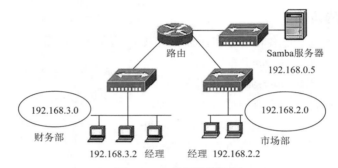

图 5-2　企业网络拓扑图

假设在 Samba 服务器上已创建好各部门的员工账户及用户组，见表 5-1。

表 5-1　员工情况表

| 员　　工 | 账　　号 | 部　　门 | 部门经理 | 用　户　组 |
|---|---|---|---|---|
| 李彤 | litong | 账务部 | 否 | finance |
| 王菊 | wangju | 账务部 | 是 | manager |
| 赵勇 | zhaoyong | 市场部 | 是 | manager |
| 葛宇 | geyu | 市场部 | 否 | market |
| 沈芳 | shenfang | 市场部 | 否 | market |

## 任务流程

① 安装 Samba 服务器软件。

② 建立共享目录及权限。

③ 配置 Samba 服务器。

## 任务实施

① 创建共享目录。

```
# mkdir    /home/public
# mkdir    /home/finance
# mkdir    /home/market
```

② 添加用户。

```
#useradd   litong
#useradd   wangju
#useradd   zhaoyong
#useradd   geyu
#useradd   shenfang
```

③ 将用户归入指定组。

此过程省略。

④ 更改共享目录权限、属主和用户组。

```
# chmod   644   /home/public
# chgrp   manager   /home/public
# chmod   760   /home/finance
# chown   -R   wangju:finance      /home/finance
# chmod   760   /home/market
# chown   -R   zhaoyong:market   /home/market
```

⑤ 编辑 smb.conf 文件。

```
# vim    /etc/samba/smb.conf
```

⑥ 修改 Samba 主配置文件，配置 Samba 服务器。

全局配置项：

```
netbios name = sambaserver
max log size = 50
security = user
```

共享配置项：

```
[public]
comment = share
path = /home/public
browseable = yes
write list = @manager
public = yes

[finance]
comment = finance
path = /home/finance
write list = @finance
create mask=0660
directory mask=0770
```

```
valid users =  @finance

[market]
comment = market
path = /home/market
write list = @market
create mask=0660
directory mask=0770
valid users =  @market

[homes]
comment = Home Directory
browseable = no
guest ok = no
writable = yes
```

⑦ 设置 Samba 账号密码。

```
# smbpasswd  -a  litong
# smbpasswd  -a  wangju
# smbpasswd  -a  zhaoyong
# smbpasswd  -a  geyu
# smbpasswd  -a  shenfang
```

⑧ 重启 Samba 服务器。

```
 # systemctl  restart  smb
```

⑨ 清空防火墙规则及关闭 SELinux。

```
# iptables  -F
# setenforce  0
```

## 思考和练习

一、单项选择题

1. Samba 服务器的主配置文件是（       ）。

    A. httpd.conf      B. inetd.conf      C. rc.d      D. smb.conf

2. 以下可以检查 Samba 配置文件是否有错的命令是（       ）。

    A. smbshow      B. testparm      C. smbstatus    D. smbclient

3. 在配置 Samba 用户认证安全级别时，（       ）级别可在本机验证。

    A. user      B. server      C. domain    D. ads

4. 下列命令中，用来添加 Samba 用户的是（       ）。

    A. useradd      B. adduser      C. smbuser    D. smbpasswd

5. 在 smbclient 命令中，用来查看服务器共享资源的选项是（       ）。

    A. -s      B. -S      C. -l      D. -L

## 二、问答题

1. 什么是 Samba？利用 Samba 能做什么？

2. 配置 Samba 服务器，要求如下：

① Samba 服务器的 NetBIOS 名称为 server，要求加入 Windows 的 mygroup 工作组。

② 设置成可匿名共享。

③ 共享资源段的名称为 share，共享目录为 /public 目录，设置共享目录为只读、可浏览、不可打印权限。

## 三、实验

【实验目的】

1. 了解 Samba 服务器的工作原理。

2. 掌握 Samba 服务器的安装与配置。

【实验内容】

配置 Samba 服务器并与 Windows 系统互为共享。

【实验要求】

1. 设置工作组为 Windows 系统所在的工作组。

2. 设置 NetBIOS 名称为所用 Linux 系统的主机名。

3. 配置 Samba 为用户验证方式，用户名自定。

4. 设置为 192.168.1.x 网络地址可访问（x 为学号后两位）。

5. 设置共享目录为 /home/ 目录名（目录名为自己姓名汉语拼音全称）。

6. 设置共享资源段的名称为自己姓名的拼音首字母，并且可浏览、可写。

# 任务 5.2　配置 Web 服务器

## 任务引言

视频

任务5.2

Web 服务器的作用是存储 Web 资源，和对客户端的请求进行处理，然后返回 Web 页面信息。根据 Web 服务的不同可将 Web 服务器分为静态和动态两种。

## 相关知识

### 一、WWW 概述

WWW（world wide web）简称 Web，中文称万维网，是由欧洲量子物理实验室（the european laboratory for particle physice）于 1989 年发展出来的一种主从结构分布式的超媒体系统。由于 Web 采用了超链接，使得信息不再是一种固定的、线性的，而是可以方便地从一个位置跳到另一个位置。用户在通过 WWW 访问信息资源时，无须关心一些技术性的细节，可以很迅速方便地取得丰富的信息资料。

### 二、Web 服务器软件

Web 服务器软件的种类非常多，如 Nginx、Lighttpd、Zeus Web Server、Sun ONE 等，但使

用最广泛的是 IIS 和 Apache。

IIS（internet information services，互联网信息服务）是由微软公司提供的基于 Windows 平台的互联网基本服务。

Apache 是 Apache HTTP server 的简称，是由 Apache 软件基金会维护、开发的一种开源的 HTTP 服务器软件，具有跨平台和较高安全性的特点，随着 Apache 的不断发展和完善，现已成为最流行的 Web 服务器软件。

### 三、Web 服务器的安装

#### 1. 安装 Web 服务器

在进行 Web 服务的操作之前，首先可使用下面的命令验证是否已安装了 Web 服务器。

```
#rpm  -qa | grep  httpd
httpd-2.4.37-11.module_el8.0.0+172+85fclf40.x86_64
httpd-tools-2.4.37-11.module_el8.0.0+172+85fclf40.x86_64
...
```

若出现以上命令执行结果，则表明系统已安装了 Web 服务器。如果未安装，可以用命令来安装 Web 服务器，具体步骤如下：

① 创建挂载目录。

```
#mkdir  /media/cdrom
```

② 把安装光盘挂载到 /media/cdrom 目录下面。

```
#mount  /dev/cdrom  /media/cdrom
```

③ 配置好 YUM 源。

详见任务 4.1。

④ 安装 Web 服务器。

```
#dnf  -y  install  Apache
```

若没有出现出错提示，则安装过程将顺利完成。

#### 2. 启动、停止、重启 Web 服务器

（1）启动 Web 服务器

```
# systemctl  start  httpd
```

（2）停止 Web 服务器

```
# systemctl  stop  httpd
```

（3）重启 Web 服务器

```
# systemctl  restart  httpd
```

### 四、Web 服务器的配置

#### 1. Web 服务器配置文件简介

Web 服务器的配置文件是包含了若干指令的纯文本文件，其文件名为 httpd.conf（路径为 /etc/httpd./conf/httpd.conf），在服务器启动时，会自动读取配置文件中的内容，并根据配置指令

影响 Web 服务器的运行。配置文件改变后，只有在启动、重装（reload）或者重新启动后才会生效。

配置文件中的内容分为注释行和服务器配置命令行。行首有"#"的即为注释行，注释行不能出现在指令的后面，除了注释行和空行外，服务器会认为其他的行都是配置命令行。

配置文件中的指令不区分大小写，但指令的参数通常是对大小写敏感的。整个配置文件总体上划分为两部分，第一部分为全局环境设置，主要用于设置 ServerRoot，主进程号的保存文件、对进程的控制、服务器侦听的 IP 地址和端口以及要装载的 DSO 模块等；第二部分是 Web 服务器的控制设置。

**2.　Web 服务器配置文件**

由于 Web 服务器配置文件很长，其中的配置命令与参数很多，有的用的很少，下面主要介绍一些常用的配置选项。

（1）全局环境配置

全局环境配置用于配置服务器进程的全局参数。

ServerRoot "/etc/httpd"：设置 Web 服务器配置文件所在目录及服务器的根目录。

Listen 80：设置服务器默认监听端口。

Include conf.modules.d/*.conf：Web 服务器是一个模块化程序，管理员可以通过选择一组模块来选择要包含在服务器中的功能。模块将被编译为与主配置文件分开存在的动态共享对象（DSO），此选项设置可用的功能模块。

User apache：设置用什么账号来启动 Apache 服务。

Group apache：设置用什么属组来启动 Apache 服务。

（2）主服务器配置

这一部分的功能主要用来设置 Web 服务器的地址、网站的根目录位置、首页等参数。

ServerName：设置服务器的主机名和端口。

例如，设置服务器域名为 bbs.example.com，端口为 80 端口，代码如下：

```
ServerName    bbs.example.com: 80
```

ServerAdmin：设置在返回给客户端的错误信息中包含的管理员邮件地址。

DocumentRoot：设置站点的主目录。这个主目录不包括网站中的一些链接及虚拟目录。

例如：

```
ServerName    bbs.example.com
DocumentRoot    /var/www/bbs.example.com
```

则当用户访问"http://bbs.example.com/index.html"时，实际是访问"/var/www/bbs.example.com/index.html"文件。

DirectoryIndex：设置网站的默认文档（首页）。

例如，设置网站默认文档是 index.html、default.html、index.php，代码如下：

```
DirectoryIndex  index.html  default.html  index.php
```

ErrorLog：设置服务器错误日志文件的位置。

LogLevel：指定记录在错误日志中的信息的详细等级。

CustomLog：设置用户访问日志的位置和名称。

AllowOverride：该设置是针对".htaccess"文件的，用来设置允许还是禁止该文件的全部配置，或仅允许部分该文件的配置参数。默认是"all"，允许 .htaccess 的全部配置。

Allow：设置允许哪些主机可以访问，可根据主机名、IP 地址、网络地址或其他环境变量来进行控制（同以下 Deny 格式）。

Deny：设置禁止哪些主机可以访问。

例如，禁止 192.168.1.0/24 网段，代码如下：

```
Deny  from  192.168.1.0/24
```

（3）虚拟主机的配置

虚拟主机是一种将一台物理服务器的服务内容逻辑划分为多个服务单位，对外表现为多个服务器，从而充分利用服务器硬件资源，节约服务器成本的一种技术。因为 ISP 经常通过一台服务器为其客户提供 Web 服务。而客户通常希望主页以自己的名字出现，而不是在该 ISP 的名字后面，因为使用单独的域名和根网址可以看起来更正式一些，而虚拟主机就是解决这种问题的方案，使客户的域名实际指向 ISP 的同一台服务器。

由于多台虚拟服务器共享一台真实的服务器资源，平均分摊了服务器的硬件费用、网络维护费用、通信费用，降低了成本，因而许多企业在服务器建设中都采用了这种技术。

## 五、Web 服务器配置实例

### 1. 配置用户个人 Web 站点

用户经常会见到某些网站提供个人主页服务，其实在 Web 服务器上拥有用户账号的每个用户都能架设自己的独立 Web 站点。

如果希望每个用户都可以建立自己的个人主页，则需要为每个用户在其主目录中建立一个放置个人主页的目录。在 httpd.conf 文件中，UserDir 指令的默认值是 public_html，即为每个用户在其主目录中的网站目录。管理员可为每个用户建立 public_html 目录，然后用户把网页文件放在该目录下即可。下面通过一个实例介绍具体的配置步骤。

① 建立用户 ye，修改其默认主目录的权限，并在其下建立目录 public_html 并临时关闭 SELinux 服务。

```
#useradd    ye
#passwd     ye
#chmod   711   /home/ye
#mkdir   /home/ye/public_html
#setenforce   0
```

② 编辑主配置文件 /etc/httpd/conf.d/userdir.conf，修改或添加如下语句：

```
<IfModule  mod_userdir.c>
UserDir  disabled  root        //不允许root用户使用自己的站点
UserDir  public_html           //配置对每个用户Web站点目录的设置
</IfModule>
```

③ 创建主页文件 /home/zhang/public_html/index.html：

```
<html>
```

```
<body>
<center>
<font size=20 color=red>welcome to  ye's  world!</font>
</center>
</body>
</html>
```

④ 将编辑好的配置文件保存后重启 httpd 服务器。然后在本地计算机或联网计算机 Web 浏览器地址栏中输入 http:// 服务器 IP 地址 /~ye/（在个人网站地址后面要加斜杠 "/"），即可打开 ye 用户的个人网站。

### 2. 用别名来登录 Web 服务器

别名是一种将根目录文件以外的内容（即虚拟目录）加入到站点中的方法。只能使用在 Internet 站点的 URL，而不是本地某个目录的路径名。

例如，现需指定 /var/opt 目录别名为 temp，并映射到文档根目录 /var/www/html 中，可在 /etc/httpd/conf/httpd.conf 主配置文件中的 <IfModule alias_module> 配置段中添加下列配置语句：

```
Alias  /temp  "/var/opt"
<Directory "/var/opt">
    Optionsnone
    AllowOverride  None
    Require all granted
</Directory>
```

保存已添加的配置语句，再在终端命令窗口中执行如下命令重启 httpd 服务：

```
#systemctl  restart  httpd
```

在 /var/opt 目录中编辑网页文件 index.html：

```
#vim  /var/tmp/index.html
<html>
<body>
<br><br><br>
<center>
<font size=30 color=red>This is a alias test site!</font>
</body>
</html>
```

然后在本地计算机或联网计算机 Web 浏览器地址栏中输入 http:// 服务器 IP 地址 /temp，即可进入 /var/opt 目录中的主页面。

### 3. 主机访问控制

Web 服务器利用 <RequireAll> 容器或 Require 指令实现允许或禁止主机对指定目录的访问，其中，访问列表形式比较灵活。

all：表示所有主机。

host：可以使用 FQDN 或区域名表示具体主机或域内所有主机，如 wl.net。

IP：表示指定的 IP 地址或 IP 地址段。网段形如 192.168.1.、192.168.1.0/24、192.168.1.0/

255.255.255.0 等。

User 或 group：表示指定的用户或用户组。

**例5-1** 仅允许 IP 为 192.168.1.1 的主机访问，拒绝其他主机访问。

```
<Directory  "/var/www/html" >
Options Indexes FollowSymLinke
AllowOverride None
Require ip 192.168.1.1
</Directory>
```

**例5-2** 拒绝 192.168.1.0/24 网段的主机访问，允许其他主机访问。

```
<Directory  "/var/www/html" >
Options Indexes FollowSymLinke
AllowOverride None
<RequireAll>
    Require all granted
    Require not ip 192.168.1.0/24
</RequireAll>
</Directory>
```

由此可见，如果仅有一条 Require 指令，可以直接放在 <Directory...> 容器中；如果有多条 Require 指令，则需要把 Require 指令放在 <RequireAll> 容器中。

### 4. 用户身份验证

用户在访问 Internet 网站时，有时需要输入用户名和口令，才能访问某页面，这就是用户身份验证。有多种方法可以实现身份验证，本节只介绍 Web 服务器本身如何实现这一功能。

Web 服务器能够在每个用户或每组基础上通过不同层次的验证控制对 Web 站点上的特定目录进行访问。如果要把验证指令应用到某一特定的目录上，可以把这些指令放置在一个 Directory 区域或者 .htaccess 文件中。具体使用哪种方式，则通过 AllowOverride 指令来实现。

下面说明使用用户身份验证站点的具体配置过程。

① 在 /var/www/html 目录下新建一个名为 index.html 的文件，文件内容如下：

```
<html>
<head>test site</head>
<body>
<br><br>
<center>
<font size=28 color=blue> Welcome  to  the  world  of  internet!!!</font>
</center>
</body>
</html>
```

② 编辑主配置文件 /etc/httpd/conf/httpd.conf。

```
<Directory  "/var/www/html">
Options  Indexes  FollowSymLinks
```

```
AllowOverride   AuthConfig
Require all granted
</Directory>
```

③ 在主目录 /var/www/html 下创建一个名为 .htaccess 的文件，内容如下：

```
AuthName  "department  of  computer"
AuthType  Basic
AuthUserFile  /etc/httpd/passwd
Require  valid-user
```

④ 创建用户验证文件。要实现用户身份验证功能，必须建立保存用户名和口令的文件。而 htpasswd 命令则提供了建立和更新存储用户和口令文件的功能。需要注意的是该口令文件必须存放在 DocumentRoot 以外的地方，否则将有可能被网络用户读取而造成系统资源的安全隐患。

在 /etc/httpd 目录中创建一个口令文件 passwd，并添加一个用户 wu，则应在终端窗口中进行如下操作以添加密码：

```
#htpasswd  -c  /etc/httpd/passwd  wu
```

在上例中，-c 参数的作用是，无论 /etc/httpd/userpasswd 文件是否存在，都将重新建立口令文件，原有口令文件中的内容将被删除，当需要继续向该口令文件中添加第二个用户时，则不需要加 -c 参数。

⑤ 将口令文件的属主改为 apache。

```
#chown  apache.apache  /etc/httpd/passwd
```

因为在运行 Web 服务器时是以 apache 的身份运行的。而在进行用户身份验证过程时需要访问口令文件 /etc/httpd/passwd，所以需要将口令文件的属主改为 apache。

执行了以上步骤后，使用 systemctl  restart  httpd 重启 Web 服务器。然后在客户机上进行用户身份验证的测试。在浏览器地址栏中输入如下内容：http:// 服务器 IP 地址，屏幕上会出现用户身份验证窗口，在此窗口中正确输入用户名和口令后才能显示该目录中的文档内容。

### 5. 配置虚拟主机

虚拟主机就是在一个 Web 服务器中设置多个 Web 站点，在外部用户看来，每一个服务器都是独立的。RHEL 的 Web 服务器支持两种类型的虚拟主机，即基于 IP 地址的虚拟主机和基于名称的虚拟主机。本书主要介绍基于 IP 地址的虚拟主机的配置方法。

（1）基于 IP 地址的虚拟主机配置

在基于 IP 地址的虚拟主机中，需要在同一台服务器上绑定多个 IP 地址，然后配置主文件，为每一个虚拟主机指定一个 IP 地址和端口号。这种主机的配置方法有两种：一种是 IP 地址相同，但端口号不同；另一种是端口号相同，但 IP 地址不同。下面分别介绍这两种基于 IP 地址的虚拟主机的配置方法。

① IP 地址不同，但端口号相同的虚拟主机配置。

这种情况下要求服务器网卡绑定有多个 IP 地址，每台虚拟主机使用其中一个 IP 地址。

例如，配置两台 Web 主机，要求一台主机的 IP 为 192.168.0.2，站点根目录位于 /var/www/vhost1 目录；另一台主机的 IP 为 192.168.0.10，站点根目录位于 /var/www/vhost2 目录。配置步

骤如下:

在一块网卡中绑定多个 IP 地址。

```
#ifconfig  ens33  192.168.0.2   netmask 255.255.255.0
#ifconfig  ens33:1  192.168.0.10  netmask 255.255.255.0
```

编辑 /etc/httpd/conf.d/vhost.conf 文件。

```
<VirtualHost  192.168.0.2:80>
ServerAdmin   admin@linux.net
DocumentRoot  "/var/www/vhost1"
<Directory  "/var/www/vhost1">
Options  FollowSymLinks
AllowOverride None
Require all granted
</Directory>
ServerName   vhost1.linux.net
ErrorLog "logs /vhost1-error-log"
CustomLog "logs /vhost1-acces-log" common
</VirtualHost>

<VirtualHost  192.168.0.10:80>
ServerAdmin   admin@linux.net
DocumentRoot  "/var/www/vhost2"
<Directory  "/var/www/vhost2">
Options  FollowSymLinks
AllowOverride None
Require all granted
</Directory>
ServerName   vhost2.linux.net
ErrorLog "logs /vhost2-error-log"
CustomLog "logs /vhost2-acces-log" common
</VirtualHost>
```

建立两个虚拟主机的文档根目录及相应的测试页面。

```
#mkdir  /var/www/vhost1
#mkdir  /var/www/vhost2
#vim  /var/www/vhost1/index.html
#vim  /var/www/vhost2/index.html
```

重启服务器,然后在客户机上进行虚拟主机的测试。在 Web 浏览器地址栏中分别输入 http://192.168.0.2 和 http://192.168.0.10,观察显示的页面内容。至此,具有不同 IP 地址但端口号相同的虚拟主机配置完成。

② IP 地址相同,但端口号不同的虚拟主机配置。

基于 IP 地址的多主机设置中,由于每台主机都要使用一个独立的 IP 地址,这在当前 IP 地址极为稀少时浪费了地址资源。而基于端口的配置方案所有虚拟主机可共用一个 IP 地址,但每台主机所用的端口号不一样。

**例 5-3**　配置两台 Web 主机，要求共用一个 IP 地址 192.168.0.10，其中一台主机的端口为 8080，站点根目录位于 /var/www/vhost1 目录；另一台主机的端口为 8118，网站根目录位于 /var/www/vhost2 目录。配置步骤如下：

在一块物理网卡中配置 IP 地址。

```
#ifconfig  ens33  192.168.0.10  netmask 255.255.255.0
```

编辑 /etc/httpd/conf/httpd.conf 主文件，增加侦听端口号。

```
Listen8080
Listen8118        //增加监听的端口号8080和8118
```

编辑 /etc/httpd/conf.d/vhost.conf 文件。

```
<VirtualHost  192.168.0.10:8080>
ServerAdmin    admin@linux.net
DocumentRoot  "/var/www/vhost1"
<Directory  "/var/www/vhost1">
Options  FollowSymLinks
AllowOverride None
Require all granted
</Directory>
ServerName    vhost1.linux.net
ErrorLog "logs /vhost1-error-log"
CustomLog "logs /vhost1-acces-log" common
</VirtualHost>

<VirtualHost  192.168.0.10:8118>
ServerAdmin    admin@linux.net
DocumentRoot  "/var/www/vhost2"
<Directory  "/var/www/vhost2">
Options  FollowSymLinks
AllowOverride None
Require all granted
</Directory>
ServerName    vhost2.linux.net
ErrorLog "logs /vhost2-error-log"
CustomLog "logs /vhost2-acces-log" common
</VirtualHost>
```

建立两个虚拟主机的文档根目录及相应的测试页面。

```
#mkdir  /var/www/vhost1
#mkdir  /var/www/vhost2
#vim  /var/www/vhost1/index.html
#vim  /var/www/vhost2/index.html
```

重启服务器，然后在客户机上进行虚拟主机的测试。在 Web 浏览器地址栏中分别输入 http://192.168.0.10:8080 和 http://192.168.0.10:8118，观察显示的页面内容。至此，具有相同 IP 地址但端口号不同的虚拟主机配置完成。

（2）基于名称的虚拟主机配置

使用基于 IP 地址的虚拟主机，用户被限制在数目固定的 IP 地址中，而使用基于名称的虚拟主机，用户可以设置支持任意数目的虚拟主机，而不需要额外的 IP 地址。当用户的机器仅仅使用一个 IP 地址时，仍然可以设置支持无限多数目的虚拟主机。

基于名称的虚拟主机就是在同一台主机上针对相同的 IP 地址和端口号来建立不同的虚拟主机。为了实现基于名称的虚拟主机，必须对每台主机执行 VirtualHost 指令和 NameVirt-ualHost 指令，以向虚拟主机指定用户要分配的 IP 地址。在 VirtualHost 指令中，使用 Server-Name 选项为主机指定用户使用的域名。每个 VirtualHost 指令都使用在 NameVirtualHost 中指定的 IP 地址作为参数，用户也可以在 VirtualHost 指令块中使用 Apache 指令独立配置每一个主机。

## 任务描述

某企业需要配置 Web 服务器，作为企业员工的交流平台和企业账务软件的运行平台，同时也是对外进行信息发布的平台。其中 Web 服务器设置为双 IP 地址，账务部计算机位于 192.168.3.0/24 网段，其他网段为设计部、市场部等其他部门使用。企业 Web 服务网络拓扑图如图 5-3 所示。

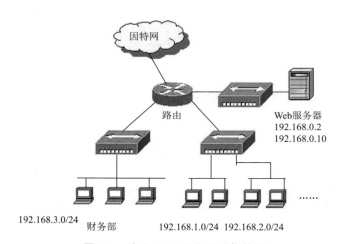

图 5-3　企业 Web 服务网络拓扑图

Web 服务器的具体要求如下：

① 服务器 IP 为 192.168.0.2 的地址为对外发布企业网站使用，站点域名为 www.example.com。

② 企业内部建立一个供员工交流的 BBS，所有员工可通过 bbs.example.com 访问，Web 服务器 IP 地址为 192.168.0.10。

③ 企业已购置一个 B/S 架构的账务软件，只允许账务部计算机可以访问，内部域名为 account.example.com，Web 服务器 IP 地址为 192.168.0.10。

## 任务流程

① 设置 Web 服务器 IP 地址。

② 创建各网站的站点目录和权限。

③ 安装 Web 服务器软件。

④ 配置 Web 服务器。

## 任务实施

① 设置 Web 服务器 IP 地址。

Web 服务器有两个 IP 地址，分别是 192.168.0.2 和 192.168.0.10，只有一块网卡，需要在单网卡上绑定多个 IP。

```
#ifconfig  eth0  192.168.0.2   netmask 255.255.255.0
#ifconfig  eth0  192.168.0.10  netmask 255.255.255.0
```

② 创建各网站根目录，并设置权限。

```
# mkdir /var/www/www.example.com          //用于存放对外发布的企业网站目录
# mkdir /var/www/bbs.example.com          //用于存放企业内部员工BBS站点目录及员工
# mkdir /var/www/bbs.example.com/data      //上传数据的目录
# mkdir /var/www/account.example.com       //用于存放账务软件
# chgrp  -r finance /var/www/account.example.com
//修改/var/www/account.example.com目录用户组为账务部（finance）
# chmod -r 777 /var/www/bbs.example.com/data
//修改/var/www/bbs.example.com/data目录权限对所有用户都可写
```

③ 修改 apache 主配置文件以下部分参数。

```
DirectoryIndex  index.html  index.php      //设置默认主页文件
ServerTokens   Prod                        //减少HTTP服务器头信息的显示内容
Options  Indexes                           //禁止浏览目录
AllowOverride  None                         //禁止读取.htaccess文件
```

④ 创建三个虚拟主机的配置文件，并分别进行配置。

```
[root@server ~]# mkdir  /var/www/www.example.com
[root@server ~]# mkdir  /var/www/account.example.com
[root@server ~]# mkdir  /var/www/bbs.example.com
```

其中，域名 www.example.com 文件的配置如下：

```
NameVirtualHost  192.168.0.2:80
<VirtualHost  192.168.0.2>
ServerAdmin   litong@example.com
DocumentRoot   /var/www/www.example.com
ServerName   www.example.com
Errorlog      /var/log/apache2/www.err.log
CustomLog     /var/log/apache2/www.custom.log
</VirtualHost>
```

**Linux 操作系统与应用项目化教程**

域名 account.example.com 文件的配置如下：

```
NameVirtualHost   192.168.0.10:80
<VirtualHost   192.168.0.10>
ServerAdmin    litong@example.com
DocumentRoot   /var/www/account.example.com
ServerName    account.example.com
Errorlog       /var/log/apache2/account.err.log
CustomLog      /var/log/apache2/account.custom.log
<Directory    /var/www/account.example.com>
Order   Deny,Allow
Deny   from   all
Allow   from   192.168.3.0/24
</Directory >
</VirtualHost>
```

域名 bbs.example.com 文件的配置如下：

```
NameVirtualHost   192.168.0.10:80
<VirtualHost   192.168.0.10>
ServerAdmin    litong@example.com
DocumentRoot   /var/www/bbs.example.com
ServerName    bbs.example.com
Errorlog       /var/log/apache2/bbs.err.log
</VirtualHost>
```

⑤ 重新启动 apache 服务器，使配置重效。

```
[root@server ~]#systemctl   restart   httpd
```

## 思考和练习

一、单项选择题

1. 目前，网站使用最多的 Web 服务器软件是（　　　）。

  A．IIS      B．Apache     C．PWS      D．Tomcat

2. Apache 的主配置文件是（　　　）。

  A．httpd.conf    B．apache.conf    C．apache2.conf    D．port.conf

3. 在 Apache 中，要设置 Web 站点的根目录，应通过（　　　）配置语句来实现。

  A．ServerRoot    B．Servername    C．DocumentRoot    D．DirectoryIndex

4. 在 Apache 中，要设置 Web 站点的默认首页，应通过（　　　）配置语句来实现。

  A．RootIndex    B．Indexes     C．DocumentRoot    D．DirectoryIndex

5. Apache 不支持采用（　　　）的方式创建多虚拟主机。

  A．基于协议    B．基于 IP 地址    C．基于端口     D．基于主机名

6. 要修改 WWW 服务的默认端口号，应修改（　　　）。

  A．timeout80    B．listen80     C．maxclient80    D．keepalive80

## 二、问答题

1. Web 服务的作用是什么？

2. 建立 Web 服务器，要求如下：

设置 Apache 服务器的根目录为 /etc/apache。

设置超时时间为 300s。

设置客户端最大连接数为 500。

3. 建立虚拟主机，完成下列设置：

建立 IP 为 192.168.1.1 的虚拟主机 1，对应站点根目录为 /var/www/web1,仅允许 192.168.1.0/24 网段的主机访问。

设置虚拟主机 1 对 /var/www/web1 目录禁止使用目录浏览功能。

## 三、实验

【实验目的】

1. 掌握 Web 服务的概念。

2. 了解 Apache 的安装与配置。

3. 熟悉虚拟主机的配置。

【实验内容】

1. 安装 Apache 服务器软件。

2. 配置基于 IP 地址的虚拟主机。

【实验要求】

1. 新建 /etc/site/ 目录，并在其下创建站点配置文件并配置其中的内容，要求虚拟主机的 IP 为本机 IP。

2. 在 /var/www 下创建虚拟站点根目录。注意须和虚拟主机配置文件中的目录一致。

3. 在站点根目录下创建网页文件，要求在首页上包含自己的相关信息。

## 任务 5.3　配置 FTP 服务器

### 任务引言

视频
任务 5.3

　　FTP 协议是 TCP/IP 协议组中的协议之一，是英文 file transfer protocol 的缩写。该协议是 Internet 文件传送的基础，它由一系列规格说明文档组成，目标是提高文件的共享性，提供非直接使用远程计算机，使存储介质对用户透明和可靠高效地传送数据。简单地说，FTP 就是完成两台计算机之间的复制，从远程计算机复制文件至自己的计算机上，称为"下载（download）"文件。若将文件从自己计算机中复制至远程计算机上，则称为"上载（upload）"文件。在 TCP/IP 协议中，FTP 标准命令 TCP 端口号为 21，Port 方式数据端口为 20。

### 相关知识

#### 一、FTP 协议的传输模式

FTP 协议的任务是从一台计算机将文件传送到另一台计算机，它与这两台计算机所处的位置、连接的方式甚至是否使用相同的操作系统无关。可以用 FTP 命令来传输文件。每种操作系统使用上有某一些细微差别，但是每种协议基本的命令结构是相同的。

FTP 的传输有两种方式：ASCII 传输模式和二进制数据传输模式。

### 1. ASCII 传输模式

假定用户正在复制的文件包含简单 ASCII 码文本，如果在远程机器上运行的是不同的操作系统，当文件传输时，FTP 通常会自动地调整文件的内容以便于把文件解释成另外那台计算机存储文本文件的格式。但是常常有这样的情况，用户正在传输的文件包含的不是文本文件，它们可能是程序、数据库、字处理文件或者压缩文件（尽管字处理文件包含的大部分是文本，其中也包含有指示页尺寸，字库等信息的非打印字符）。

在复制任何非文本文件之前，用 binary 命令告诉 FTP 逐字复制，不要对这些文件进行处理，这也是下面要讲的二进制传输。

### 2. 二进制传输模式

在二进制传输中，保存文件的位序，以便原始和复制的是逐位一一对应的。即使目的地机器上包含位序列的文件是没意义的。例如，macintosh 以二进制方式传送可执行文件到 Windows 系统，在对方系统上，此文件不能执行。

如果在 ASCII 方式下传输二进制文件，即使不需要也仍会转译。这会使传输稍微变慢，也会损坏数据，使文件变得不能用（在大多数计算机上，ASCII 方式一般假设每一字符的第一有效位无意义，因为 ASCII 字符组合不使用它。如果你传输二进制文件，所有的位都是重要的）。如果你知道这两台机器是同样的，则二进制方式对文本文件和数据文件都是有效的。

## 二、FTP 协议的工作模式

根据 FTP 服务器是主动还是被动连接客户端，FTP 服务的工作模式有两种：主动模式和被动模式。

### 1. 主动（active）模式

在 FTP 主动模式下，FTP 客户端随机开启一个大于 1024 的 TCP 端口（Port $N$）连接服务器的 21 端口，当完成三次握手后，建立起控制连接。之后客户端通过控制连接向服务器发出 port command，告诉服务器客户端开启 $N+1$ 端口（Port $N+1$）用于数据通道，然后服务器用 20 端口与客户端所通知的 Port $N+1$ 端口建立数据连接，成功后开始发送数据，如图 5-4 所示。

图 5-4　主动工作模式

### 2. 被动（passive）模式

在 FTP 被动模式下，FTP 客户端开启一个随机端口连接 FTP 服务器的 21 端口，建立控制连接。这一步骤与主动模式控制连接一致，只是之后客户端向 FTP 服务器发送的是 PASV 命令，通知服务器处于被动模式。服务器收到命令后会开放一个大于 1 024 的随机端口（Port $M$），并通知客户端。客户端用 $N+1$ 端口与服务器的端口 $M$ 建立连接，然后在这两个端口间传输数据，如图 5-5 所示。

图 5-5  被动工作模式

### 三、匿名 FTP 服务器和系统 FTP 服务器

根据 FTP 服务的对象不同，可将 FTP 服务器分成匿名 FTP 服务器和系统 FTP 服务器。

#### 1. 匿名（anonymous）FTP 服务器

匿名 FTP 服务器是一种向公众提供文件复制服务，而不要求用户事先在该服务器进行登记注册，也不用取得 FTP 服务器授权的 FTP 服务器。

当 FTP 用户与远程 FTP 服务器建立连接并以匿名身份从服务器上复制文件时，可不必是该服务器的注册用户。用户只需使用特殊的用户名"anonymous"登录 FTP 服务器，就可访问服务器上公开的文件。

#### 2. 系统 FTP 服务器

与匿名 FTP 服务器不同的是系统 FTP 服务器仅允许合法用户访问服务器资源。当 FTP 用户与远程 FTP 服务器建立连接时，必须提供用户名和正确密码，否则禁止访问。

### 四、Linux 平台上的 FTP 服务器软件

目前运行于 Linux 系统上的 FTP 服务器软件有很多，常用的 FTP 服务器软件有 Wu-ftp、VSFTP、Proftpd 等。

#### 1. Wu-ftp

Wu-ftp 是 washington university FTP 的简写，是最早的 FTP 软件之一，也曾经是 Internet 最流行的 FTP 软件。Wu-ftp 拥有许多强大的功能，适用于吞吐量很大的 FTP 服务器的管理要求。具体功能如下：

① 支持虚拟 FTP 主机（virtual FTP server）。

② 可以对不同网络上的机器做不同的存取限制。

③ 可以在用户下载的同时对文件自动进行压缩或解压缩。

④ 可以设置最大连接数，提高了效率，有效地控制了负载。

⑤ 能暂时关闭 FTP 服务器，以便系统维护。

#### 2. VSFTP

VSFTP 的全称是 very secure FTP，从名称可以看出，编制者的初衷是代码的安全。适用于搭建高安全、高稳定性、中等以上性能的 FTP 服务器。该服务器软件也是本章节重点研究的服务器。具体功能如下：

① 具有非常高的安全性。

② 支持带宽限制。

③ 可以做基于多个 IP 的虚拟 FTP 主机服务器。

④ 支持虚拟用户，并且每个虚拟用户可以具有独立的属性配置。

⑤ 高稳定性和中等以上的性能。

### 3. Proftpd

Proftpd 的全称是 professional FTP daemon，这是一个在自由软件基金会的版权声明（GPL）下开发、发布的免费软件。Proftpd 是针对 Wu-FTP 的弱项而开发的，除了改进的安全性，还具备许多 Wu-FTP 没有的特点。

## 五、VSFTP 服务器的安装

### 1. 安装 VSFTP 服务器

在进行 VSFTP 服务的操作之前，首先可使用下面的命令验证是否已安装了 VSFTP 服务器。

```
#rpm   -qa | grep   vsftpd
Vsftpd-3.0.3-28.el8.x86_64
```

若出现以上命令执行结果，则表明系统已安装了 VSFTP 服务器。如果未安装也可以用命令来安装 VSFTP 服务器，具体步骤如下：

① 创建挂载目录。

```
#mkdir   /media/cdrom
```

② 把安装光盘挂载到 /mnt/cdrom 目录下面。

```
#mount   /dev/cdrom   /media/cdrom
```

③ 进入 VSFTP 软件包所在的目录。

```
#cd   /media/cdrom/AppStream/Packages
```

④ 安装 VSFTP 服务器。

```
#rpm   -ivh   vsftpd-3.0.3-28.el8.x86_64.rpm
```

若没有出现出错提示，则安装过程将顺利完成。

### 2. 启动、停止、重启 VSFTP 服务器

（1）启动 VSFTP 服务器

```
# systemctl   start   vsftpd
```

（2）停止 VSFTP 服务器

```
# systemctl   stop   vsftpd
```

（3）重启 VSFTP 服务器

```
# systemctl   restart   vsftpd
```

### 3. 测试 VSFTP

安装并启动了 VSFTP 服务器后，用其默认配置就可以正常工作了。VSFTP 默认的匿名用户账号为 anonymous 和 ftp，密码可为空。默认允许匿名用户登录，登录后所在的根目录为 /var/ftp 的目录。使用 FTP 匿名用户登录客户端登录到本地服务器上，下载在 /var/ftp/pub 目录下的 test1.txt 文件，其测试下载过程如下：

```
#ftp   localhost
Connected   to   localhost(127.0.0.1)
```

```
220(vsftpd 2.2.2.)
Name(localhost:root):ftp                //输入用户名
331 Please  specify  the  password.
Password:                               //输入密码，可为空
Remote  system  type  is  UNIX.
Using  binary  mode  to  transfer  files.
ftp>cd  pub                             //切换到pub目录
250 Directory  successfully  changed.
ftp>ls                                  //显示pub目录列表
ftp>get test1.txt                       //下载test1.txt文件
ftp>!dir                                //查看test1.txt文件是否下载到本地
ftp>!                                   //退出登录
```

## 六、VSFTP 服务器配置文件

### 1. VSFTP 服务器相关配置文件

VSFTP 服务器相关的配置文件有三个，分别是：

```
/etc/vsftpd /vsftpd.conf
/etc/vsftpd /ftpusers
/etc/vsftpd /user_list
```

其中，/etc/vsftpd /vsftpd.conf 是主配置文件。同时，/etc/vsftpd/ftpusers 中指定了哪些用户不能访问 VSFTP 服务器。而 /etc/vsftpd/user_list 中指定的用户在默认情况下（即在 /etc/vsftpd /vsftpd.conf 中设置了 userlist_deny=YES）不能访问 VSFTP 服务器，当在 /etc/vsftpd /vsftpd.conf 中设置了 userlist_deny=NO 时，仅仅允许 /etc/vsftpd/user_list 中指定的用户访问 VSFTP 服务器。

### 2. /etc/vsftpd /vsftpd.conf 文件的常用配置参数

为了让 VSFTP 服务器能够更好地按照需求提供服务，需要对 /etc/vsftpd /vsftpd.conf 文件进行合理有效的配置，vsftpd.conf 提供的配置命令较多，默认配置文件只列出了最基本的配置命令，很多配置命令在配置文件中并未列出。在该配置文件中，每个选项分行设置，指令行格式为

```
配置项=参数值
```

每个配置命令的 "=" 两边不要留有空格。下面将详细介绍配置文件中的常用配置项。

● anon_mkdir_write_enable：如果启用此选项（YES），表示匿名用户可在特定的情况下建立子目录，但需先启用 write_enable 选项，此外，匿名用户在上层目录需拥有写入的权限，默认不启用此选项。

● anon_other_write_enable：启用此选项，表示匿名用户具有上传和建立子目录之外的权限，例如删除或修改文件名，通常此选项并不建议使用，同时默认也不启用此选项。

● anon_upload_enable：如果启用此选项，表示匿名用户可在特定的情况下上传文件。但需先启用 write_enable 选项，此外，匿名用户在上传目录必须拥有写入的权限，默认不启用此选项。

● anon_world_readable_only：如果启用此选项，表示匿名用户仅可下载可阅读的文件，默认启用此选项。

● anonymous_enable：如果启用此选项，表示允许匿名用户进行登录，同时所有用户均视为匿名登录，默认启用此选项。

● chown_uploads：如果启用此选项，所有以匿名方式上传的文件，都会应用 chown_username 选项指定的所有者，这有助于安全性的管理，但默认不启用此选项。

● chroot_list_enable：如果启用此选项，则除了列于 vsftpd.chroot_lis 文件中的账号外，所有在本机登录的用户，都可进入根目录之外的目录，默认不启用此选项。

● chroot_local_user：如果启用此选项，则所有在本机登录的用户都可以进入根目录之外的其他目录，默认不启用此选项。

● deny_email_enable：如果启用此选项，可以建立匿名登录时的口令列表，如果匿名用户输入此列表中的 EmailAddress，则禁止其登录。根据默认值，此列表为 /etc/vsftpd.banned_emails，如果有需要可以利用 banned_email_file 选项来修改，默认不启用此选项。

● dirmessage_enable：如果启用此选项，则当用户第一次进入目录时，VSFTP 服务器会响应目录说明文件信息。根据默认值，服务器会在该目录中寻找名为 .message 的文件并响应客户端，如果有需要可以利用 message_file 选项来修改，默认启用此选项。

● guest_enable：如果启用此选项，所有非匿名登录的用户都会被视为 guest 类型，而此类用户的实际权限就是 guest_username 选项中所指定的账号，默认不启用此选项。

● local_enable：如果启用此选项，表示允许用户由本机登录，但允许本机登录的账号必须存在 /etc/passwd 文件中，默认不启用此选项。

● ls_recurse_enable：如果启用此选项，表示允许用户使用 ls -R 命令，但如果在服务器的较上层目录执行，可能会消耗许多的系统资源，默认不启用此选项。

● no_anon_password：如果启用此选项，表示在用户进行匿名登录时，VSFTP 服务器并不会要求用户输入口令，默认不启用此选项。

● text_userdb_names：如果启用此选项，则当用户登录后，使用 ls -al 之类的命令查询文件的管理权限时，会出现所有者的 UID，而不是该文件所有者的名称。相反地，如果希望出现所有者的名称，则将此功能关闭，默认不启用此选项。

● userlist_deny：这个选项只有在启用 userlist_enable 选项时才会被检查，如果启用这个选项（默认值），则在 /etc/vsftpd/user_list 文件中的用户账号将无法进行访问。但如果设为停用（NO），则只有在 /etc/vsftpd/user_list 文件中的用户才能登录。

● userlist_enable：如果启用此选项，则 vsftpd 会读取 /etc/vsftpd/user_list 中的用户名称，任何出现在此文件中的用户进行登录时，都会在询问口令之前就出现失败信息，所以不需口令检验程序，这可避免明文在网络上传送，但默认不启用此选项。

● anon_max_rate：表示匿名用户进行连接时，允许的数据传输率上限，其单位为 ytes/Second，默认值为 0（表示无限制）。

● anon_umask：这个选项可以设置匿名用户登录后，添加文件时的 umask 值，默认值为 077，表示匿名用户添加的文件权限最大为 700（777-077=700）。

● idle_session_timeout：表示远程用户在输入两次命令间的最大时间间隔，也就是闲置的超时时间，如果超过这一时间，则此次的连接将被中断，其时间单位为秒，默认值是 300。

● local_max_rate：表示本地已验证的用户在进行连接时，允许的数据传输速率上限，其单位为 B/S，默认值为 0（无限制）。

● local_umask：这个选项可以设置本地用户登录后，添加文件时的 umask，默认值为 077，表示本地用户添加的文件权限最大为 700（777-077=700）。

● max_clients：如果 vsftpd 在 Standalone 模式下启动，此处的设置值就表示允许同时连接的客户端数量上限，在到达此限制时，其后的任何客户端尝试连接时都会得到错误信息，默认值为 0（表示无限制）。

● chroot_list_file：在这个选项指定的文件中，包含一份本地用户的名称列表，而在此列表中的用户都无法将目录切换到其主目录的上层目录。但在使用此选项时，需启用 chroot_list_enable 选项，并停用 chroot_local_user 选项，默认值为 /etc/vsftpd.chroot_list。

● guest_username：这个选项用来指定 guest 客户端登录时，所使用的账号名称，默认值为 ftp。

● ftp_username：这个选项用来指定匿名客户端登录时，所使用的账号名称，默认值为 ftp。

● ascii_download_enable：如果启用此选项，表示文件在下载时会以 ASCII 的形式进行，默认不启用此选项。

● ascii_upload_enable：如果启用此选项，表示文件在上传时会以 ASCII 的形式进行，默认不启用此选项。

● async_abor_enable：如果启用此选项，表示会启用名为 "async ABOR" 的 FTP 命令，因为有时停用此选项会引起客户端的连接问题，因此可视情况来启用，但默认不启用此选项。

● check_shell：这个选项仅适用于利用非 PAM 形式建立的 VSFTP 服务器，如果停用此选项（NO），则 VSFTP 将不再利用 /etc/shells 文件来检查本机登录的用户账号正确性，默认会启用此选项。

● connect_from_port_20：如果启用此选项，则表示所有 FTP 传递的 DATA（不是 FTP 的控制信息）都会通过连接端口 20 来进行，默认会启用此选项。

● hide_ids：如果启用此选项，则目录中所有文件的所有者及群组信息都会显示为 ftp，例如，使用 ls -al 命令时，默认不启用此选项。

● listen：如果启用此选项，则表示 VSFTP 服务器将以 Standalone 的模式启动，也就是说，不可由类似 inetd 的程序执行，所以如果 VSFTP 包含于 xinetd 中，则需停用此功能，默认不启用此选项。

● log_ftp_protocol：如果启用此选项，则所有 FTP 请求和响应的信息都会被记录，这有助于系统的调试，但默认不启用此选项。

● one_process_model：如果使用 Linux 2.4 内核，可以修改另一种安全模式，即每一次连接只允许一个程序，这个选项特别适合在瞬间连接量很大的服务器，默认不启用此选项。

● pasv_enable：所谓的 PASV（passive mode transfer，被动式传输模式）是指，先利用连接端口 21 来建立 FTP 的控制信道，再由客户端提出数据传输的请求，其中包含数据传输时使用的连接端口号。这是与传统的 FTP（PORT FTP）最大的不同，因为传统的 FTP 是由服务器端来定义数据传输时使用的连接端口号，如果启用此选项，则会启用 PASV 的功能，默认会启用此选项。

● pasv_promiscuous：如果启用此选项，则会停用 PASV 的安全性检查，此项检查可用来确定数据连接是由控制连接的相同 IP 地址所发出，但默认不启用此选项。

● port_enable：如果启用此选项，表示允许使用 PORT 的方法来进行数据传输，默认会启用此选项。

● port_promiscuous：如果启用此选项，则会停用 PORT 安全性检查，此项检查可用来确定传送的数据仅能连接到客户端，但默认不启用此选项。

● setproctitle_enable：如果启用此选项，则 vsftpd 会在系统处理的列表中，显示交互过程的状态信息，但为了安全性的理由，并不建议启用此功能，默认不启用此选项。

● tcp_wrappers：如果启用此选项，则会将 vsftpd 与 tcp wrapper 相结合，因此可利用 /etc/hosts.allow 与 /etc/hosts.deny 文件来定义可连接或拒绝的来源地址，默认不启用此选项。

● use_localtime：如果启用此选项，则 vsftpd 会在显示目录列表时，同时列出本地时区信息，默认显示为 GMT。如果使用"MDTM"的 FTP 命令，也会影响此处的结果，默认不启用此选项。

● write_enable：如果启用此选项，则允许客户端使用任何修改文件系统的 FTP 命令，例如：STOR、DELE、RNFR、RNTO、MKD、RMD、APPE 和 SITE 等，默认不启用此选项。

● xferlog_enable：如果启动此选项，所有上传与下载的信息将被完整地记录在 /var/log/vsftpd.log 所定义的文件中，但此文件可以通过 xferlog_file 选项进行修改，默认会启用此选项。

● xferlog_std_format：如果启用此选项，则记录文件将会写为 xferlog 的标准格式，如同 wu-ftpd 所使用的一样，默认不启用此选项。

● accept_timeout：表示远程用户和 VSFTP 服务器建立连接的超时时间，此处的连接类型是以 PASV 为主，其时间单位为秒，默认值是 60。

● connect_timeout：表示远程用户响应数据传输的超时时间，此处的连接类型是以 PORT 为主，其时间单位为秒，默认值是 60。

● data_connection_timeout：表示建立数据连接的最长超时时间，其时间单位为秒，默认值是 300。

● file_open_mode：表示上传文件的访问权限，它与 chmod 命令使用的 umask 数值相同，默认值为 0666。

● ftp_data_port：此选项可以设置 PORT 类型连接时使用的连接端口号，默认值为 20。

● listen_port：如果 vsftpd 在 Standalone 的模式下启动，此处的设置值表示监听进入的 FTP 连接端口号，默认值为 21。

● max_per_ip：如果在 Standalone 的模式下启动，此处的设置值表示在同一 IP 地址上，可进行连接的数量上限，在到达此限制时，其后的任何连接都会得到错误信息，默认值为 0（表示无限制）。

● pasv_min_port：这个选项可设置建立 PASV 的数据连接时，可供使用的连接端口最小值，默认值为 0（表示允许使用任何连接端口）。

● anon_root：这是很重要的选项，因为它可设置匿名用户登录时的主目录位置，默认为无指定。

● banned_email_file：这个选项用来指定一份列表，在此文件中可包含所有不允许进行连接的匿名 email 口令，但也必须同时启用 deny_email_enable 选项，默认为 /etc/vsftpd/banned_emails。

● banner_file：此处可以指定一个文件名称，之后当用户成功登录时，系统将自动显示该文件内容为其欢迎信息，启用此选项也会覆盖 ftpd_banner 选项所定义的字符串，此处并无默认值。

● chown_username：这个选项是用来指定匿名用户上传文件时，该文件所有者的名称，但应同时启用 chown_uploads 选项，此处的默认值为 root。

● ftpd_banner：此处定义的是用户成功登录后，VSFTP 服务器响应的欢迎信息字符串，默认值为无，表示使用默认的显示信息。

● listen_address：如果 vsftpd 使用 Standalone 模式启动，则可利用这个选项来定义提供服务的 IP 地址。如果主机上只有一个 IP 地址，则不需要此选项，但如果包含多个 IP 地址，可定义提供 FTP 服务的 IP 地址。默认值并没有指定任何 IP 地址，这表示主机上的所有 IP 地址均可提供服务。

● local_root：此处定义的目录名称表示当本地用户成功登录后，VSFTP 服务器将允许进入的主目录，默认值为无。

● message_file：这个选项可定义一个文件名称，而在用户进入新目录时，便显示此信息文件的内容，需同时启用 dirmessage_enable 选项，默认值为 .message，注意文件名前面的小数点，表示这是一隐藏文件。

● nopriv_user：此选项可以指定 vsftpd 执行时，使用的最低权限账号名称，默认值为 obody。

● pam_service_name：这个选项是用来指定 vsftpd 所使用的 PAM 服务名称，默认值为 ftp。

● secure_chroot_dir：这个选项必须指定一个空的目录，而且任何登录用户都不能拥有写入的权限，当 vsftpd 不需要文件系统的权限时，就会将用户限制在此目录中，默认值为 /usr/share/empty。

● user_config_dir：此选项可用来定义单个用户设置文件所在的目录。

● userlist_file：当启用 userlist_enable 选项后，可利用这个选项来定义可供加载的文件名称，默认值为 /etc/vsftpd/user_list。

● xferlog_file：这个选项可设置记录文件位置，需同时启用 xferlog_enable 选项，默认值为 /var/log/vsftpd.log。

## 七、配置 VSFTP 服务器

一般而言，用户必须经过身份验证才能登录 VSFTP 服务器，然后才能访问和传输 FTP 服务器上的文件，VSFTP 服务器分为：匿名账号 FTP 服务器、本地账号 FTP 服务器和虚拟账号 FTP 服务器。

① 匿名账号 FTP 服务器：使用匿名用户登录的服务器采用 anonymous 或 ftp 账户，以用户的 E-mail 地址作为口令或使用空口令登录，默认情况下，匿名用户对应系统中的实际账号是 ftp，其主目录是 /var/ftp，所以每个匿名用户登录上来后实际上都在 var/ftp 目录下。为了减轻 FTP 服务器的负载，一般情况下，应关闭匿名账号的上传功能。

② 本地账号 FTP 服务器：使用本地用户登录的服务器采用系统中的合法账号登录，一般情况下，合法用户都有自己的主目录，每次登录时默认都登录到各自的主目录中。本地用户可以访问整个目录结构，从而对系统安全构成极大威胁，所以除非特殊需要，应尽量避免用户使用真实账号访问 FTP 服务器。

③ 虚拟账号 FTP 服务器：使用 guest 用户登录的服务器的登录用户一般不是系统中的合法

用户，与匿名用户相似之处是全部虚拟用户也仅对应着一个系统账号，即 guest。但与匿名用户不同之处是虚拟用户的登录名称可以任意，而且每个虚拟用户都可以有自己独立的配置文件。guest 登录 FTP 服务器后，不能访问除宿主目录以外的内容。

### 1. 配置匿名账号 FTP 服务器

利用默认的配置文件 /etc/vsftpd/vsftpd.conf 启动 vsftpd 服务后，允许匿名用户登录，但是功能并不完善。下面通过一个配置实例来进一步完善匿名 FTP 服务器的功能。

在主机（IP 为 192.168.10.10）上配置只允许匿名用户登录的 FTP 服务器，使匿名用户具有如下权限：

① 允许上传、下载文件（创建匿名用户使用的目录为 /var/ftp/anonftp）。

② 将上传文件的所有者改为 ye。

③ 允许创建子目录，改变文件名称或删除文件。

④ 匿名用户最大传输速率设置为 50kbit/s。

⑤ 同时连接 FTP 服务器的并发用户数为 100。

⑥ 每个用户同一时段并发下载文件的最大线程数为 5。

⑦ 设置采用 ASCII 方式传送数据。

⑧ 设置欢迎信息："Welcome to FTP Service！"。

配置过程如下：

① 编辑 vsftpd 的主配置文件 /etc/vsftpd/vsftpd.conf，对文件中相关的配置参数进行修改、添加，内容如下：

> **注意**：
>
> 　　因为vsftpd主配置文件对于文件格式要求严格，所以在修改之前对该配置文件进行备份，以便参照。

```
anonymous_enable=YES.              //允许匿名用户（ftp或anonymous）登录
#local_enable=YES                  //不使用本地用户登录，所以把它注释掉
write_enable=YES                   //允许本地用户的写权限，因为本地用户的登录已
                                   //经被注释了，所以这时YES或NO都不会起作用
anon_umask=022                     //匿名用户新增文件的umask值，默认值为022
anon_upload_enable=YES             //允许匿名用户上传文件
anon_mkdir_write_enable=YES        //允许匿名用户创建目录
anon_other_write_enable=YES        //允许匿名用户改名、删除文件，需自己添加本行
anon_world_readable_only=NO        //若此值为YES，表示仅当所有用户对该文件都拥有读
//权限时，才允许匿名用户下载该文件；此值为NO，则允许匿名用户下载不具有全部读权限的文件，需自
//己添加本行
max_per_ip=5                       //设置每个用户同一时段并发下载线程数为5，同时只能下载五个文件
max_clients=100                    //设置同时连接FTP服务器的并发用户数为100
anon_max_rate=50000                //设置匿名用户最大传输率为50kbit/s
dirmessage_enable=YES
//是否启用目录提示信息功能，YES启用NO不启用，默认为YES
```

```
xferlog_enable=YES
//是否启用一个日志文件，用于详细记录上传和下载。该日志文件由xferlog_file选项指定
xferlog_file=/var/log/vsftpd.log
//设定记录传输日志的文件名，/var/log/vsftpd.log为默认值
xferlog_std_format=YES              //日志文件是否使用xferlog标准格式，使用xferlog
//标准格式可以重新使用已经存在的传输统计生成器。但默认的日志格式更有可读性
#log_ftp_protocol=NO                //当此选项激活后，所有的FTP请求和响应都被记录到日
//志中，这个选项有助于调试，但值得注意的是当提供此选项时，xferlog_std_format不能被激活
connect_from_port_20=YES
//控制连接以PORT模式进行数据传输时使用20端口(ftp-data)
chown_uploads=YES                   //允许匿名用户修改上传文件所有权
chown_username=ye                   //将匿名用户上传文件的所有者改为ye
#ascii_upload_enable=YES            //是否允许使用ASCII格式上传文件，默认值是YES，
//但该指令是注释掉的，所以默认是没有启用的
#ascii_download_enable=YES          //是否允许使用ASCII格式下载文件
ftpd_banner=Welcome to FTP service!  //设置欢迎信息
listen=YES
pam_service_name=vsftpd
userlist_enable=YES
tcp_wrappers=YES                    //采用tcp_wrappers来实现对主机的访问控制，具体
//控制功能由/etc/hosts.allow文件来实现
```

② 创建用户 ye 和匿名上传目录，并修改上传目录属性，同时关闭 SELinux 和清空防火墙规则：

```
#useradd ye
#passwd  ye
#mkdir  -p /var/ftp/anonftp
#chown  ftp.ftp  /var/ftp/anonftp  //将上传目录/var/ftp/anonftp的所有者和组改为ftp
#chmod  -R  777  /var/ftp/anonftp
#setenforce  0
#iptables  -F
```

③ 测试 vsftpd 服务。当 FTP 服务器配置完成后，利用 systemctl restart vsftpd 命令重启服务后就可以通过客户端进行访问了。无论是 Linux 环境还是 Windows 环境都有三种访问 FTP 服务器的方法：一是通过浏览器，二是通过专门的 FTP 客户端软件，三是通过命令行的方式。关于它的测试很简单，只需对照要求验证即可，在此就不再说明了。

**2. 配置本地账号 FTP 服务器**

默认情况下 vsftpd 服务器允许本地用户登录，并直接进入该用户的主目录，但此时用户可以访问 FTP 服务器的整个目录结构，这对系统的安全来说是一个很大的威胁，同时本地用户数量有时很大，其性质也不相同，所以为了安全起见，应进一步完善本地账号 FTP 服务器的功能。下面来介绍常用的两种访问控制。

（1）用户访问控制（即对用户访问的限制）

VSFTP 具有灵活的用户访问控制功能。在具体实现中，VSFTP 的用户访问控制分为两类：

一类是传统用户列表文件，在 vsftpd 中其文件名是 /etc/vsftpd/ftpusers，凡是列在此文件中的用户都没有登录此 FTP 服务器的权限；第二类是改进的用户列表文件 /etc/vsftpd/user_list，该文件中的用户能否登录 FTP 服务器由 /etc/vsftpd/vsftpd.conf 中的参数 userlist_deny 来决定，这样做更加灵活。

现要求在主机（IP 为 192.168.10.10）上配置 FTP 服务器，实现如下功能：

在主机 IP 为 192.168.10.10 上配置 vsftpd 服务器；

只允许本地用户 ye、jack 和 root 登录；

更改登录端口号为 8021，把每个本地用户的最大传输速率设为 1Mbit/s。

配置过程如下：

① 编辑文件 /etc/vsftpd/ftpusers。这个文件被称为 ftp 用户的黑名单文件，即在该文件中的本地用户都是不能登录 FTP 服务器的，所以应确认 ye、jack 和 root 这三个用户名不要出现在该文件中。

② 编辑文件 /etc/vsftpd/vsftpd.conf。确认在该文件中存在以下几条指令：

```
local_max_rate=1000000          //设置本地用户的最大传输速率为1Mbit/s
listen_port=8021                //更改FTP登录端口号为555
userlist_enable=YES             //启用用户列表文件
userlist_deny=NO                //当为NO时，则只允许该文件中的用户登录FTP服务器；
为YES，则不允许该文件中的用户登录FTP服务器，本行需要自己添加
userlist_file=/etc/vsftpd/user_list   //指定用户列表文件名称和路径，需自行添加
```

③ 编辑文件 /etc/vsftpd /user_list。由于 userlist_deny=NO，所以只允许在 /etc /vsftpd/user_list 中的用户登录 FTP 服务器。在此文件中包含以下三行：

```
root
ye
jack
```

④ 测试。利用 service vsftpd restart 命令重启服务后，可在文本模式中输入如下命令：

```
#ftp 192.168.10.10 8021
```

分别用 root、ye、jack 用户登录。

说明：如果在 ftpusers 和 user_list 中同时出现某个用户名，当 userlist_deny=NO 时，是不会允许这个用户登录的，即只要在 ftpusers 出现就是禁止的。当 userlist_deny=YES 时，只要在 userlist 文件中的用户都是被拒绝的，而其他的用户如果不在该文件中，并且也不在 ftpusers 中，都是被允许的。

其实，当禁止某些用户时，可以只用 ftpusers，即在此文件中的用户都是被拒绝的。当只允许某些用户时，首先保证这些用户在 ftpusers 中没有出现，然后设置 userlist _ deny=NO，并在 user_list 中添加上允许的用户名即可（这时就会知道当 userlist _deny = YES 时，userlist 文件的作用就和 ftpusers 文件的作用是一样的了）。

以上的配置是针对用户访问进行了控制，但它仍然是不安全的，为什么呢？因为只对用户的访问进行了控制，而只要用户能登录 FTP，这个用户便可以从自己的主目录切换到其他任何目录中，所以 FTP 服务器的配置虽然对用户的访问进行了控制，但在这点上也产生了一定的安全隐患。

那么该如何解决这个问题呢，下面介绍"目录访问控制"。

（2）目录访问控制

vsftpd 提供了 chroot 指令，可以将用户访问的范围限制在各自的主目录中。在具体实现时，针对本地用户进行目录访问控制可以分为两种情况：一种是针对所有的本地用户都进行目录访问控制；另一种是针对指定的用户列表进行目录访问控制。下面通过实例说明。

要求如下：除本地用户 ye 外，所有的本地用户在登录后都被限制在各自的主目录中，不能切换到其他目录。

① 编辑文件 /etc/vsftpd/vsftpd.conf，包括如下指令：

```
chroot_local_user=YES
//先对所有的用户执行chroot，即把所有的本地用户限制在各自的主目录中
chroot_list_enable=YES
//因为要求ye用户可以访问任何目录，所以还要激活用户列表文件chroot_list
chroot_list_file=/etc/vsftpd/chroot_list       //指定用户列表文件的路径
```

② 创建文件 /etc/vsftpd/chroot_list，在该文件中添加用户名 ye。

```
#vim  /etc/vsftpd/chroot_list
ye
```

③ 测试。利用 systemctl restart vsftpd 命令重启后进行测试。

由测试结果可以发现，除 ye 用户外，其他的所有用户登录 FTP 服务器后，执行 pwd 命令发现返回的目录是"/"。很明显，chroot 功能起作用了，虽然用户仍然登录到自己的主目录，但此时的主目录都已经被临时改变为"/"目录，若再改变目录，命令执行失败，即无法访问主目录之外的地方，被限制在了自己的主目录中，这时也就消除了上面所讲的安全隐患。

### 3. 配置虚拟账号 FTP 服务器

vsftpd 服务器提供了对虚拟用户的支持，它采用 PAM 认证机制实现了虚拟用户的功能。很多人对虚拟账号 FTP 的定义有些模糊，其实可以把虚拟账号 FTP 看做是一种特殊的匿名 FTP，这个特殊的匿名 FTP 特殊在它拥有登录 FTP 的用户名和密码，但是它所使用的用户名又不是本地用户（即它的用户名只能用来登录 FTP，而不能用来登录系统），并且所有的虚拟用户名，在登录 FTP 时，都是在映射为一个真实的账号之后才登录到 FTP 上的。需要说明的是这个真实账号是可以登录系统的，即它和本地用户在这一点上的性质是一样的。下面通过实例来介绍一下虚拟账号 FTP 的配置。

要求：创建三个虚拟用户用于登录 FTP 服务器，其用户名为 userA、userB、userC。为简单起见口令分别为：1、2、3。

配置过程如下：

① 创建虚拟用户数据库文件。首先创建一个存放虚拟用户的用户名及口令的文本文件 /etc/1.txt（这个文本文件的命名是任意的），其内容和格式如下：

```
userA
1
userB
2
```

```
userC
3                //奇数行为虚拟用户名, 偶数行为相应的口令
```

然后，执行如下命令生成虚拟用户的数据库文件，并改变数据库文件的权限：

```
#db_load  -Tt  hash  -f  /etc/1.txt  /etc/vsftpd/vsftpd.db
#chmod  600  /etc/vsftpd/vsftpd.db
```

② 创建 PAM 认证文件。创建虚拟用户使用的 PAM 认证文件 /etc/pam.d/vsftpd，内容如下：

```
auth  required  /lib64/security/pam_userdb.so  db=/etc/vsftpd/vsftpd
account  required  /lib64/security/pam_userdb.so  db=/etc/vsftpd/vsftpd
```

该 PAM 认证配置文件中共有两条规则：第一条的功能是设置利用 pam_userdb.so 模块来进行身份认证，主要是接受用户名和口令，进而对该用户的口令进行认证，并负责设置用户的一些秘密信息。第二条是检查账号是否被允许登录系统，账号是否过期，是否有时间段的限制。这两条规则都是采用的数据库 /etc/vsftpd/vsftpd.db（只是每一条规则的最后的 vsftpd 省略了 .db 后缀）。

③ 创建虚拟用户所对应的真实账号及其所登录的目录，并设置权限：

```
#useradd  -d  /var/virftp  vftp  //这里的目录与账号的命名都是任意的
#chmod  744  /var/virftp
```

④ 编辑文件 /etc/vsftpd/vsftpd.conf，使其中包含以下内容：

```
anon_upload_enable=YES              //允许虚拟用户上传文件
guest_enable=YES                    //激活虚拟用户的登录功能
guest_username=vftp
//指定虚拟用户所对应的真实用户, 这个真实的用户名就是在第③项中添加的用户名
pam_service_name=vsftpd
//设置PAM认证时所采用的文件, 它的值是和第②项中创建PAM认证文件的名字是相同的
```

⑤ 保存配置，重启服务进行测试：

```
#systemctl  restart  vsftpd
#ftp 192.168.10.10
Connected  to  192.168.10.10
220 Welcome to FTP Service!
530 Please login with USER and PASS.
name(192.168.10.10:root):userA
331 Please  specify  the  password.
Password:
230 Logion successful.
Using  binary  mode  to  transfer  files.
ftp>pwd
257 "/"
```

由以上可以看到，虚拟用户 userA 登录成功。需要说明的是：

VSFTP 指定虚拟用户登录后，本地用户就不能登录了。虚拟用户在某种程度中更接近于匿

名用户，包括上传、下载、修改文件名、删除文件等配置所使用的指令与匿名用户的指令是相同的。例如，如果要允许虚拟用户上传文件，则需要采用指令：anon_upload_enable=YES。

## 任务描述

企业为了宣传自己，方便用户得到公司产品等相关信息，同时加强与合作单位的沟通，决定架设一台 FTP 服务器，具体要求如下：

① 将 /home/ftp 目录作为开放目录，允许所有互联网用户匿名访问，允许下载目录中的信息，但禁止上传、修改、删除。

② 为所有公司的合作单位开放 /home/ftp/hzdw 目录，允许上传和下载资料，但不可删除目录中的数据。

③ 上述目录中的数据由公司市场部的员工 geyu 负责维护，即员工 geyu 有可读、写、删除服务器中的数据权限。

## 任务流程

① 创建相关用户和用户组。
② 创建目录并设置目录权限。
③ 安装 FTP 服务器软件。
④ 配置 FTP 服务器。

## 任务实施

① 创建用户和用户组。

创建一个各合作单位的相关账号和用户组 vip，并将合作单位的账号放入 vip 组。

```
[root@server ~]# groupadd vip
[root@server ~]# useradd  -g  vip ftp1 //创建合作单位一的账号ftp1并加入vip组
[root@server ~]# useradd -g vip ftp2    //创建合作单位二的账号ftp2并加入vip组
```

② 创建目录并设置权限。

```
[root@server ~]# mkdir  /home/ftp/
[root@server ~]# mkdir  /home/ftp/hzdw
[root@server ~]# chown  -R geyu:vip /home/ftp
//设置目录的属主为geyu，用户组为vip
```

③ 配置 FTP。

首先用 vim 命令打开 vsftpd.conf 文件。

```
[root@server ~]# vim  /etc/vsftpd/vsftpd.conf
```

然后编辑 vsftpd.conf 文件。具体文件配置过程略。

④ 重启 FTP 服务器。

```
[root@server ~]# systemctl  restart  vsftpd
```

## 思考和练习

### 一、单项选择题

1. 在使用匿名用户登录 FTP 时，用户名为（　　）。
   A. users　　　　　B. anonymous　　　C. root　　　　　D. guest

2. 退出 ftp 命令，回到 Shell，应输入（　　）命令。
   A. exit　　　　　B. quit　　　　　C. close　　　　　D. shut

3. 下列几种软件中，不属于 FTP 服务器软件的是（　　）。
   A. WU-FTP　　　B. VSFTP　　　　C. CuteFTP　　　D. ProFTPD

4. FTP 服务使用（　　）协议以保证传输数据的可靠性。
   A. UDP　　　　　B. TCP　　　　　C. TFTP　　　　　D. SMTP

### 二、问答题

1. 简述 FTP 的工作原理。
2. Linux 平台上流行的 FTP 服务器软件有哪些？各有什么特点？
3. 配置一台匿名 FTP 服务器，要求对所有用户只有读权限，没有写权限。

### 三、实验

【实验目的】

1. 了解 FTP 服务的概念。
2. 熟悉 VSFTPD 的安装与配置。

【实验内容】

1. 安装 FTP 服务器软件 VSFTPD。
2. 熟悉 vsftpd.conf 配置文件的基本配置。
3. 配置一台匿名 FTP 服务器。

【实验要求】

1. 配置匿名 FTP 服务器，以 /home/ftp 目录作为 FTP 服务器的根目录，要求匿名账户在登录后仅有只读权限。

2. 重启 FTP 服务并匿名登录 FTP 服务器。写出登录结果，尝试创建目录。

---

## 任务5.4　配置 DNS 服务器

### 任务引言

● 视频

任务5.4

网络是基于 TCP/IP 协议进行通信和连接的，每一台主机都有一个唯一的标识固定的 IP 地址，以区别在网络上成千上万个用户和计算机。网络在区分所有与之相连的网络和主机时，均采用了一种唯一、通用的地址格式，即每一个与网络相连接的计算机和服务器都被指派了一个独一无二的地址。为了保证网络上每台计算机的 IP 地址的唯一性，用户必须向特定机构申请注册，分配 IP 地址。网络中的地址方案分为两套：IP 地址系统和域名地址系统。这两套地址系统其实是一一对应的关系。IP 地址用二进制数来表示，每个 IP 地址长 32 比特，由 4 个小于 256 的数字组成，数字之间用点间隔，例如 100.10.0.1 表示一个 IP 地址。由于 IP 地址是数字标识，使用时难以记忆和书写，因此在 IP 地址的基础上又发展出一种符号化的地址方案，来代替数字型的 IP 地址。每一个符号化的地址都与特定的 IP 地址对应，这样网络上的资源访问起来就容易得多了。这个与网络上的数字型 IP 地址相对应的字符型地址，被称为域名。

可见域名就是上网单位的名称，是一个通过计算机登上网络的单位在该网络中的地址。一个公司如果希望在网络上建立自己的主页，就必须取得一个域名，域名也是由若干部分组成，包括数字和字母。通过该地址，人们可以在网络上找到所需的详细资料。域名是上网单位和个人在网络上的重要标识，起着识别作用，便于他人识别和检索某一企业、组织或个人的信息资源，从而更好地实现网络上的资源共享。除了识别功能外，在虚拟环境下，域名还可以起到引导、宣传、代表等作用。

通俗地说，域名就相当于一个家庭的门牌号码，别人通过这个号码可以很容易地找到你。

## 相关知识

### 一、域名及域名系统

#### 1. 域名的构成

以一个常见的域名为例说明，百度网址是由网络名和域名两部分组成，标号"baidu"是这个域名的主体，而最后的标号".com"则是该域名的后缀，代表一个 com 国际域名，是顶级域名。而前面的 www. 则是网络名。

域名中的标号都由英文字母和数字组成，每一个标号不超过 63 个字符，也不区分大小写字母。标号中除连字符（-）外不能使用其他的标点符号。级别最低的域名写在最左边，而级别最高的域名写在最右边。由多个标号组成的完整域名总共不超过 255 个字符。

一些国家纷纷开发使用本民族语言构成的域名，如德语，法语等。中国也开始使用中文域名，但可以预计的是，在中国国内今后相当长的时期内，以英语为基础的域名（即英文域名）仍然是主流。

1985 年，Symbolics 公司注册了第一个 .com 域名。当时域名注册刚刚兴起，申请者寥寥无几。1993 年 Internet 上出现 www 协议，域名开始吃香。

1998 年 10 月组建 ICANN，一个非营利的 Internet 管理组织。它负责监视与 Internet 域名和地址有关的政策和协议，而政府则采取不干预政策。

2001 年，在澳大利亚召开的 ICANN 大会上，互联网国际域名管理机构 ICANN 通过决议，从近 50 个申请中遴选出 7 个新顶级域名来满足域名市场的需求。该机构理事会推出的 7 个顶级域名分别为代表航空运输业专用的 .ero；面向企业的 .biz；为商业、行业协会专用的 .coop；可以替代 .com 通用域名的 .info；博物馆专用的 .museum；个人网站专用的 .name；会计、医生和律师等职业专用的 .pro。

#### 2. 域名的基本类型

一是国际域名（international top-level domain-names, iTDs），又称国际顶级域名。这也是使用最早也最广泛的域名。例如表示工商企业的 .com，表示网络提供商的 .net，表示非营利组织的 .org 等。

二是国内域名，又称为国家顶级域名（national top-level domainnames, nTLDs），即按照国家的不同分配不同后缀，这些域名即为该国的国内顶级域名。200 多个国家和地区都按照 ISO3166 国家代码分配了顶级域名，例如中国是 cn，美国是 us，日本是 jp 等。

在实际使用和功能上，国际域名与国内域名没有任何区别，都是互联网上的具有唯一性的标识。只是在最终管理机构上，国际域名由美国商业部授权的互联网名称与数字地址分配机构（the internet corporation for assigned names and numbers, ICANN）负责注册和管理；而国内域名则由中国互联网络管理中心（China internet network information center, CNNIC）负责注册和管理。

### 3. 域名的级别

域名可分为不同级别，包括顶级域名、二级域名等。域名结构如图 5-6 所示。

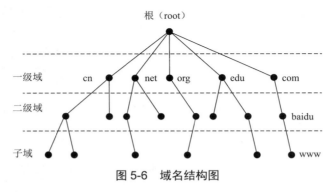

图 5-6　域名结构图

（1）顶级域名

顶级域名又分为两类：即上文所述国家顶级域名和国际顶级域名。

大多数域名争议都发生在 .com 的顶级域名下，因为多数公司上网的目的都是为了赢利。为加强域名管理，解决域名资源的紧张，Internet 协会、Internet 分址机构及世界知识产权组织（WIPO）等国际组织经过广泛协商，在原来三个国际通用顶级域名的基础上，新增加了七个国际通用顶级域名：.firm（公司企业）、.store（销售公司或企业）、.web（突出 WWW 活动的单位）、.arts（突出文化、娱乐活动的单位）、.rec（突出消遣、娱乐活动的单位）、.info（提供信息服务的单位）、.nom（个人），并在世界范围内选择新的注册机构来受理域名注册申请。

（2）二级域名

二级域名是指顶级域名之下的域名，在国际顶级域名下，它是指域名注册人的网上名称，例如 ibm、yahoo、microsoft 等；在国家顶级域名下，它是表示注册企业类别的符号，例如 .com、.edu、.gov、.net 等。

中国在国际互联网络信息中心（Internet network information center, InterNIC）正式注册并运行的顶级域名是 .cn，这也是中国的一级域名。在顶级域名之下，中国的二级域名又分为类别域名和行政区域名两类。类别域名共 6 个，包括用于科研机构的 .ac；用于工商金融企业的 .com；用于教育机构的 .edu；用于政府部门的 .gov；用于互联网络信息中心和运行中心的 .net；用于非营利组织的 .org。而行政区域名有 34 个，分别对应于中国各省、自治区和直辖市。

（3）三级域名

三级域名用字母（A ～ Z, a ～ z）、数字（0 ～ 9）和连接符（-）组成，各级域名之间用实点（.）

连接，三级域名的长度不能超过 20 个字符。如无特殊原因，建议采用申请人的英文名（或者缩写）或者汉语拼音名（或者缩写）作为三级域名，以保持域名的清晰性和简洁性。

### 4. 域名解析

域名解析的英文名为 domain name resolution，缩写为 DNS。

注册了域名之后如何才能看到自己的网站内容，用一个专业术语为"域名解析"。在相关术语解释中已经介绍，域名和网址并不是一回事，域名注册好之后，只说明你对这个域名拥有了使用权，如果不进行域名解析，那么这个域名就不能发挥它的作用，经过解析的域名可以用来作为电子邮箱的后缀，也可以用来作为网址访问自己的网站，因此域名投入使用的必备环节是"域名解析"。域名是为了方便记忆而专门建立的一套地址转换系统，要访问一台互联网上的服务器，最终还必须通过 IP 地址来实现，域名解析就是将域名重新转换为 IP 地址的过程。一个域名只能对应一个 IP 地址，而多个域名可以同时被解析到一个 IP 地址。域名解析需要由专门的域名解析服务器（DNS）来完成。

## 二、域名服务器

域名服务器是整个域名系统的核心。域名服务器，严格地讲应该是域名名称服务器（DNS name server），它保存着域名称空间中部分区域的数据。

因特网上的域名服务器按照域名的层次来安排，每一个域名服务器都只对域名体系中的一部分进行管辖。域名服务器有三种类型。

### 1. 本地域名服务器

本地域名服务器（local name server）也称默认域名服务器，当一个主机发出 DNS 查询报文时，这个报文就首先被送往该主机的本地域名服务器。在用户的计算机中设置网卡的"Internet 协议（TCP/IP）属性"对话框中设置的首选 DNS 服务器即为本地域名服务器。本地域名服务器离用户较近，一般不超过几个路由器的距离。当所要查询的主机也属于同一本地 ISP 时，该本地域名服务器立即就将能所查询的主机名转换为它的 IP 地址，而不需要再去询问其他的域名服务器。

### 2. 根域名服务器

目前因特网上有十几个根域名服务器（root name server），大部分都在北美。当一个本地域名服务器不能立即回答某个主机的查询时，该本地域名服务器就以 DNS 客户的身份向某一根域名服务器查询。

若根域名服务器有被查询主机的信息，就发送 DNS 回答报文给本地域名服务器，然后本地域名服务器再回答给发起查询的主机。但当根域名服务器没有被查询主机的信息时，它一定知道某个保存有被查询主机名字映射的授权域名服务器的 IP 地址。通常根域名服务器用来管辖顶级域（如 .com）。根域名服务器并不直接对顶级域下面所属的域名进行转换，但它一定能够找到下面的所有二级域名的域名服务器。

### 3. 授权域名服务器

每一个主机都必须在授权域名服务器处注册登记。通常，一个主机的授权域名服务器就是它的本地 ISP 的一个域名服务器。实际上，为了更加可靠地工作，一个主机最好有至少两个授权域名服务器。许多域名服务器同时充当本地域名服务器和授权域名服务器。授权域名服务器总是能够将其管辖的主机名转换为该主机的 IP 地址。

每个域名服务器都维护一个高速缓存，存放最近用过的名字以及从何处获得名字映射信息的记录。当客户请求域名服务器转换名字时，服务器首先按标准过程检查它是否被授权管理该名字。若未被授权，则查看自己的高速缓存，检查该名字是否最近被转换过。域名服务器向客户报告缓存中有关名字和地址的绑定（binding）信息，并标志为非授权绑定，以及给出获得此绑定的服务器 S 的域名。本地服务器同时也将服务器 S 与 IP 地址的绑定告知客户。因此，客户可以很快收到回答，但有可能信息已过时。如果强调高效，客户可选择接受非授权的回答信息并继续进行查询。如果强调准确性，客户可与授权服务器联系，并检验名字与地址间的绑定是否仍有效。

因特网允许各个单位根据本单位的具体情况将本单位的域名划分为若干个域名服务器管辖区（zone），一般就在各管辖区中设置相应的授权域名服务器。如图 5-7 所示，abc 公司有下属部门 x 和 y，而部门 x 下面又分为三个分部门 u，v 和 w，而 y 下面还有其下属的部门 t。

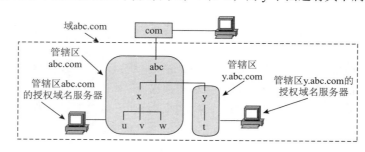

图 5-7　域名服务器管辖区的划分

## 三、域名的解析过程

### 1. DNS 解析流程

当使用浏览器阅读网页时，在地址栏输入一个网站的域名后，操作系统会呼叫解析程序（resolver，即客户端负责 DNS 查询的 TCP/IP 软件），开始解析此域名对应的 IP 地址，其过程如图 5-8 所示。

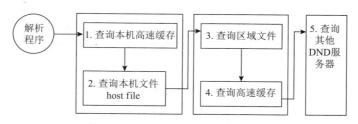

图 5-8　DNS 解析程序的查询流程

① 首先解析程序会去检查本机的高速缓存记录，如果从高速缓存内即可得知该域名所对应的 IP 地址，就将此 IP 地址传给应用程序。

② 若在本机高速缓存中找不到答案，接着解析程序会去检查本机文件 hosts.txt，看是否能找到相对应的数据。

③ 若还是无法找到对应的 IP 地址，则向本机指定的域名服务器请求查询。域名服务器在收到请求后，会先去检查此域名是否为管辖区域内的域名。当然会检查区域文件，看是否有相符

的数据，反之则进行下一步。

④ 如果在区域文件内若找不到对应的 IP 地址，则域名服务器会去检查本身所存放的高速缓存，看是否能找到相符合的数据。

⑤ 如果还是无法找到相对应的数据，就需要借助外部的域名服务器，这时就会开始进行域名服务器与域名服务器之间的查询操作。

上述五个步骤，可分为两种查询模式，即客户端对域名服务器的查询（第③、④步）及域名服务器和域名服务器之间的查询（第⑤步）。

按照 DNS 客户端和服务器之间的相互关系，域名的解析查询又可以分为以下三种模式：

（1）递归查询

DNS 客户端要求域名服务器解析 DNS 名称时，采用的多是递归查询（recursive query）。当 DNS 客户端向 DNS 服务器提出递归查询时，DNS 服务器会按照下列步骤来解析名称：

① 域名服务器本身的信息足以解析该项查询，则直接响应客户端查询的名称所对应的 IP 地址。

② 若域名服务器无法解析该项查询时，会尝试向其他域名服务器查询。

③ 若其他域名服务器也无法解析该项查询时，则告知客户端找不到数据。

从上述过程可得知，当域名服务器收到递归查询时，必然会响应客户端所查询的名称对应的 IP 地址，或者是通知客户端找不到数据。

（2）循环查询

循环查询多用于域名服务器与域名服务器之间的查询方式。它的工作过程是：当第 1 台域名服务器向第 2 台域名服务器（一般为根域服务器）提出查询请求后，如果在第 2 台域名服务器内没有所需要的数据，则它会提供第 3 台域名服务器的 IP 地址给第 1 台域名服务器，让第 1 台域名服务器直接向第 3 台域名服务器进行查询。依此类推，直到找到所需的数据为止。如果到最后一台域名服务器中还没有找到所需的数据时，则通知第 1 台域名服务器查询失败。

（3）反向查询

反向查询的方式与递归查询和循环查询两种方式都不同，它是让 DNS 客户端利用自己的 IP 地址查询它的主机名称。

反向查询是依据 DNS 客户端提供的 IP 地址，来查询它的主机名。由于 DNS 域名与 IP 地址之间无法建立直接对应关系，所以必须在域名服务器内创建一个反向查询的区域，该区域名称最后部分为 in-addr.arpa。

一旦创建的区域进入到 DNS 数据库中，就会增加一个指针记录，将 IP 地址与相应的主机名相关联。换句话说，当查询 IP 地址为 211.81.192.250 的主机名时，解析程序将向 DNS 服务器查询 250.192.81.211.in-addr.arpa 的指针记录。如果该 IP 地址在本地域之外时，DNS 服务器将从根开始，顺序解析域节点，直到找到 250.192.81.211.in-addr.arpa。

当创建反向查询区域时，系统就会自动为其创建一个反向查询区域文件。

### 2．域名解析的效率

为了提高解析速度，域名解析服务提供了两方面的优化：复制和高速缓存。

① 复制是指在每个主机上保留一个本地域名服务器数据库的副本。由于不需要任何网络交互就能进行转换，复制使得本地主机上的域名转换非常快。同时，它也减轻了域名服务器的计算机负担，使服务器能为更多的计算机提供域名服务。

② 高速缓存是比复制更重要的优化技术，它可使非本地域名解析的开销大大降低。网络中每个域名服务器都维护一个高速缓存器，由高速缓存器来存放用过的域名和从何处获得域名映射信息的记录。当客户机请求服务器转换一个域名时，服务器首先查找本地域名到 IP 地址映射数据库，若无匹配地址则检查高速缓存中是否有该域名最近被解析过的记录，如果有就返回给客户机，如果没有，则应用某种解析方式或算法解析该域名。为保证解析的有效性和正确性，高速缓存中保存的域名信息记录设置有生存时间，这个时间由响应域名询问的服务器给出，超时的记录就将从缓存区中删除。

### 3. DNS 完整的查询过程

图 5-9 显示了一个包含递归型和循环型两种类型的查询方式，DNS 客户端向域名服务器 Server 查询 www.xtvtc.edu.cn 的 IP 地址的过程。

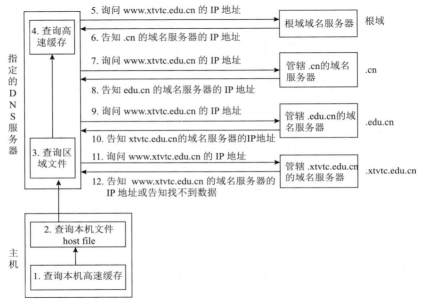

图 5-9　完整的 DNS 解析过程

查询的具体解析过程如下：

域名解析使用 UDP 协议，其 UDP 端口号为 53。提出 DNS 解析请求的主机与域名服务器之间采用客户机 / 服务器（C/S）模式工作。当某个应用程序需要将一个名字映射为一个 IP 地址时，应用程序调用一种名为解析器（resolver，参数为要解析的域名地址）的程序，由解析器将 UDP 分组传送给本地 DNS 服务器上，由本地 DNS 服务器负责查找名字并将 IP 地址返回给解析器。解析器再把它返回给调用程序。本地 DNS 服务器以数据库查询方式完成域名解析过程，并且采用了递归查询。

### 4. 动态 DNS（域名解析）服务

动态 DNS（域名解析）服务，也就是可以将固定的互联网域名和动态（非固定）IP 地址实时对应（解析）的服务。这就是说相对于传统的静态 DNS 而言，它可以将一个固定的域名解析到一个动态的 IP 地址，简单地说，不管用户何时上网、以何种方式上网、得到一个什么样的 IP 地址、IP 地址是否会变化，它都能保证通过一个固定的域名就能访问到用户的计算机。

动态域名的功能，就是实现固定域名到动态 IP 地址之间的解析。用户每次上网得到新的 IP 地址之后，安装在用户计算机里的动态域名软件就会把这个 IP 地址发送到动态域名解析服务器，更新域名解析数据库。Internet 上的其他人要访问这个域名的时候，动态域名解析服务器会返回正确的 IP 地址给他。

### 四、DNS 服务器的安装

#### 1. 安装 DNS 服务器

在进行 DNS 服务的操作之前，首先可使用下面的命令验证是否已安装了 DNS 服务器。

```
#rpm   -qa | grep  bind
bind-utils-9.11.4-16.p2.el8.x86_64
bind-9.11.4-16.p2.el8.x86_64
bind-libs-9.11.4-16.p2.el8.x86_64
...
```

若出现以上命令执行结果，则表明系统已安装了 DNS 服务器。如果未安装，也可以用命令来安装 DNS 服务器，具体步骤如下：

① 创建挂载目录。

```
#mkdir   /media/cdrom
```

② 把安装光盘挂载到 /media/cdrom 目录下面。

```
#mount   /dev/cdrom   /media/cdrom
```

③ 进入 BIND 软件包所在的目录。

```
#cd   /media/cdrom/AppStream/Packages
```

④ 安装 DNS（BIND）服务器。

```
#rpm   -ivh  9.11.4-16.p2.el8.x86_64
```

若没有出现出错提示，则安装过程将顺利完成。

#### 2. 启动、停止、重启 DNS 服务器

（1）启动 DNS 服务器

```
# systemctl  start  named
```

（2）停止 DNS 服务器

```
# systemctl  stop  named
```

（3）重启 DNS 服务器

```
# systemctl  restart  named
```

### 五、配置 DNS 服务器

配置一台 Internet 域名服务器时需要一组配置文件，见表 5-2。其中最关键的是主配置文件 /etc/named.conf。named 守护进程运行时首先从 named.conf 文件获取其他配置文件的信息，然后按照各区域文件的设置内容提供域名解析服务。

表 5-2　DNS 服务器的主要配置文件

| 配置文件 | 说　明 |
|---|---|
| /etc/named.conf | 主配置文件，用来设置 DNS 服务器的全局参数，并指定区域类型、区域文件名及其保存路径 |
| /var/named/named.ca | 缓存文件，指向根域名服务器的指示配置文件 |
| 正向区域解析数据库文件 | 由 named.conf 文件指定，用于实现区域内主机名到 IP 地址的解析 |
| 反向区域解析数据库文件 | 由 named.conf 文件指定，用于实现区域内 IP 地址到主机名的解析 |

此外，与域名解析有关的文件还有 /etc/hosts、/etc/host.conf、/etc/resolv.conf 等文件。本节分别介绍各种 DNS 服务器的配置文件以及 DNS 解析相关的文件结构。

### 1. 主配置文件 named.conf

DNS 服务器安装时会自动创建一个包含默认配置文件 /etc/named.conf，其主体部分及说明如下：

```
options {
    listen-on port 53 { 127.0.0.1; };              //指定服务侦听的IP地址和端口号
    listen-on-v6 port 53 { ::1; };                 //ipv6监听端口
    directory   "/var/named";                 //指定区域数据库文件存放的位置
    dump-file   "/var/named/data/cache_dump.db";  //指定转储文件的存放位置
    statistics-file  "/var/named/data/named_stats.txt";
    //指定统计文件的存放位置及文件名
    memstatistics-file "/var/named/data/named_mem_stats.txt";
    secroots-file   "/var/named/data/named.secroots";   //次根文件及位置
    recursing-file  "/var/named/data/named.recursing";  //递归文件及位置
    allow-query     { localhost; };          //指定允许查询的机器列表
    recursion yes;                           //指定是否允许递归查询
    dnssec-enable yes;            //指定是否返回dnssec关联的资源记录
    dnssec-validation yes;        //指定是否验证通过dnssec的资源记录是权威的
    pid-file "/run/named/named.pid";         //进程文件名及存放位置
session-keyfile "/run/named/session.key";    //会话密钥文件及位置
};


logging {
    channel default_debug {
        file "data/named.run";
        severity dynamic;
    };
};
zone "." IN {                                //定义"."(根)区域
    type hint;                               //定义区域类型为提示类型
    file "named.ca";                         //指定该区域的数据库文件为named.ca
};
include "/etc/named.rfc1912.zones"
```

/etc/named.conf 文件说明 DNS 服务器的全局参数，由多个配置命令组成，每个配置命令是参数和大括号括起来的配置子句块，各配置子句也包含相应的参数，并以分号结束，其语法类似于 C 语言。named.conf 文件中最常用的配置语句有两个：options 语句和 zone 语句。

（1）options 语句

options 语句可设置的参数很多，大部分无须修改。其基本格式如下：

```
options {
参数  参数值;
};
```

其中常用的参数有：

directory：用于定义服务器的工作目录，即存放区域配置文件的目录。当指定该目录后，配置文件中的所有相对路径都基于此目录。如果没有指定，则默认是 BIND 启动的目录。

include：设置包含文件。

listen-on port：设置 BIND 监听 DNS 查询请求的本机 IP 地址及端口。如不设置，则表示监听本机所有 IP 地址收到的 DNS 查询请求。

allow-query：设置接受 DNS 查询请求的客户端。如不设置，则表示接受所有客户端的 DNS 查询。

forwarders：设置转发服务器，如果设置有多个 DNS 服务器，则将依次尝试，直到获得查询结果为止。

（2）zone 语句

zone 语句主要设置 DNS 区域名称、类型及区域配置文件名称。其基本格式如下：

```
zone  "区域名" IN{
type  区域类型;
file  区域文件;
};
```

区域名：设置 DNS 服务器要管理的名称，如 "test.com"。当创建了区域后，且该区域中有相应的资源记录，则 DNS 服务器就可解析该区域的信息。

区域类型：设置区域的类型，这对区域的管理非常重要。区域类型共有五种（见表 5-3）。

表 5-3　区域类型

| 类　　型 | 说　　明 |
|---|---|
| hint | 根域名服务器 |
| master | 主 DNS 服务器 |
| slave | 从 DNS 服务器 |
| forward | 为区域配置的转发设定 |
| stub | 和 slave 类似，但它仅复制主 DNS 服务器的 NS 记录 |

在一般配置 DNS 服务器时，常用类型是 master 和 slave，用于设置主 DNS 服务器和从 DNS 服务器。

区域文件：设置区域配置文件的名称。若为相对路径，则以 directory 中设置的目录为基础。

2. 区域配置文件

区域配置文件主要有两种，一种是正向解析区域文件；另一种是反向解析区域文件。两者的结构和配置方法大同小异。所谓区域配置文件实际是一个 DNS 的数据库，主要是设置 DNS 的各种资源记录。下面是一个正向解析区域文件和一个反向解析区域文件的示例（假定区域名为ye.com）。

（1）正向解析区域文件示例

```
@   IN   SOA   @   rname.invalid. (
 0   ; serial
1D   ; refresh
1H   ; retry
1W   ; expire
3H ) ; minimum

NS      @
A            127.0.0.1
AAAA      ::1
computer    A        10.0.1.2
AAAA      aaaa:bbbb::2
MX       10   @
www      CNAME    computer.ye.com
```

（2）反向解析区域文件示例

```
@ IN SOA  @ rname.invalid. (
     0        ; serial
     1D       ; refresh
     1H       ; retry
     1W       ; expire
     3H )     ; minimum
     NS       @
     A        127.0.0.1
     AAAA     ::1
     PTR      localhost.
```

这两个区域文件中包含了 SOA、NS、MX、A、CNAME、PTR 等资源记录类型，含义如下：

SOA 资源记录：为起始授权机构记录，也是最重要的一种记录。该记录为存储在区域中的信息指明授权机构的起点或初始点，它同样包含由其他计算机使用的几个参数，这些参数会影响在该区域的 DNS 服务器之间进行同步数据的频繁程度。

NS 记录：用来指定区域中的权威 DNS 服务器。通过在 NS 记录中指出该服务器的主机名，则区域中其他 DNS 服务器就认为它是该区域的权威服务器。即在多个 DNS 服务器之间，权威 DNS 服务器对指定的区域有权威解释权。

MX 记录：用来指定区域内的邮件服务器的主机名。

A 记录：是资源记录中使用最多的一种，用于将指定的主机名解析为其所对应的 IP 地址。

CNAME 记录：用于为某个主机指定一个别名。

PTR 记录：指针（PTR）记录与 A 记录相反，用来反查 IP 地址与主机名的对应关系。

## 六、DNS 客户端的配置

### 1. 在 Linux 下配置 DNS 客户端

在 Linux 系统中，与 DNS 域名解析相关的文件有三个，即 /etc/host.conf、/etc/hosts 和 /etc/resolv.conf。

/etc/host.conf 文件：主要用来定义域名解析的搜索顺序。

/etc/hosts 文件：用来配置本机解析的主机名和 IP 地址对应记录。

/etc/resolv.conf：用来定义 DNS 服务器的 IP 地址。

因此在一般情况下，Linux 系统 DNS 客户端仅需在 /etc/resolv.conf 中修改 DNS 服务器的 IP 地址就可。

### 2. 在 Windows 下配置 DNS 客户端

在 Windows 下可方便地使用图形化界面设置 DNS，如图 5-10 所示。

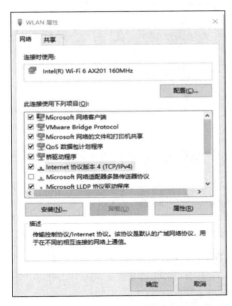 

图 5-10　Windows 下的 DNS 客户端的配置

## 七、DNS 服务器配置实例

### 1. 配置主 DNS 服务器

假设需要配置一个符合下列条件的主域名服务器：

① 域名为 linux.net，网段地址为 192.168.10.0/24。

② 主域名服务器的 IP 地址为 192.168.10.10，主机名为 dns.linux.net。

③ 需要解析的服务器包括：www.linux.net（192.168.10.11），ftp.linux.net（192.168.10.12），mail.linux.net（192.168.10.13）。

配置过程如下：

（1）配置主配置文件 /etc/named.conf

```
options {
        listen-on port 53 { any; };        //侦听所有IP地址的端口号
        listen-on-v6 port 53 { any; };     //ipv6监听端口
        ...
        allow-query     { any; };          //允许所有机器查询
        ...
zone "linux.net."IN {                      //新建一个正向linux.net区域
        type master;                       //设置为主DNS服务器
        file "linux.net.zone";             //配置区域文件的名称
        allow-update {none;};
};

zone "10.168.192.in-addr.arpa." IN {       //新建一个反向10.168.192.in-addr.arpa区域
        type master;
        file "10.168.192.zone";            //配置区域文件的名称
};
zone "0.0.127.in-addr.arpa" IN {           //新建本机反向区域
        type master;
        file "named.loopback";             //配置区域文件的名称
};
include "/etc/named.rfc1912.zones";
```

（2）配置正向区域配置文件

在 /var/named 的目录下创建正向区域文件。为了加快创建速度、提高准确性，可以将此目录下的模板文件复制过来。

```
#cp  -p  /var/named/named.empty  /var/named/linux.net.zone
```

注意：

一定要加-p这个参数，否则会因权限不够而不能解析。-p是复制后不更改文件的权限。

```
#vim  /var/named/linux.net.zone
$TTL 3H
@       IN SOA  @ rname.invalid. (
                                  0      ; serial
                                  1D     ; refresh
                                  1H     ; retry
                                  1W     ; expire
                                  3H )   ; minimum
        NS      @
        A       127.0.0.1
        AAAA    ::1
```

```
dns     A       192.168.10.10
www     A       192.168.10.11
ftp     A       192.168.10.12
mail    A       192.168.10.13
```

（3）配置反向区域配置文件

```
#cp  -p  /var/named/named.loopback  /var/named/10.168.192.zone
#vim  /var/named/10.168.192.zone
$TTL 1D
@        IN SOA  @ rname.invalid. (
                                   0        ; serial
                                   1D       ; refresh
                                   1H       ; retry
                                   1W       ; expire
                                   3H )      ; minimum
         NS      @
         A       127.0.0.1
         AAAA    ::1
10       PTR     dns.linux.net.
11       PTR     www.linux.net.
12       PTR     ftp.linux.net.
13       PTR     mail.linux.net.
```

（4）修改用户、组的所属关系并清空防火墙规则

```
#cd  /var/named/chroot/var/named
#chown  root:named  linux.net.zone
#iptables  -F
```

（5）重新启动 DNS 服务器

```
#systemctl  restart  named
```

（6）配置 DNS 服务器客户端

对 DNS 服务器客户端的配置既可以在 Windows 客户端进行，也可以在 Linux 的客户端进行，为简化测试环境，亦可在服务器上开启客户端配置。不论在什么环境下，首先应修改 TCP/IP 设置，使客户端指向要测试的 DNS 服务器。以下是对 Linux 客户端进行的配置，而对 Windows 客户端的配置因为比较简单，所以笔者就不再赘述了。

```
#vim  /etc/resolv.conf
search  linux.net                    //指明本机域名后缀为linux.net
nameserver  192.168.10.10            //添加DNS SERVER地址
```

（7）测试 DNS 服务

用于测试已经配置好的 DNS 服务的工具有三种，即 nslookup、dig 和 host，可选择自己熟悉的命令进行测试。

① 使用 nslookup 命令测试。

```
#nslookup
>mail.linux.net                              //测试正向资源记录
Server:             192.168.10.10
Address:            192.168.10.10#53
Name:mail.linux.net
Address:192.168.10.13
>192.168.10.12                               //测试反向资源记录
12.10.168.192.in-addr.arpa name=ftp.linux.net.
>server 192.168.100.1                        //使用server命令更改dns地址
Default server:192.168.100.1
Address:192.168.100.1#53
>exit                                        //退出nslookup命令状态
```

② 使用 dig 命令测试。

```
#dig www.linux.net
```

若返回应答结果，则表明 DNS 服务测试通过。

③ 使用 host 命令测试。

```
#host  ftp.linux.net
ftp.linux.net has address 192.168.10.12
#host  192. 168.10.12
12.10.168.192.in-addr.arpa domain name pointer ftp.linux.net
```

### 2. 配置辅助 DNS 服务器

辅助 DNS 服务器的配置比较简单，只需要修改 name.conf 以及 named.rfc1912.zones 两个文件就可以了。辅助域名服务器的区域解析文件是从主 DNS 服务器上继承下来的，因此不必再作设置。可以从 sample 目录复制模板进行配置，当然，最简单的方法就是直接从主 DNS 服务器上去复制。因为，事实上辅助 DNS 服务器的 name.conf 的设置和主 DNS 服务器是完全一样的，这里就不作配置说明了。唯一不一样的就是在写正向或是反向域名解析时将 type 后面的参数写成 slave 以及加上一句 masters{ 主域的 IP;} 就可以了。

配置过程如下：

① 安装，此安装跟主服务器一样的。

从主 DNS 服务器上去复制 named.conf 到辅域名服务器的 /etc 目录下，然后重启 named 服务。

② 假设主 DNS 服务器的 IP 地址是 192.168.10.10，在辅助 DNS 服务器上执行如下命令：

```
#vim  /etc/named.rfc1912.zones
```

添加如下内容：

```
zone "test.com" IN {
    type  slave;              //这个地方在主域上是写master，而在这里就应该写slave
    file "test.com.zone";
    masters{192.168.10.10;}  //这里写上主域的IP地址
    };
```

```
zone "10.168.192.in-addr.arpa" IN {
    type slave;
    file "slaves/100.168.192.rev";
    masters{192.168.10.10;}
    };
```

其余的都不动了，区域文件会自动从主域名服务器上继承。同步过来的文件就会放在 /var/named/slaves 里的。为什么是这个目录呢？因为在 named.conf 里定义了一个工作目录是 /var/named，而在这里又加上了 slaves，所以就是 /var/named/slaves 了。

③ 重启 DNS 服务器，再测试即可。

```
#systemctl   restart   named
```

### 3. 配置只有缓存功能的 DNS 服务器

下面这个例子是一个公司内部的只做缓存使用的域名服务器的例子，它拒绝所有从外部网络到达的查询。只需修改 /etc/named.conf 文件中的以下选项。

```
options {
    listen-on port 53 { any; };                //允许所有的主机可使用本地DNS服务器
    listen-on-v6 port 53 { any; };             //ipv6监听端口
    allow-query { 192.168.4.0/24; 192.168.7.0/24;};   //指定只允许从两个子网访问
};
```

### 4. 配置 DNS 服务器的负载均衡

简单的负载平衡可以在相应的区域数据库文件中用一个名字使用多个 A 记录来实现。例如，如果有三个 www 服务器，地址分别是 10.0.0.1、10.0.0.2 和 10.0.0.3，一组如下记录表示一个客户机有三分之一可能性连接到其中一台服务器。

```
Name    TTL    CLASS    TYPE    Resource Record(RR)Data
www     600    IN       A       10.0.0.1
www     600    IN       A       10.0.0.2
www     600    IN       A       10.0.0.3
```

当客户机查询时，DNS 将会轮流以不同顺序回应客户机，例如，客户机随机可能得到的顺序是（1，2，3）、（2，3，1）或者（3，1，2）。大多数客户机都会使用得到序列的第一个记录，忽略剩余的记录。

## 八、DNS 管理工具

第一次配置 DNS 对于 Linux 新手是一个挑战。DNS 是一个很复杂的系统，一不小心就有可能使系统不能正常运行。伴随 DNS 建立出现的许多问题都会引起相同的结果，但大多数问题是由于配置文件中的语法错误而导致的。DNS 是由一组文件构成的，所以可以采用不同的工具检查对应文件的正确性。

### 1. named-checkconf

功能：通过检查 named.conf 语法的正确性来检查 named 文件的正确性。对于配置正确的 named.conf 文件，named-checkconf 不会显示任何信息。示例如下：

```
#named-checkconf
/etc/named.conf:23:unknown option'flie'
```

上面信息说明在第 23 行有一个错误语句，原来是把 "file" 错误拼写为 "flie"。找到错误原因，用 vim 修改配置文件，就可以很快排除故障。

### 2. named-checkzone

功能：通过检查区域文件语法的正确性找出出错原因。named-checkzone 如果没有检查到错误，会返回一个简单的 "OK" 字符。示例如下：

```
#named-checkzone  linux.net  linux.net.zone
dns_rdata_fromtext:linux. net.zone:11 near '192.168.1.300':bad dotted quad
zone linux.net/IN: loading from master file linux.net.zone failed:bad dotted quad
zone linux.net/IN:not loaded due to errors.
```

上面信息说明在第 11 行出现了错误，可能是设定了一个错误 IP 地址。而且由于错误设置没能将 linux.net 区域加载。查看 /var/named/linux.net.zone 文件可找出故障排除。

### 任务描述

某企业网建设有 Web 服务器、FTP 服务器、邮件服务器，企业网络拓扑结构图如图 5-11 所示，现为了方便企业员工访问各种网络服务，准备建设一台 DNS 服务器，为企业网的各种应用服务器提供域名解析服务，该域名解析仅对企业内部网服务。具体要求如下：

① DNS 服务器的 IP 地址为 192.168.0.6，域名为 dns.example.com

② 用户可通过 mail.example.com 访问邮件服务器（IP 地址为 192.168.0.4）。

③ 用户可通过 ftp.example.com 访问 FTP 服务器（IP 地址为 192.168.0.3）。

④ 用户可通过 www.example.com 访问企业 Web 服务器（IP 地址为 192.168.0.2）。

⑤ 员工可通过 bbs.example.com 访问企业 Web 服务器中的 BBS（IP 地址为 192.168.0.10）。

⑥ 账务部员工可通过 account.example.com 访问企业 Web 服务器中的账务软件（IP 地址为 192.168.0.10）。

⑦ 内网客户端访问外网时，可通过企业的 DNS 服务器转发到电信 DNS 服务器（IP 地址为 61.177.7.1）

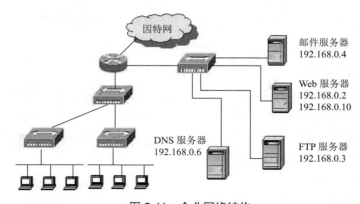

图 5-11　企业网络结构

## 任务流程

① 配置 DNS 服务器。

② 配置 DNS 客户端。

③ 测试 DNS 服务器。

## 任务实施

① 编辑文件 /etc/named.conf，设置 DNS 服务器工作目录。

```
[root@server ~]# vim /etc/named.conf
options{
directory  "/var/cache/named";
};
```

② 编辑文件 /etc/named.conf，配置 DNS 转发设置。

```
[root@server ~]# vim /etc/named.conf
options{
forwarders  {61.177.7.1;};
forward  first ;
};
```

③ 编辑文件 /etc/named.conf，设置正、反向区域。

```
[root@server ~]# vim /etc/named.conf
```

设置正向解析区域 example.com：

```
zone  "example.com"{
type  master ;
file  "db.example.com";
};
```

设置反向解析区域 0.168.192.in-addr.arpa：

```
zone  "0.168.192.in-addr.arpa"{
type  master ;
file  "db.192.168.0";
};
```

④ 编辑正向区域文件。

```
$TTL  3H
@  IN  SOA  @ example.com.(
0          ; Serial
1D         ; Refresh
1H         ; Retry
1W         ; Expire
3H )       ; minimum
NS      @
```

```
            A        127.0.0.1
            AAAA     ::1
dns         A        192.168.0.6
mail        A        192.168.0.4
www         A        192.168.0.2
account     A        192.168.0.10
bbs         A        192.168.0.10
ftp         A        192.168.0.3
```

⑤ 编辑反向区域文件。

```
$TTL  1D
@  IN    SOA   @ example.com.(
0           ; Serial
1D          ; Refresh
1H          ; Retry
1W          ; Expire
3H )        ; minimum
NS          @
A           127.0.0.1
AAAA        ::1
6           PTR       dns.example.com.
4           PTR       mail.example.com.
2           PTR       www.example.com.
10          PTR       account.example.com.
10          PTR       bbs.example.com.
3           PTR       ftp.example.com.
```

⑥ 重新启动 DNS 服务器。

```
[root@server ~]# service  named  restart
```

## 思考和练习

### 一、单项选择题

1. 在 Internet 管理结构的最高层域划分中，表示教育机构的是（    ）。

   A. .com        B. .edu        C. .gov        D. .org

2. 在下列名称中，不属于 DNS 服务器类型的是（    ）。

   A. Primary Master Server        B. Secondary Slave Server

   C. Samba                        D. Cache_Only Server

3. 在 DNS 配置文件中，用于表示某主机别名的是（    ）。

   A. NS        B. CNAME        C. NAME        D. CN

4. 可以完成主机名与 IP 地址的正向解析和反向解析任务的命令是（    ）。

   A. nslookup        B. arp        C. ifconfig        D. dnslook

5. 设置 DNS 转发，可在主配置文件中通过（　　　）来实现。

A. forwarders　　　B. zone　　　　C. SOA　　　　D. retry

## 二、问答题

1. 什么是 DNS 服务？

2. 配置 DNS 服务器，要求如下：

① DNS 服务器的域名为 nd.linux.org，主机的 IP 地址为 192.168.3.2。

② 负责解析区域 linux.org。

③ 在 linux.org 区域中分别建立记录 www 指向 192.168.3.3，邮件服务器指向 192.168.3.4，域名指向 mail.linux.org。

④ 要求能正反向解析。

## 三、实验

【实验目的】

1. 了解 DNS 服务器的工作原理。

2. 熟悉 DNS 服务器的安装与配置。

【实验内容】

1. 安装 BIND 服务器软件。

2. 配置 DNS 主域服务器。

【实验要求】

1. 配置 DNS 服务器的 IP 地址为本机 IP 地址。

2. 配置 ZONE 为 XXXX.org，其中 XXXX 为姓名拼音。

3. 创建区域资源文件并进行配置，要求配置 WWW、FTP、和 EMAIL 主机记录。

4. 创建反向映射资源文件。

5. 修改 DNS 客户端的 IP 地址。

6. 重启 DNS 服务器。

7. 用 nslookup 和 dig 命令测试 DNS。

8. 配置 Web、FTP 和 EMAIL 服务，并用 DNS 对域名进行解析。

9. 利用域名使用这三种服务，测试 DNS 是否能正常解析。

# 任务 5.5 ┃ 配置 DHCP 服务器

## 任务引言

视频

任务 5.5

　　DHCP 在快速发送客户网络配置方面很有用，当配置客户端系统时，若管理员选择 DHCP，则不必输入 IP 地址、子网掩码、网关或 DNS 服务器，客户端从 DHCP 服务器中检索这些信息。DHCP 在网络管理员想改变大量系统的 IP 地址时也有用，与其重新配置所有系统，不如编辑服务器中的一个用于新 IP 地址集合的 DHCP 配置文件。如果某机构的 DNS 服务器改变，这种改变只需在 DHCP 服务器中，而不必在 DHCP 客户端上进行。一旦客户端的网络被重新启动（或客户端重新引导系统），改变就会生效。除此之外，如果便携计算机或任何类型的可移动计算机被配置使用 DHCP，只要每个办公室都有一个允许其联网的 DHCP 服务器，它就可以不必重新配置而在办公室间自由移动。

## 相关知识

### 一、DHCP 服务器的工作原理

#### 1. DHCP 协议简介

DHCP 协议的前身是 BOOTP，它工作在 OSI 的应用层，是一种帮助计算机从指定的 DHCP 服务器获取配置信息的自举协议。DHCP 使用客户端 / 服务器模式，请求配置信息的计算机称为 "DHCP 客户端"，而提供信息的称为 "DHCP 服务器"。DHCP 为客户端分配地址的方法有三种，即手工配置、自动配置和动态配置。DHCP 最重要的功能就是动态分配，除了 IP 地址，DHCP 还为客户端提供其他的配置信息，如子网掩码，从而使得客户端无须用户动手即可自动配置并连接网络。

#### 2. DHCP 的工作流程

（1）发现阶段

发现阶段即 DHCP 客户端查找 DHCP 服务器的阶段。客户机以广播方式（因为 DHCP 服务器的 IP 地址对于客户端来说是未知的）发送 DHCP discover 信息来查找 DHCP 服务器，即向地址 255.255.255.255 发送特定的广播信息。网络上每一台安装了 TCP/IP 的主机都会接收到这种广播信息，但只有 DHCP 服务器才会做出响应。

（2）提供阶段

提供阶段即 DHCP 服务器提供 IP 地址的阶段，在网络中接收到 DHCP discover 信息的 DHCP 服务器都会做出响应。它从尚未出租的 IP 地址中挑选一个分配给 DHCP 客户端，向其发送一个包含出租的 IP 地址和其他设置的 DHCP offer 信息。

（3）选择阶段

选择阶段即 DHCP 客户端选择某台 DHCP 服务器提供的 IP 地址的阶段。如果有多台 DHCP 服务器向 DHCP 客户端发送 DHCP offer 信息，则 DHCP 客户端只接受第一个收到的 DHCP offer 信息。然后它就以广播方式回答一个 DHCP request 信息，该信息中包含向它所选定的 DHCP 服务器请求 IP 地址的内容。之所以要以广播方式回答，是为了通知所有 DHCP 服务器，它将选择某台 DHCP 服务器所提供的 IP 地址。

（4）确认阶段

确认阶段即 DHCP 服务器确认所提供的 IP 地址的阶段。当 DHCP 服务器收到 DHCP 客户端回答的 DHCP request 信息之后，它向 DHCP 客户端发送一个包含其所提供的 IP 地址和其他设置的 DHCP ACK 信息，告诉 DHCP 客户端可以使用该 IP 地址，然后 DHCP 客户端便将其 TCP/IP 与网卡绑定。另外，除 DHCP 客户端选中的服务器外，其他的 DHCP 服务器都将收回曾提供的 IP 地址。

（5）重新登录

以后 DHCP 客户端每次重新登录网络时，不需要发送 DHCP discover 信息，而是直接发送包含前一次所分配的 IP 地址的 DHCP request 信息。当 DHCP 服务器收到这一信息后，它会尝试让

DHCP 客户端继续使用原来的 IP 地址，并回答一个 DHCP ACK 信息。如果此 IP 地址已无法再分配给原来的 DHCP 客户端使用（比如此 IP 地址已分配给其他 DHCP 客户端使用），则 DHCP 服务器给 DHCP 客户端回答一个 DHCP NACK 信息。当原来的 DHCP 客户端收到此信息后，必须重新发送 DHCP discover 信息来请求新的 IP 地址。

（6）更新租约

DHCP 服务器向 DHCP 客户端出租的 IP 地址一般都有一个租借期限，期满后 DHCP 服务器便会收回该 IP 地址。如果 DHCP 客户端要延长其 IP 租约，则必须更新其 IP 租约。DHCP 客户端启动时和 IP 租约期限过一半时，DHCP 客户端都会自动向 DHCP 服务器发送更新其 IP 租约的信息。

### 3. DHCP 的设计目标

① DHCP 应该是一种机制而不是策略，它必须允许本地系统管理员控制配置参数，本地系统管理员应该能够对所希望管理的资源进行有效的管理。

② 客户端不需要手工配置，而应该在不参与的情况下发现合适于本地机的配置参数，并利用这些参数加以配置。

③ 不需要为单个客户端配置网络，在通常情况下，网络管理员没有必要输入任何预先设计好的用户配置参数。

④ DHCP 不需要在每个子网上配置一台服务器，出于经济原因，DHCP 服务器必须可以和路由器一起工作。

⑤ DHCP 客户端必须能对多个 DHCP 服务器提供的服务做出响应，出于网络稳定与安全的考虑，有时需要在网络中添加多台 DHCP 服务器。

⑥ DHCP 必须静态配置，而且必须用现存的网络协议实现。

⑦ DHCP 必须能够和 BOOTP 转发代理互操作。

⑧ DHCP 必须能够为现有的 BOOTP 客户端提供服务。

⑨ 不允许有多个客户端同时使用一个网络地址。

⑩ 在 DHCP 客户端重新启动后仍然能够保留其原先的配置参数，如果可能，客户端应该被指定为相同的配置参数。

⑪ 在 DHCP 服务器重新启动后仍然能够保留客户端的配置参数，如果可能，即使 DHCP 服务器重新启动，也应该能够为客户端分配原有的配置参数。

⑫ 能够为新加入的客户端自动提供配置参数。

⑬ 支持对特定客户端永久固定分配网络地址。

上面的设计目标⑨~⑬是对于网络层参数的设计而言的，在网络层参数上，DHCP 必须做到这几点。

## 二、DHCP 服务器的安装

### 1. 安装 DHCP 服务器

在进行 DHCP 服务的操作之前，首先可使用下面的命令验证是否已安装了 DHCP 服务器。

```
#rpm   -qa | grep  dhcp
dhcp-server-4.3.6-30.el8.x86_64
dhcp-client-4.3.6-30.el8.x86_64
```

若出现以上命令执行结果，则表明系统已安装了 DHCP 服务器。如果未安装也可以用命令来安装 DHCP 服务器，具体步骤如下：

① 创建挂载目录。

```
#mkdir  /media/cdrom
```

② 把安装光盘挂载到 /mnt/cdrom 目录下面。

```
#mount  /dev/cdrom   /media/cdrom
```

③ 进入 DHCP 软件包所在的目录。

```
#cd   /media/cdrom/AppStream/Packages
```

④ 安装 DHCP 服务器。

```
#rpm  -ivh  dhcp-server-4.3.6-30.el8.x86_64.rpm
```

若没有出现出错提示，则安装过程将顺利完成。

### 2．启动、停止、重启 DHCP 服务器

（1）启动 DHCP 服务器

```
# systemctl  start   dhcpd
```

（2）停止 DHCP 服务器

```
# systemctl  stop   dhcpd
```

（3）重启 DHCP 服务器

```
# systemctl  restart  dhcpd
```

## 三、DHCP 服务器的配置文件

在 CentOS 8 中，DHCP 服务器的配置文件是 /etc/dhcp/dhcpd.conf，其内容如下：

```
option domain-name "example.org";       //为DHCP客户设置DNS域
option domain-name-servers ns1.example.org, ns2.example.org;
//为DHCP客户设置DNS服务器地址
default-lease-time 600;                 //为DHCP客户设置默认地址租期，单位为秒
max-lease-time 7200;                    //为DHCP客户设置最长地址租期
...
subnet 10.152.187.0 netmask 255.255.255.0 {
}
subnet 10.254.239.0 netmask 255.255.255.224 {      //定义作用域网段
    range 10.254.239.10 10.254.239.20;             //设置IP地址段范围
    option routers rtr-239-0-1.example.org, rtr-239-0-2.example.org;
}                                                  //网关地址

subnet 10.254.239.32 netmask 255.255.255.224 {
    range dynamic-bootp 10.254.239.40 10.254.239.60;   //设置IP地址作用域
    option broadcast-address 10.254.239.31;            //指出本网段的广播地址
    option routers rtr-239-32-1.example.org;
}
```

```
subnet 10.5.5.0 netmask 255.255.255.224 {
    range 10.5.5.26 10.5.5.30;
    option domain-name-servers ns1.internal.example.org;    //定义DNS服务器地址
    option domain-name "internal.example.org";
    option routers 10.5.5.1;
    option broadcast-address 10.5.5.31;
    default-lease-time 600;
    max-lease-time 7200;
}


host passacaglia {                                      //定义保留地址
    hardware ethernet 0:0:c0:5d:bd:95;                  //绑定主机MAC地址
    filename "vmunix.passacaglia";
    server-name "toccata.fugue.com";
}


host fantasia {
    hardware ethernet 08:00:07:26:c0:a5;
    fixed-address fantasia.fugue.com;
}


class "foo" {           //定义一个类，按设备标识下发IP地址
    match if substring (option vendor-class-identifier, 0, 4) = "SUNW";
}


shared-network 224-29 {                                 //定义超级作用域
    subnet 10.17.224.0 netmask 255.255.255.0 {
        option routers rtr-224.example.org;
    }
    subnet 10.0.29.0 netmask 255.255.255.0 {
        option routers rtr-29.example.org;
}
pool {                  //定义可分配的IP地址池，允许设备属于class"foo"这个类的
                        //设备获取range 10.17.224.10到10.17.224.250的地址
    allow members of "foo";
    range 10.17.224.10 10.17.224.250;
}
pool {                  //定义一个池，禁止设备属于class"foo"这个类的设备获取range
                        //10.0.29.10到10.0.29.230里的地址
    deny members of "foo";
    range 10.0.29.10 10.0.29.230;
    }
}
```

由此可见，该文件通常包括三个部分，即 parameters（参数）、declarations（声明）和 option（选项）。现分别介绍如下：

### 1. DHCP 配置文件中的 parameters（参数）

parameters 表明如何执行任务，以及是否要执行任务或将哪些网络配置选项发送给客户端，见表 5-4。

表 5-4　DHCP 配置文件中的 parameters（参数）

| 参　　数 | 解　　释 |
| --- | --- |
| ddns-update-style | 配置 DHCP-DNS 互动更新模式 |
| default-lease-time | 指定默认租赁时间的长度，单位是秒 |
| max-lease-time | 指定最大租赁时间长度，单位是秒 |
| hardware | 指定网卡接口类型和 MAC 地址 |
| server-name | 通知 DHCP 客户端服务器名称 |
| get-lease-hostnames flag | 检查客户端使用的 IP 地址 |
| fixed-address ip | 分配给客户端一个固定的地址 |
| authoritative | 拒绝不正确的 IP 地址的要求 |

### 2. DHCP 配置文件中的 declarations（声明）

declarations 用来描述网络布局及提供客户的 IP 地址等，见表 5-5。

表 5-5　DHCP 配置文件中的 declarations（声明）

| 声　　明 | 解　　释 |
| --- | --- |
| shared-network | 用来告知是否一些子网共享相同网络 |
| subnet | 描述一个 IP 地址是否属于该子网 |
| range 起始 IP 终止 IP | 提供动态分配 IP 的范围 |
| host 主机名称 | 参考特别的主机 |
| group | 为一组参数提供声明 |
| allow unknown-clients；deny unknown-client | 是否动态分配 IP 给未知的使用者 |
| allow bootp；deny bootp | 是否响应激活查询 |
| allow booting；deny booting | 是否响应使用者查询 |
| filename | 开始启动文件的名称，应用于无盘工作站 |
| next-server | 设置服务器从引导文件中装入主机名，应用于无盘工作站 |

### 3. DHCP 配置文件中的 option（选项）

option 用来配置 DHCP 可选参数，全部用 option 关键字作为开始，见表 5-6。

表 5-6　DHCP 配置文件中的 option（选项）

| 选　　项 | 解　　释 |
| --- | --- |
| subnet-mask | 为客户端设定子网掩码 |
| domain-name | 为客户端指明 DNS 名称 |
| domain-name-servers | 为客户端指明 DNS 服务器的 IP 地址 |
| host-name | 为客户端指定主机名称 |
| routers | 为客户端设定默认网关 |
| broadcast-address | 为客户端设定广播地址 |
| ntp-server | 为客户端设定网络时间服务器的 IP 地址 |
| time-offset | 为客户端设定格林尼治时间的偏移时间，单位是秒 |
| nis-server | 为客户端设定 nis 域名 |

## 四、DHCP 服务器配置实例

dhcpd.conf 是 DHCP 服务器的配置文件，DHCP 服务器所有参数都是通过修改 dhcpd.conf 文件来实现的，刚安装好的 dhcpd.conf 是没有做任何配置的，dhcpd.conf 文件在 /etc/dhcp/ 目录中。

可以使用 #cat dhcpd.conf 命令来查看文件内容：

```
# DHCP Server Configuration file.
# see /usr/share/doc/dhcp-server/dhcpd.conf.example
# see dhcpd.conf(5) man page
```

这个文件是一个 DHCP 服务器的配置文件，配置要参考 dhcpd. conf. sample 来配置。

接下来就将 /usr/share/doc/dhcp-server/dhcpd.conf.example 复制为 dhcpd.conf 文件来进行配置：

```
# cp /usr/share/doc/dhcp-server/dhcpd.conf.example  /etc/dhcp/dhcpd.conf
cp: 是否覆盖"dhcpd.conf"?  y
```

复制好了，先看一下模板的内容：

```
#cat dhcpd.conf
```

通过文件内容，可以发现模板里就是有几个子网的模板信息，告诉我们如何定义要分配的 IP 地址。文件内容里很多都是用到域名，其实在实际使用过程中都是使用 IP 地址的，"#"号后面的内容都是注释，都是可以删除的，同样，若不需要哪一句就可以把它注释掉。

在下面的实例中使用一个 example.org 的虚拟域名，用户需要修改其中的内容以满足网络的需求。/etc/dhcp/dhcpd.conf 文件的内容如下：

```
# option definitions common to all supported networks...
option domain-name "example.org";
option domain-name-servers ns1.example.org, ns2.example.org;
default-lease-time 600;
max-lease-time 7200;
```

```
# Use this to enble / disable dynamic dns updates globally.
#ddns-update-style none;
...
subnet 10.152.187.0 netmask 255.255.255.0 {
}
# This is a very basic subnet declaration.
subnet 10.254.239.0 netmask 255.255.255.224 {
        range 10.254.239.10 10.254.239.20;
        option routers rtr-239-0-1.example.org, rtr-239-0-2.example.org;
}
```

上面的实例配置文件分为两部分，即子网配置信息和全局配置信息。可以有多个子网，这里为了简化，只指定了一个子网。相关说明如下（以上实例配置无③、④所示的配置字段，但它们为 DHCP 服务器配置中所常用，所以在这里一并补充介绍）：

（1）subnet

在上面的例子中，一个子网声明以"subset"关键字开始，所以子网信息包括在 {} 中。{} 中的配置信息只对该子网有效，会覆盖全局配置。

（2）global

所有子网以外的配置都是全局配置，如果同一个全局配置没有被子网配置覆盖，则其将对所有子网生效。

（3）configuration options

下面是上例中配置指令的解释说明。

① option domain-name-servers ns1.example.org, ns2.example.org;

这一行指定客户端应该使用的 DNS 服务器，该选项可以用于全局参数或者子网参数。

② default-lease-time 600; max-lease-time 7200;

这两行是相关的，default-lease-time 指定客户端需要刷新配置信息的时间间隔（秒），max-lease-time 为客户端用于无法从服务器获得任何信息的时间，超过该时间则会丢弃之前从该 DHCP 服务器获得的所有信息，而转向使用 OS 的默认设置。

③ authoritative;

指定当一个客户端试图获得一个不是该 DHCP 服务器分配的 IP 信息，DHCP 将发送一个拒绝消息，而不会等待请求超时。当请求被拒绝，客户端会重新向当前 DHCP 发送 IP 请求获得新地址。

④ log-facility daemon;

指定 DHCP 服务器发送的日志信息的日志级别。

⑤ ddns-update-style none;

该配置可以指定一个方法，客户端用该方法来更新 IP 对应的域名信息，本例中禁用了该特性。

⑥ subnet 10.152.187.0 netmask 255.255.255.0 {}

```
...{
    ...
```

```
        option routers rtr-239-0-1.example.org, rtr-239-0-2.example.org;
}
```

上面内容为子网配置，第一行指定该子网地址和掩码。DHCP 服务器必须拥有该子网的一个 IP，domain-name 设置该客户端的域名。DHCP 服务器可以负责整个子网的信息，也可以只负责子网的一段。

## 五、设置 DHCP 转发代理

DHCP 的转发代理（dhcrelay）允许把无 DHCP 服务器子网内的 DHCP 和 BOOTP 请求转发给其他子网内的一台或多台 DHCP 服务器。当某个 DHCP 客户端请求信息时，DHCP 转发代理把该请求转发给 DHCP 转发代理启动时所指定的一台 DHCP 服务器。当某台 DHCP 服务器返回一个回应时，该回应被广播或单播给发送最初请求的网络。除非使用 INTERFACES 指令在 /etc/sysconfig/dhcrelay 文件中指定了接口，否则 DHCP 转发代理监听所有接口上的 DHCP 请求。要启动 DHCP 转发代理，使用命令：

```
#systemctl  start  dhcrelay
```

### 1. 从指定端口启动 DHCP 服务器

如果系统连接不止一个网络接口，但是只想让 DHCP 服务器启动其中之一，则可以配置 DHCP 服务器只在相应设备上启动。在 /etc/sysconfig/dhcpd 中，把接口的名称添加到 DHCPDARGS 的列表中：

```
#Command line options here
DHCPDARGS=eth0
```

如果有一个带有两块网卡的防火墙机器，这种方法就会大派用场。一块网卡可以被配置成 DHCP 客户端从互联网上检索 IP 地址；另一块网卡可以被用做防火墙之后的内部网络的 DHCP 服务器。仅指定连接到内部网络的网卡使系统更加安全，因为用户无法通过互联网来连接其守护进程。

其他可在 /etc/sysconfig/dhcpd 中指定的命令行选项如下：

① -p<portnum>：指定 dhcpd 应该监听的 UDP 端口号码，默认值为 67。DHCP 服务器在比指定的 UDP 端口大一位的端口号上把回应传输给 DHCP 客户端。例如，如果使用默认端口 67，服务器就会在端口 67 上监听请求，然后在端口 68 上回应客户。如果在此处指定了一个端口号，并且使用了 DHCP 转发代理，所指定的 DHCP 转发代理所监听的端口必须是同一端口。

② -f：把守护进程作为前台进程运行，在调试时最常用。

③ -d：把 DCHP 服务器守护进程记录到标准错误描述器中，在调试时最常用。如果未指定，日志将被写入 /var/log/messages 中。

④ -cf<filename>：指定配置文件的位置，默认为 /etc/dhcpd.conf。

⑤ -lf<filename>：指定租期数据库文件的位置。如果租期数据库文件已存在，在 DHCP 服务器每次启动时使用同一个文件至关重要。建议只在无关紧要的机器上为调试目的才使用该选项，默认为 /var/lib/dhcp/dhcpd.leases。

⑥ -q：在启动该守护进程时，不要显示整篇版权信息。

## 2. 管理 DHCP 服务器端口

DHCP 服务器可以通过命令行设定其监听端口。例如，使用以下命令：

```
#dhcpd ens33
```

该命令允许 dhcpd 进程只在 ens33 网络端口上工作。而若不特别设置，则默认为监听所有端口。由于 DHCP 也使用 67 和 68 端口通信，所以更改端口将有可能造成 DHCP 服务器无法正常使用。

## 六、设置 DHCP 客户端

### 1. 在 Linux 下设置 DHCP 客户端

配置 DHCP 客户端的第一步是确定内核能够识别网卡，多数网卡会在安装过程中被识别，系统会为该网卡配置恰当的内核模块。如果在安装后添加了一块网卡，系统应该会识别它，并提示为其配置相应的内核模块。通常网管员选择手工配置 DHCP 客户端，需要修改 /etc/sysconfig/network 文件来启用联网；第二步是修改 /etc/sysconfig/network-scripts 目录中每个网络设备的配置文件，在该目录中的每种设备都有一个称为"ifcfg-ens？"的配置文件。ens？是网络设备的名称，如 ens33 等。如果想在引导时启动联网，NETWORKING 变量必须被设为 yes。除此之外，/etc/sysconfig/network 文件还应该包含以下内容：

```
NETWORKING=yes
DEVICE=ens33
BOOTPROTO=dhcp
ONBOOT=yes
```

每种需要配置使用 DHCP 的设备都需要一个配置文件。其他网络脚本包括的选项如下：

（1）DHCP_HOSTNAME

只有当 DHCP 服务器在接收 IP 地址前需要客户端指定主机名时才使用该选项。

（2）PEERDNS=<answer>

<answer> 取值为如下之一：

yes：使用来自服务器的信息修改文件 /etc/resolv.conf。若使用 DHCP，那么 yes 是默认值。

no：不要修改文件 /etc/resolv.conf。

（3）SRCADDR=<address>

<address> 是用于输出包的指定源 IP 地址。

（4）USERCTL=<answer>

<answer> 取值为如下之一：

yes：允许非根用户控制该设备。

no：不允许非根用户控制该设备。

### 2. 在 Windows 下设置 DHCP 客户端

在 Windows 下可方便地使用图形化界面设置 DHCP，如图 5-12 所示。然后在"常规"选项卡中选择"自动获得 IP 地址"和"自动获得 DNS 服务器地址"单选按钮。

图 5-12　Windows 客户端配置

### 3. 测试端口监督程序

现在应该已经可以将一个客户机接入网络，并通过 DHCP 请求一个 IP 地址。如果要通过 Windows 客户端测试，则在 DOS 提示符下执行以下操作：

① 清除适配器可能已经拥有的 IP 地址信息，执行命令如下：

```
ipconfig /release
```

② 向 DHCP 服务器请求一个新的 IP 地址，执行命令如下：

```
ipconfig /renew
```

显示从 DHCP 服务器获得的信息，应该会看到 Primary WINS Server、DNS Servers 和 Connection-specific DNS Suffix 域都获得了 dhcpd.conf 文件中提供的数据。

### 七、DHCP 服务器的故障排除

通常配置 DHCP 服务器很容易，有一些技巧可以帮助避免出现问题。对服务器端而言，要确保网卡正常工作并具备广播功能；对客户端而言，要确保网卡正常工作。最后，要考虑网络的拓扑，以及客户端向 DHCP 服务器发出的广播消息是否会受到阻碍。另外，如果 dhcpd 进程没有启动，那么可以浏览 syslog 消息文件来确定是哪里出了问题，这个消息文件通常是 /var/log/ messages。下面列举两种在 DHCP 服务器中常见的故障，并给出解决办法，以供读者参考。

### 1. 客户端无法获取 IP 地址

DHCP 服务器配置完成且没有语法错误，但是网络中的客户端却无法取得 IP 地址。这通常是由于 Linux DHCP 服务器无法接收来自 255.255.255.255 的 DHCP 客户端的 request 封包造成的，一般是 Linux DHCP 服务器的网卡没有设置 MULTICAST 功能。为了让 dhcpd（dhcp 程序的守护进程）能够正常地和 DHCP 客户端沟通，dhcpd 必须传送封包到 255.255.255.255 这个 IP 地址。但是在有些 Linux 系统中，255.255.255.255 这个 IP 地址被用来作为监听区域子网域

（local subnet）广播的 IP 地址。所以需要在路由表（routing table）中加入 255.255.255.255 以激活 MULTICAST 功能，所以执行以下命令：

```
#route add -host 255.255.255.255 dev ens33
```

如果报告错误消息：

```
255.255.255.255: Unkown host
```

那么修改 /etc/hosts，加入如下内容：

```
255.255.255.255 dhcp
```

### 2. DHCP 客户端程序和 DHCP 服务器不兼容

由于 Linux 有许多发行版本，不同版本使用的 DHCP 客户端和 DHCP 服务器端程序也不相同。Linux 提供了四种 DHCP 客户端程序，即 pump、dhclient、dhcpxd 和 dhcpcd。了解不同 Linux 发行版本的服务器端和客户端程序对于排除常见错误是必要的，如果出现使用服务器端和使用客户端不兼容的情况，则必须更换客户端程序。方法是停止客户端的网络服务，卸载源程序，然后安装和服务器端兼容的程序。

### 八、供备份的 DHCP 设置

在中型网络中，数百台计算机 IP 地址的管理是一个大问题。为了解决这个问题，相信许多校园网网管会使用 DHCP 来动态地为客户端分配 IP 地址。但是这同样意味着如果 DHCP 服务器因为某种原因瘫痪，DHCP 服务自然也就无法使用。客户端也就无法获得正确的 IP 地址，从而影响整个网络的运行。为解决这个问题，配置两台以上的 DHCP 服务器即可。如果其中一台 DHCP 服务器故障，另外一台 DHCP 服务器就会自动承担分配 IP 地址的任务。对于用户来说，这个过程是透明的，他们并不知道 DHCP 服务器的变化。

另外，在一个具备多个子网的网络中，提供冗余是一个非常重要的方法。由于 DHCP 中 DHCP 服务器负责分配 IP 地址，一旦 DHCP 服务器出现故障，那么所有的客户端就无法正确获得 IP 地址，从而不能访问网络。

可以同时设置多台 DHCP 服务器来提供冗余，然而 Linux 的 DHCP 服务器本身不提供备份。它们占用的 IP 地址资源也不能重叠，以免发生客户端 IP 地址冲突的现象。提供容错能力即通过分割可用的 IP 地址到不同的 DHCP 服务器上，多台 DHCP 服务器同时为一个网络提供服务，从而使得一台服务器发生故障还能正常执行操作。通常为了进一步增强可靠性，还可以将不同的 DHCP 服务器放置在不同的子网中，互相使用中转提供服务。

例如，在两个子网中各自有一台 DHCP 服务器。标准的做法是可以不使用 DHCP 中转，各子网中的服务器为各个子网服务。然而为了达到容错的目的，可以互相为另一个子网提供服务，通过设置中转或路由器转发广播以达到互为服务的目的。

例如，位于 192.168.3.0 网络上的 srv1 的配置文件片段为：

```
subnet 192.168.3.0 netmask 255.255.255.0 {
range 192.168.3.10 192.168.3.199;
}
subnet 192.168.4.0 netmask 255.255.255.0 {
range 192.168.4.200 192.168.4.220;
```

```
}
而位于192.168.4.0网络上的srv2的配置文件片段可能为：
subnet 192.168.4.0 netmask 255.255.255.0 {
range 192.168.4.10 192.168.4.199;
}subnet 192.168.3.0 netmask 255.255.255.0 {
range 192.168.3.200 192.168.3.220;
}
```

> ⚠️ **注意：**
>
> 上述是设置样例，标准情况下还需分别指定各option，用于设置IP地址及其相关设置。

可以看出两台服务器都能为两个网络上的客户端分配 IP 地址，而各自又有一个主要服务的网络。每个网络上的 IP 地址主要放在本地的服务器上，但也有少部分地址放在另一台子网中的服务器上（地址资源不能冲突），这样提供了一定的容错能力。实际上在多子网网络中，没有必要为每个子网设置一台服务器，并使用另外的服务器备份。一般网络中有 2~3 台 DHCP 服务器即可，其他子网可以通过 DHCP 中转的方式，为该子网提供 DHCP 服务。

## 任务描述

某企业内部网，网络管理员为简化网络管理，拟采用 DHCP 方式为该公司的计算机自动分配 IP 地址及相关网络参数。网络参数要求如下：

① 客户机所在域名为 test；
② DNS 服务器是 192.168.1.2；
③ 默认租期为 40 小时，最长租期为 80 小时；
④ 客户机能分配的 IP 范围为 192.168.1.3~192.168.1.103；
⑤ 为客户机指定了网关为 192.168.1.1；
⑥ 广播地址为 192.168.1.255；
⑦ 为经理的计算机（主机名 boss，其 MAC 地址为 00:0c:29:12:6f:8c）固定分配 IP 地址为 192.168.1.5。

## 任务流程

① 配置 DHCP 服务器。
② 配置 DHCP 客户机。

## 任务实施

① 修改 DHCP 服务器的主配置文件，配置 DHCP 服务器。

```
[root@server ~]# vim /etc/dhcp/dhcpd.conf
```

输入配置如下：

```
option domain-name "test";
option domain-name-servers 192.168.1.2;
default-lease-time 144000;
max-lease-time 288000;
authoritative;
subnet 192.168.1.0 netmask 255.255.255.0
{ range 192.168.1.3  192.168.1.103;
option routers 192.168.1.1;
option broadcast-address 192.168.1.255;
default-lease-time 144000;
max-lease-time 288000;}
host  boss
{hardware ethernet  00:0c:29:12:6f:8c;
fixed-address 192.168.1.5;}
```

重新启动 DHCP 服务器：

```
[root@server ~]# systemctl  restart  dhcpd
```

② 配置 DHCP 客户机。

以 MAC 地址为 00:0c:29:12:6f:8c 的 boss 客户机为例，将客户机的网卡设置为 DHCP 动态配置网卡。

```
[root@boss ~]# vim  /etc/sysconfig/network
    DEVICE=ens33
    BOOTPROTO=dhcp
ONBOOT=yes
```

然后通过 ifconfig 命令查看客户机获得的 IP 信息。

### 思考和练习

一、单项选择题

1. DHCP 是动态主机配置协议的简称，其作用是可以使网络管理员通过一台服务器来管理一个网络系统，自动地为一个网络中的主机分配（    ）地址。

    A. 网络        B. MAC        C. TCP        D. IP

2. 若需要检查当前 Linux 系统是否已安装了 DHCP 服务器，以下命令正确的是（    ）。

    A. rpm -q dhcp        B. rpm -ql dhcp

    C. rpm -q dhcpd        D. rpm -ql

3. DHCP 服务器的主配置文件是（    ）。

    A. /etc/dhcp.conf

    B. /etc/dhcpd.conf

    C. /etc/dhcp/dhcpd.conf

    D. /usr/share/doc/dhcp-3.01/dhcpd.conf.sample

4. 启动 DHCP 服务器的命令有（    ）。

    A. service dhcp start        B. systemctl restart dhcp

    C. service dhcpd start        D. systemctl restart dhcpd

5. 以下对 DHCP 服务器的描述中，错误的是（　　　）。

    A. 启动 DHCP 服务器的命令是 systemctl restart dhcpd

    B. 对 DHCP 服务器的配置，均可通过 /etc/dhcp.conf

    C. 在定义作用域时，一个网段通常定义一个作用域，可通过 range 语句指定可分配的 IP 地址范围，使用 option routers 语句指定默认网关

    D. DHCP 服务器必须指定一个固定的 IP 地址

## 二、问答题

1. 描述 DHCP 服务的工作过程。
2. 如何在 DHCP 服务器中为某一计算机分配固定的 IP 地址？
3. 如何将 Windows 和 Linux 机器配置为 DHCP 客户端？

## 三、实验

【实验目的】

1. 了解 DHCP 服务器的工作原理。
2. 熟悉 DHCP 服务器的安装与配置。

【实验内容】

1. 安装 DHCP 服务器软件。
2. 配置 DHCP 服务器和客户端。

【实验要求】

1. 每位同学在虚拟机中运行三台设备，其中有一台运行 Linux，并配置为 DHCP 服务器，其他的配置网卡为自动获取 IP 地址，操作系统分别为 Linux 和 Windows。

    ① 在 DHCP 服务器上配置网络参数并安装 DHCP 服务器软件。

    ② 打开并编辑 /etc/dhcp/dhcpd.conf 文件。

    ③ 配置 DNS 服务器的 IP 地址为 192.168.x.2（x 为学号后 2 位）。

    ④ 配置默认租约为 21 600s。

    ⑤ 最大租约为 86 400s。

    ⑥ 配置管理 IP 地址的子网为 192.168.x.0/24。

    ⑦ 配置地址范围为 192.168.x.10~192.168.x.20

    ⑧ 配置网关为 192.168.x.1。

2. 为其中一台客户机配置固定 IP 地址：192.168.x.15
3. 启动 DHCP 服务器。

# 任务 5.6 ▌配置 E-mail 服务器

## 任务引言

视频 ●

任务5.6

    电子邮件是因特网上最为流行的应用之一。如同邮递员分发投递传统邮件一样，电子邮件也是异步的，也就是说人们是在方便的时候发送和阅读邮件的，无须预先与别人协同。与传统邮件不同的是，电子邮件既迅速，又易于分发，而且成本低。另外，现代

的电子邮件消息可以包含超链接、HTML 格式文本、图像、声音甚至视频数据。

## 相关知识

### 一、电子邮件系统的结构

因特网的电子邮件系统由三类主要部件构成：用户代理、邮件服务器和简单邮件传送协议（simple mail transfer protocol, SMTP）。例如：发信人 Alice 给收信人 Bob 发送一个电子邮件消息。用户代理允许用户阅读、回复、转寄、保存和编写邮件消息（电子邮件的用户代理有时称为邮件阅读器，不过在本文中避免使用这个说法）。Alice 写完电子邮件消息后，她的用户代理把这个消息发送给邮件服务器，再由该邮件服务器把这个消息排入外出消息队列中。当 Bob 想阅读电子邮件消息时，他的用户代理将从邮件服务器上的邮箱中取得邮件。20 世纪 90 年代后期，图形用户界面（GUI）的电子邮件用户代理变得流行起来，它们允许用户阅读和编写多媒体消息。当前流行的用户代理包括 Outlook、foxmail 等。公共域中还有许多基于文本的电子邮件用户代理，包括 mail、pine 和 elm。

#### 1. 邮件传输原理

邮件服务器构成了电子邮件系统的核心。每个收信人都有一个位于某个邮件服务器上的邮箱（mailbox）。Bob 的邮箱用于管理和维护已经发送给他的邮件消息。一个邮件消息的典型旅程是从发信人的用户代理开始，邮件发信人的邮件服务器，中转到收信人的邮件服务器，然后投递到收信人的邮箱中。当 Bob 想查看自己的邮箱中的邮件消息时，存放该邮箱的邮件服务器将以他提供的用户名和口令认证他。Alice 的邮件服务器还得处理 Bob 的邮件服务器发生故障的情况。如果 Alice 的邮件服务器无法把邮件消息立即递送到 Bob 的邮件服务器，Alice 的服务器就把它们存放在消息队列（message queue）中，以后再尝试递送。这种尝试通常每 30 分钟左右执行一次，如果过了若干天仍未尝试成功，该服务器就把这个消息从消息队列中去除掉，同时以另一个邮件消息通知发信人（即 Alice）。

#### 2. 邮件系统组成

（1）邮件系统的组成部件

① MUA（mail user agent）：即邮件用户代理。主要用于帮助用户发送和收取电子邮件，是应用于客户端的软件。

常用的 MUA 有：Outlook、Foxmail、Evolution、Thunderbird 等。

② MTA（mail transfer agent）：是邮件传输代理，即通常所说的邮件服务器。MTA 的作用就是负责监控和传送邮件。MTA 根据电子邮件的地址找到相应的邮件服务器，将信件在服务器间传递。MTA 是应用在服务端的软件，它接收外部主机寄来的信件并发送给目的 MTA。

目前常见的 MTA 有：Windows 下的 Exchange、Mdaemon、Imail；Linux 下的 Sendmail、Postfix 以及 Qmail 等。

③ MDA（mail delivery agent）：是邮件传递代理。MDA 就是将 MTA 接收的信件依照信件的流向（送到哪里）将该信件放置到本机账户下的邮件文件中（收件箱），或者再经由 MTA 将信件送到下个 MTA。如果信件的流向是到本机，这个邮件代理的功能除了将由 MTA 传来的邮件放置到每个用户的收件箱，它还可以具有邮件过滤（filtering）及其他相关功能。

（2）电子邮件协议

① SMTP：是一种为用户提供高效、可靠的邮件传输的协议，监听端口为 25。SMTP 主要用于传输系统之间的邮件信息并提供与来信有关的通知。其工作分为两种情况：一是电子邮件从客户机传输到服务器；二是从某一个服务器传输到另一个服务器。

② POP3（post office protocol）：是邮局协议，用于电子邮件的接收，监听端口为 110。POP3 采用 C/S 工作模式，它允许用户从服务器上把邮件存储到本地主机（即自己的计算机）上，同时根据客户端的操作删除或保存在邮件服务器上的邮件。

③ IMAP4（internet message access protocol）：是因特网消息访问协议，是一个用于从远程服务器上访问电子邮件的协议。与 POP3 一样，IMAP 也是用来读取服务器上的电子邮件，但 IMAP 要求客户端先登录服务器，然后才能进行邮件的存取。IMAP 允许用户通过浏览信件头来决定是否要下载这些邮件，此外用户也可以在服务器上对邮件进行删除等操作。

（3）常见邮件服务器软件

① Sendmail：是目前使用最广泛、时间最悠久的邮件服务器软件 。Sendmail 在安全性方面存在一些问题，另外 Sendmail 的体系结构不适合较大的负载。对于邮件服务器管理者而言，Sendmail 的配置相当复杂。

② Qmail：具有速度快、体积小巧、模块化设计等优点。最大的问题就是已经很久没有继续开发。

③ Postfix：是一种为了改良 Sendmail 邮件服务器而推出的邮件服务器软件。它具有更快、更健壮、更灵活、安全性更好等优点。这也是本章重点研究的服务器软件。

## 二、E-mail 服务器的安装

### 1. 安装 Postfix 服务器

在进行 E-mail 服务的操作之前，首先可使用下面的命令验证是否已安装了 Postfix 服务器。

```
#rpm   -qa | grep  postfix
postfix-3.3.1-8.el8.x86_64
```

若出现以上命令执行结果，则表明系统已安装了 Postfix 服务器。如果未安装也可以用命令来安装 Postfix 服务器，具体步骤如下：

① 创建挂载目录。

```
#mkdir  /media/cdrom
```

② 把安装光盘挂载到 /media/cdrom 目录下面。

```
#mount  /dev/cdrom   /media/cdrom
```

③ 进入 Postfix 软件包所在的目录。

```
#cd   /media/cdrom/BaseOS/Packages
```

④ 安装 Postfix 服务器。

```
#rpm   -ivh  postfix-3.3.1-8.el8.x86_64.rpm
```

若没有出现出错提示，则安装过程将顺利完成。

### 2. 启动、停止、重启 Postfix 服务器

（1）启动 Postfix 服务器

```
# systemctl  start   postfix
```

（2）停止 Postfix 服务器

```
# systemctl  stop    postfix
```

（3）重新启动 Postfix 服务器

```
# systemctl  restart  postfix
```

## 三、Postfix 的配置文件

/etc/postfix/main.cf 是 Postfix 的主配置文件，几乎所有的 Postfix 参数都可以在这里设置。

### 1. main.cf 配置文件中的常用参数

① myhostname：设置 Postfix 的主机名称。

② mydomain：设置 Postfix 的域名。

③ myorigin：设置发件人所在域的域名。

myorigin 的值默认为 myhostname 的值，但在实际使用中，一般希望邮箱地址中出现的是域名而不是主机名，所以常将其设为 mydomain 的值。

④ mydestination：设置 Postfix 接收邮件时收件人的域名。

⑤ inet_interfaces：设置 Postfix 系统监听的网络接口。Postfix 默认监听所有的网络接口（参数值为 all）。

⑥ mynetworks：设置 Postfix 可转发哪些邮件。

例如：允许 Postfix 转发来自 192.168.1.0/24 及 192.168.0.0/26 网络的邮件。

```
mynetworks = 192.168.1.0/24
mynetworks = 192.168.0.0/26
```

⑦ mynetworks-style：设置用于网络邮件转发的参数，可为三种。

class：任何与服务器处于同一类网络（A 类、B 类、C 类）中的主机都可使用转发服务。

subnet：与服务器位于同一子网中的主机可使用转发服务。

host：只开放本机的转发权限。

⑧ relay_domains：设置可转发哪些网域的邮件。

### 2. 配置虚拟别名域和用户别名

（1）配置虚拟别名域

使用虚拟别名域，可以将发给虚拟域的邮件实际投递到真实域的用户邮箱中；可以实现群组邮递的功能，即指定虚拟邮件地址，任何人发给虚拟邮件地址的邮件都将由邮件服务器自动转发到真实域中的一组用户的邮箱中。虚拟域可以是不存在的域，而真实域既可以是本地域，也可以是远程域或 Internet 中的域。虚拟域是真实域的别名，通过虚拟别名表，实现了虚拟域的邮件地址到真实域的邮件地址的重定向。

① 要配置虚拟别名域，需在 main.cf 文件中定义以下语句。

```
virtual_alias_domains = example.com yzzd.com
virtual_alias_maps = hash:/etc/postfix/virtual
```

其中 virtual_alias_domains 参数设定虚拟别名域的名称，virtual_alias_maps 参数指定含有虚拟别名域定义的文件路径。

② 编辑虚拟别名域定义文件。

```
[root@server ~]# vim  /etc/postfix/virtual
@example.com yzzd.com
wang@example.com zhang zhli@163.com
user@example.com user1 user2 user3
```

第一行表示将投递到 example.com 域的邮件实际投递到 yzzd.com 域。

第二行表示将发送到 wang@example.com 的邮件投递到本地 zhang 用户以及 zhli@163.com 邮箱。

第三行表示将发送到 user@example.com 的邮件发送到本地 user1、user2、user3 用户。

（2）配置用户别名

用户别名是通过别名表实现别名邮件地址到真实用户邮件地址的重定向。利用用户别名可将发送到某别名邮箱的邮件转发到多个真实用户的邮箱中，从而实现群组邮递的功能。

① 用户别名的 main.cf 配置。

编辑 /etc/postfix/main.cf 文件，确认文件中包含如下语句：

```
alias_maps = hash://etc/aliases
alias_database = hash://etc/aliases
```

② 编辑用户别名表 /etc/aliases，定义如下语句：

```
stu: stu1,stu2,sut3
team: /include:/etc/mail/teamuser     // "teamuser" 文件由用户自己新建
user: test@yzzd.com
```

第 1 行表示将发送给 stu 的邮件，转发给 sut1、stu2 和 stu3 用户。

第 2 行表示将发送给 team 的邮件，转发给 /etc/mail/teamuser 文件中指定的用户。

第 3 行表示将发送给 user 用户的邮件转发到 test@yzzd.com。

③ 重新生成用户别名数据库并加载配置。

在 main.cf 文件和 aliases 文件修改后，需要执行以下命令才能使更改生效：

```
[root@server ~]# postalias  /etc/aliases
[root@server ~]# systemctl  reload  postfix
```

## 四、配置 SMTP 认证

根据以上设置，Postfix 已经可以正常收发邮件，但基本的 SMTP 没有验证用户身份的能力，虽然信封上的寄件人地址已经隐含了发信者的身份；然而，由于信封地址实在太容易假造，因此不能当成身份凭据。必须给 Postfix 服务加上用户认证，只允许通过了认证的用户发送邮件。简单认证安全层（cyrus-simple authentication and security layer, Cyrus-SASL）为应用程序提供了认证函数库，利用该函数库可以扩充 Postfix，使其具备 SASL 验证能力。

### 1. 安装 Cyrus-SASL

```
[root@server ~]# rpm  -ivh  cyrus-sasl-2.1.27-0.3rc7.el8.x86_64.rpm
```

### 2. 设置 SASL 密码验证机制

查询当前系统中 SASL 所支持的密码认证机制。

```
[root@server ~]# saslauthd  -v
saslauthd 2.1.27
authentication mechanisms: sasl kerberos5 pam rimap shadow ldap httpfrom
```

### 3. 测试认证功能

使用 testsaslauthd 命令可测试 saslauthd 进程的认证功能。

命令格式：

```
testsaslauthd -u <用户名> -p <密码>
```

例如：测试 saslauthd 的认证功能。

```
[root@server ~]# testsaslauthd  -u  wang  -p  123
0: OK "Success."
```

### 4. 在 postfix 中启用 SMTP 认证

修改 /etc/postfix/main.cf 主配置文件，在其中加入有关 SMTP 认证设置的内容：

```
[root@server ~]# vi /etc/postfix/main.cf
smtpd_sasl_auth_enable = yes
smtpd_sasl_local_domain = ' '
smtpd_recipient_restrictions = permit_mynetworks ,
     permit_sasl_authenticated ,
     reject_unauth_destination
broken_sasl_auth_clients=yes
smtpd_client_restrictions = permit_sasl_authenticated
smtpd_sasl_security_options = noanonymous
```

## 五、用 telnet 命令测试 SMTP 认证

下面使用 telnet 命令连接 SMTP 端口，进行测试。

因为认证时需要提供用户名和密码，而前面配置的身份认证采用的是 Base64 编码方式，所以在手工输入前，首先要计算出用户名和密码的 Base64 编码，这可通过 perl 命令来完成。

```
[root@server ~]# perl  -MMIME::Base64 -e 'print encode_base64("hong");'
aG9uzw=                            //经编码的用户名
[root@server ~]# perl  -MMIME::Base64 -e 'print encode_base64("123");'
MTIz                               //经编码的密码
```

利用 telnet 命令连接到 SMTP 端口（端口号为 25）：

```
[root@server ~]# telnet  mail.yzzd.com  25
Trying 192.168.1.100…
Connected to mail.yzzd.com.
```

```
Escape character is  '^]'
220 mail.yzzd.com ESMTP Postfix
ehlo mail.yzzd.com                    //输入ehlo命令
```

Postfix 会列出以下可用功能：

```
250-mail.yzzd.com
250-PIPELINING
250-SIZE 10240000
250-VRFY
250-ETRN
250-AUTH PLAIN LOGIN
250-AUTH=LOGIN PLAIN
250-ENHANCEDSTATUSCODES
250-8BITMIME
AUTH LOGIN                            //验证用户身份
334 VXNlcm5hbWU6
aG9uzw=                              //输入用户名
334 UGFzc3dvcmQ6
MTIz                                 //输入密码
235 2.7.0 Authentication successful
quit                                 //退出
221 2.0.0 Bye
```

## 六、邮件客户端的配置

在 Linux 命令行下，使用 mail 命令可阅读、发送 / 接收用户的邮件。

### 1. 查看指定用户的邮件

格式：mail -u < 用户名 >

若用户有未读邮件，则会显示邮件编号、邮件发送者地址、时间、主题等信息，用户可以输入邮件编号阅读所选择的邮件。

### 2. 发送邮件

格式：mail -s " 主题 " 用户名 @ 地址 < 文件名 >

例如，将 test.mail 文件的内容发送给 wang@example.com。

```
$ mail  -s  "send a mail"  wang@example.com  <test.mail>
```

### 3. 编辑邮件

例如，编辑一封邮件给 test@example.com 用户，主题是"您好"，邮件内容为"test 用户，您好！"。

```
[wang@debian ~]$ mail test@example.com
Subject:您好                        //输入邮件主题
test用户，您好!                      //编辑邮件内容，按【Ctrl+D】组合键结束编辑
CC:                                 //按【Enter】键直接发送邮件
```

说明：在编辑时，可按【Ctrl+C】组合键中断编辑。

## 任务描述

某公司建立邮件服务器，统一为员工设置企业邮箱。要求如下：

① 邮件服务器的域名为 mail.example.com，IP 地址为 192.168.0.4。

② 设置用户别名，要求将发送给 market 的邮件转发给 zhaoyong、geyu、shenfang 用户；将发送给 finance 的邮件自动转发给 litong 和 wangju。

③ 要求使用 SMTP 认证，认证机制为 shadow。

## 任务流程

① 配置邮件服务器。

② 配置邮件客户端。

## 任务实施

① 配置 /etc/postfix/main.cf 文件。

```
[root@server ~]#vim  /etc/postfix/main.cf
#输入或修改如下内容
myhostname = mail.example.com
mydomain = example.com
myorign = $mydomain
mynetworks = 192.168.0.0/24
inet_interfaces=all
alias_maps = hash://etc/aliases
alias_database = hash://etc/aliases
smtpd_sasl_auth_enable = yes
smtpd_sasl_local_domain = ''
smtpd_recipient_restrictions = permit_mynetworks ,
permit_sasl_authenticated ,
reject_unauth_destination
broken_sasl_auth_clients=yes
smtpd_client_restrictions = permit_sasl_authenticated
smtpd_sasl_security_options = noanonymous
```

② 配置用户别名。

```
[root@server ~]#vim  /etc/aliases
market: zhaoyong,geyu,shenfang
finance: litong,wangju
```

③ 重新生成用户别名数据库并重新加载 Postfix 配置文件。

```
[root@server ~]#postalias  /etc/aliases
[root@server ~]# systemctl  reload  postfix
```

④ 修改身份验证机制。

```
[root@server ~]#vim  /etc/default/saslauthd
MECHANISMS = "shadow"
```

⑤ 重启 Postfix 服务。

```
[root@server ~]#/ systemctl  restart  postfix
```

## 思考和练习

### 一、单项选择题

1. (　　) 是用户代理。

　　A. MTA　　　　　B. MUA　　　　　C. MMA　　　　　D. MBA

2. SMTP 工作在 TCP 协议的默认端口号是 (　　)。

　　A. 21　　　　　　B. 22　　　　　　C. 25　　　　　　D. 53

3. (　　) 的作用是设置仅转发指定网络中客户端的邮件。

　　A. myorigin　　　B. mydomain　　　C. mynetworks　　　D. myhostname

4. 创建用户别名数据库的命令是 (　　)。

　　A. postalias　　　B. postmap　　　　C. postfix　　　　D. reload

### 二、问答题

1. 电子邮件系统包括哪几个部分?

2. 常用的电子邮件协议有哪些?

### 三、实验

【实验目的】

1. 掌握电子邮件的概念。

2. 掌握 Postfix 的安装与配置。

3. 熟悉常用邮件客户端的使用。

【实验内容】

1. 安装 Postfix 和 SASL。

2. 配置邮件服务器。

3. 配置 SMTP 认证。

【实验要求】

1. 设置计算机网络参数,IP 地址为 192.168.x.2 (x 为学号后两位)。

2. 安装 Postfix 和 SASL。

3. 设置 Postfix 的主配置文件,要求如下:

① 设置邮件服务器的主机名为 mail.xxx.com (xxx 为姓名拼音简写),发送邮件域名为
xxx.com,设置仅允许 192.168.x.0/24 网络的用户端可转发邮件。

② 设置启用 SMTP 认证。

4. 设置 DNS 服务器,要求 DNS 和邮件服务器的地址为 192.168.x.2。设置主区域 xxx.
com,并在主区域配置文件中添加相应的 A 记录和 MX 记录。

5. 配置 SMTP 认证，要求验证机制为 shadow。

6. 使用 telnet 命令测试 SMTP。

7. 配置邮件客户端，并添加邮件账户，编辑一封邮件，写给自己并进行发送和接收。

## 项目总结

学习本项目需要完成配置 Samba 服务器、配置 Web 服务器等六个学习任务。通过本项目的学习，应能熟悉 Linux 网络操作系统中一些基本网络服务的配置文件的结构、内容及命令配置的语法，并且能利用所学的这些知识进行一些基本的网络配置。另外，在学习的过程中，应该勤加实践，做到举一反三，为以后深入学习和应用 Linux 的网络服务功能打下坚实的基础。

# 项目 6

# Linux服务器的安全性设置

Linux 操作系统作为一个具有代表性的网络操作系统，它当然能为终端用户提供各种基本的网络服务。而作为初学者，熟练掌握 Linux 操作系统的各种基本网络服务，能为后续深入学习 Linux 的各项高级网络功能打下良好的基础。同时在学习的过程中，与其他网络操作系统相比较，在实现相同功能的不同实现路径上，可以进一步领略 Linux 操作系统在网络配置与管理这一方面的优越性。

## 项目导读

| 项目任务 | 任务 6.1　配置 Linux 防火墙<br>任务 6.2　配置 SELinux |
| --- | --- |
| 知识目标 | ① 理解 iptables 防火墙的框架结构<br>② 理解 SELinux 的作用原理和策略机制 |
| 技能目标 | ① 掌握 iptables 防火墙的基本配置方法<br>② 掌握 SELinux 基本命令和操作<br>③ 能综合运用本项目的知识对 Linux 的系统防护进行基本的安全配置 |

## 任务 6.1　配置 Linux 防火墙

### 任务引言

随着 Internet 规模的迅速扩大，安全问题也越来越重要，而构建防火墙是保护系统免受侵害的最基本的一种手段。虽然它并不能保证系统绝对的安全，但由于它简单易行、工作可靠、适应性强，所以防火墙还是得到了广泛的应用。

### 相关知识

#### 一、iptables 防火墙介绍

netfilter/iptables 是 Linux 系统提供的一个非常优秀的防火墙工具，它完全免费、功能强大、使用灵活、占用系统资源少，可以对经过的数据进行非常细致的控制。本节首先介绍有关 iptables 防火墙的基本知识，包括 netfilter 框架、iptables 防火墙内核模块、iptables 命令格式等内容。

### 1. netfilter 框架

Linux 内核包含了一个强大的网络子系统，名为 netfilter，它可以为 iptables 内核防火墙模块提供有状态或无状态的包过滤服务，如 NAT、IP 伪装等，也可以因高级路由或连接状态管理的需要而修改 IP 头信息。netfilter 位于 Linux 网络层和防火墙内核模块之间，如图 6-1 所示。

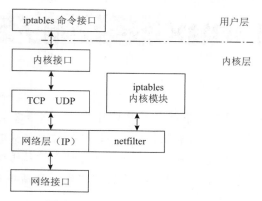

图 6-1　netfilter 在内核中的位置

虽然防火墙模块构建在 Linux 内核，并且要对流经 IP 层的数据包进行处理，但它并没有改变 IP 协议栈的代码，而是通过 netfilter 模块将防火墙的功能引入 IP 层，从而实现防火墙代码和 IP 协议栈代码的完全分离。netfilter 模块的结构框架如图 6-2 所示。

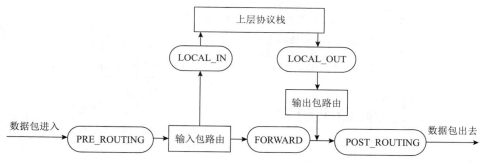

图 6-2　netfilter 模块的结构框架

对 IPv4 协议来说，netfilter 在 IP 数据包处理流程的五个关键位置定义了五个钩子（hook）函数。当数据包流经这些关键位置时，相应的钩子函数就被调用。从图 6-2 中可以看到，数据包从左边进入 IP 协议栈，进行 IP 校验以后，数据包被第一个钩子函数 PRE_ROUTING 处理，然后就进入路由模块，由其决定该数据包是转发出去还是送给本机。

若该数据包是送给本机的，则要经过钩子函数 LOCAL_IN 处理后传递给本机的上层协议；若该数据包应该被转发，则它将被钩子函数 FORWARD 处理，然后还要经钩子函数 POST_ROUTING 处理后才能传输到网络。本机进程产生的数据包要先经过钩子函数 LOCAL_OUT 处理后，再进行路由选择处理，然后经过钩子函数 POST_ROUTING 处理后再发送到网络。

说明：内核模块可以将自己的函数注册到钩子函数中，每当有数据包经过该钩子点时，钩子函数就会按照优先级依次调用这些注册的函数，从而可以使其他内核模块参与对数据包的处理。这些处理可以是包过滤、NAT 以及用户自定义的一些功能。

### 2. iptables 防火墙内核模块

netfilter 框架为内核模块参与 IP 层数据包处理提供了很大的方便，内核的防火墙模块正是通过把自己的函数注册到 netfilter 的钩子函数这种方式介入了对数据包的处理。这些函数的功能非常强大，按照功能主要分为四种，包括连接跟踪、数据包过滤、网络地址转换（NAT）和对数据包进行修改。其中，NAT 还分为 SNAT 和 DNAT，分别表示源网络地址转换和目的网络地址转换，内核防火墙模块函数的具体分布情况如图 6-3 所示。

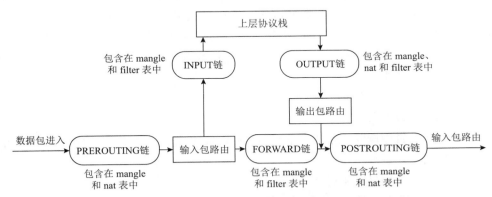

图 6-3  iptables 防火墙内核模块结构框架图

由图 6-3 可以看出，防火墙模块在 netfilter 的 LOCAL_IN、FORWARD 和 LOCAL_OUT 三个位置分别注册了数据包过滤函数，数据包经过这些位置时，防火墙模块要对数据包进行过滤。这三个位置也称为三条链，名称分别为 INPUT、FORWARD 和 OUTPUT，它们共同组成了一张过滤表，每条链可以包含各种规则，每一条规则都包含 0 个或多个匹配以及一个动作。当数据包满足所有的匹配时，则过滤函数将执行设定的动作，以便对数据包进行过滤。

> ⚠ 注意:
> 这些规则的次序是很重要的，过滤函数对数据包执行了某一规则动作后，对数据包的处理即结束，即使这个数据包还满足后面其他规则的所有匹配，也不会执行那些规则所设定的动作。

从图 6-3 中可以看出，除了过滤表以外，在 PRE_ROUTING、LOCAL_OUT 和 POST_ROUTING 三个位置各有一条有关 NAT 的链，名称分别为 PREROUTING、OUTPUT 和 POSTROUTING，它们组成了 NAT 表。NAT 链里面也可以包含各种规则，它指出了如何对数据包的地址进行转换。

此外，五个钩子函数位置的 mangle 链还组成了一张 mangle 表，这个表的主要功能是根据规则修改数据包的一些标志位，例如 TTL、TOS 等，也可以在内核空间为数据包设置一些标志。防火墙内的其他规则或程序（如 tc 等）可以利用这种标志对数据包进行过滤或高级路由。

以上介绍的是 iptables 防火墙内核模块，Linux 系统还提供了 iptables 防火墙的用户接口，它可以在上述各张表所包含的链中添加规则，或者修改、删除规则，从而可以根据需要构建自己的防火墙。具体来说，用户是通过输入 iptables 命令来实现上述功能的。

### 3. iptables 命令格式

在 CentOS 8 中，iptables 命令由 iptables-1.8.2-16.el8.x86_64 软件包提供，默认时，系统已经

安装了该软件包，因此，用户可以直接输入 iptables 命令对防火墙中的规则进行管理。iptables 命令相当复杂，具体格式如下：

```
iptables [-t 表名] <命令> [链名] [规则号] [规则] [-j 目标]
```

-t 选项用于指定所使用的表，iptables 防火墙默认有 filter、nat、mangle 和 raw 四张表，也可以是用户自定义的表。表中包含了分布在各个位置的链，iptables 命令所管理的规则就是存在于各种链中的。该选项不是必需的，如果未指定一个具体的表，则默认使用的是 filter 表。

< 命令 > 选项是必须要有的，它表明 iptables 要做什么事情，是添加规则、修改规则还是删除规则。有些命令选项后面要指定具体的链名称，而有些可以省略，省略时，是对所有的链进行操作。还有一些命令要指定规则号。具体的命令选项名称及其与后续选项的搭配形式如下：

●-A < 链名 > < 规则 >

功能：在指定链的末尾添加一条或多条规则。

●-D < 链名 > < 规则号 >

功能：从指定的链中删除一条或多条规则。可以按照规则的序号进行删除，也可以删除满足匹配条件的规则。

●-R < 链名 > < 规则号 > < 规则 >

功能：在指定的链中用新的规则置换掉某一规则号的旧规则。

●-I < 链名 > [ 规则号 ] < 规则 >

功能：在给出的规则序号前插入一条或多条规则，如果没有指定规则号，则默认是 1。

●-L [ 链名 ]

功能：列出指定链中的所有规则，如果没有指定链，则所有链中的规则都将被列出。

●-F [ 链名 ]

功能：删除指定链中的所有规则，如果没有指定链，则所有链中的规则都将被删除。

●-N < 链名 >

功能：建立一个新的用户自定义链。

●-X [ 链名 ]

功能：删除指定的用户自定义链，这个链必须没有被引用，而且里面也不包含任何规则。如果没有给出链名，这条命令将试着删除每个非内建的链。

●-P < 链名 > < 目标 >

功能：为指定的链设置规则的默认目标，当一个数据包与所有的规则都不匹配时，将采用这个默认的目标动作。

●-E < 旧链名 > < 新链名 >

功能：重新命名链名，对链的功能没有影响。

以上是有关 iptables 命令格式中有关命令选项部分解释。iptables 命令格式中的规则部分由很多选项构成，主要指定一些 IP 数据包的特征。例如，上一层的协议名称、源 IP 地址、目的 IP 地址、进出的网络接口名称等，下面列出构成规则的常见选项。

-p< 协议类型 >：指定上一层协议，可以是 icmp、tcp、udp 和 all。

-s<IP 地址 / 掩码 >：指定源 IP 地址或子网。

-d<IP 地址 / 掩码 >：指定目的 IP 地址或子网。

-i< 网络接口 >：指定数据包进入的网络接口名称。

-o< 网络接口 >：指定数据包出去的网络接口名称。

> ⚠️ 注意：
>
> 　上述选项可以进行组合，每一种选项后面的参数前可以加 "!"，表示取反。

对于 -p 选项来说，确定了协议名称后，还可以有进一步的子选项，以指定更细的数据包特征。常见的子选项如下：

-p tcp --sport <port>：指定 TCP 数据包的源端口。

-p tcp --dport <port>：指定 TCP 数据包的目的端口。

-p tcp --syn：具有 SYN 标志的 TCP 数据包，该数据包要发起一个新的 TCP 连接。

-p udp --sport <port>：指定 UDP 数据包的源端口。

-p udp --dport <port>：指定 UDP 数据包的目的端口。

-p icmp --icmp-type <type>：指定 icmp 数据包的类型，可以是 echo-reply、echo-request 等。

上述选项中，port 可以是单个端口号，也可以是以 port1:port2 表示的端口范围。每一选项后的参数可以加 "!"，表示取反。

上面介绍的这些规则选项都是 iptables 内置的，iptables 软件包还提供了一套扩展的规则选项。使用时需要通过 -m 选项指定模块的名称，再使用该模块提供的选项。下面列出几个模块名称和其中的选项，大部分的选项也可以通过 "!" 取反。

-m multiport --sports <port, port, …>

功能：指定数据包的多个源端口，也可以以 port1:port2 的形式指定一个端口范围。

-m multiport --dports <port, port, …>

功能：指定数据包的多个目的端口，也可以以 port1:port2 的形式指定一个端口范围。

-m multiport --ports <port, port, …>

功能：指定数据包的多个端口，包括源端口和目的端口，也可以以 port1:port2 的形式指定一个端口范围。

-m state --state <state>

功能：指定满足某一种状态的数据包，state 可以是 INVALID、ESTABLISHED、NEW 和 RELATED 等，也可以是它们的组合，用 "," 分隔。

-m connlimit --connlimit-above <n>

功能：用于限制客户端到一台主机的 TCP 并发连接总数，n 是一个数值。

-m mac --mac-source <address>

功能：指定数据包的源 MAC 地址，address 是 xx:xx:xx:xx:xx:xx 形式的 48 位数。

-m 选项可以提供的模块名和子选项内容非常多，为 iptables 提供了非常强大、细致的功能，所有的模块名和子选项可以通过 "man iptables" 命令查看 iptables 命令的手册页获得。

最后，iptables 命令中的 -j 选项可以对满足规则的数据包执行指定的操作，其后的 "目标" 可以是以下内容：

-j ACCEPT：将与规则匹配的数据包放行，并且该数据包将不再与其他规则匹配，而是跳向下一条链继续处理。

-j REJECT：拒绝所匹配的数据包，并向该数据包的发送者回复一个 ICMP 错误通知。该处理动作完成后，数据包将不再与其他规则匹配，而且也不跳向下一条链。

-j DROP：丢弃所匹配的数据包，不回复错误通知。该处理动作完成后，数据包将不再与其他规则匹配，而且也不跳向下一条链。

-j REDIRECT：将匹配的数据包重定向到另一个位置，该动作完成后，会继续与其他规则进行匹配。

-j LOG：将与规则匹配的数据包的相关信息记录在日志（/var/log/message）中，并继续与其他规则匹配。

-j ＜规则链名称＞：数据包将会传递到另一规则链，并与该链中的规则进行匹配。

除了上述目标动作外，还有一些与 NAT 有关的目标，将在 6.1 节中讲述。所有的目标也可以通过查看 iptables 命令的手册页获得。

## 二、iptables 主机防火墙

主机防火墙主要用于保护防火墙所在的主机免受外界的攻击，当一台服务器为外界提供比较重要的服务，或者一台客户机在不安全的网络环境中使用时，都需要在计算机上安装防火墙。本节主要介绍 iptables 主机防火墙规则的配置，包括 iptables 防火墙的运行与管理、RHEL 6 默认防火墙规则的解释、用户根据需要添加自己的防火墙规则等内容。

### 1. 安装 iptables 防火墙

CentOS 8 默认安装时，已经在系统中安装了 iptables 软件包，可以用以下命令查看：

```
[root@localhost ~]# rpm -qa | grep iptables
iptables-1.8.2-16.el8.x86_64
iptables-libs-1.8.2-16.el8.x86_64
iptables-ebtables-1.8.2-16.el8.x86_64
```

需要特别说明的是，CentOS 8 虽然自带 iptables 防火墙，但是它缺少一个 iptables-service 软件包，没有这个包就无法正常启动 iptables 防火墙，所以还需要将它进行安装。具体步骤如下：

① 创建挂载目录。

```
#mkdir  /media/cdrom
```

② 把安装光盘挂载到 /media/cdrom 目录下面。

```
#mount  /dev/cdrom  /media/cdrom
```

③ 进入 iptables-services 软件包所在的目录。

```
#cd  /media/cdrom/BaseOS/Packages
```

④ 安装 iptables-service 软件包。

```
#rpm  -ivh  iptables-services-1.8.2-16.el8.x86_64.rpm
```

若没有出现出错提示，则安装过程将顺利完成。

### 2. iptables 防火墙的运行与管理

在 CentOS 8 中，系统运行的防火墙默认是 firewalld，若要启用 iptables 则需要将 firewalld 关闭。iptables 和 firewalld 不可以同时启用。

```
#systemctl  stop  firewalld              //关闭firewalld防火墙
//永久关闭firewalld防火墙，否则系统重启后firewalld防火墙还将默认开启
#systemctl  disable  firewalld
#systemctl  start  iptables              //启用iptables防火墙
#systemctl  enable  iptables             //永久启用iptables防火墙
```

与其他一些服务不同，iptables 的功能是管理内核中的防火墙规则，不需要常驻内存的进程。如果对防火墙的配置做了修改，并且想保存已经配置的 iptables 规则，可以使用如下命令：

```
# service  iptables  save
```

此时，所有正在使用的防火墙规则将保存到 /etc/sysconfig/iptables 文件中，可以用如下命令查看该文件的内容。

```
# more /etc/sysconfig/iptables
...
*filter
:INPUT ACCEPT [0:0]
:FORWARD ACCEPT [0:0]
:OUTPUT ACCEPT [0:0]
-A INPUT -m state --state RELATED,ESTABLISHED -j ACCEPT
-A INPUT -p icmp -j ACCEPT
-A INPUT -i lo -j ACCEPT
-A INPUT -p tcp -m state --state NEW -m tcp --dport 22 -j ACCEPT
-A INPUT -j REJECT --reject-with icmp-host-prohibited
-A FORWARD -j REJECT --reject-with icmp-host-prohibited
COMMIT
```

可以看到，/etc/sysconfig/iptables 文件中包含了一些 iptables 规则，这些规则的形式与 iptables 命令类似，但也有区别。

> **注意：**
> 　一般不建议用户手工修改这个文件的内容，这个文件只用于保存启动iptables时，需要自动应用的防火墙规则。

以上看到的实际上是默认安装 CentOS 8 时该文件中的内容，其所确定的规则的解释下面会介绍到。还有一种保存 iptables 规则的方法是使用 iptables-save 命令，格式如下：

```
# iptables-save > abc
```

此时，正在使用的防火墙规则将保存到 abc 文件中。如果希望再次运行 iptables，可以使用如下命令：

```
# systemctl  restart  iptables
```

上述命令实际上是清空防火墙所有规则后，再按 /etc/sysconfig/iptables 文件的内容重新设定防火墙规则。还有一种复原防火墙规则的命令如下：

```
# iptables-restore < abc
```

此时，由 iptables-save 命令保存在 abc 文件中的规则将重新载入到防火墙中。如果使用以下命令，将停止 iptables 的运行。

```
# systemctl  stop  iptables
```

上述命令实际上是清空防火墙中的规则，与"iptables -F"命令类似。此外，/etc/sysconfig 目录的 iptables-config 文件是 iptables 防火墙的配置文件，去掉注释后的初始内容和解释如下：

● IPTABLES_MODULES=" "

功能：当 iptables 启动时，载入引号中的一个或多个模块。

● IPTABLES_MODULES_UNLOAD="yes"

功能：当 iptables 重启或停止时，是否卸载所载入的模块，yes 表示是。

● IPTABLES_SAVE_ON_STOP="no"

功能：当停止 iptables 时，是否把规则和链保存到 /etc/sysconfig/iptables 文件，no 表示否。

● IPTABLES_SAVE_ON_RESTART="no"

功能：当重启 iptables 时，是否把规则和链保存到 /etc/sysconfig/iptables 文件，no 表示否。

● IPTABLES_SAVE_COUNTER="no"

功能：当保存规则和链时，是否同时保存计数值，no 表示否。

● IPTABLES_STATUS_NUMERIC="yes"

功能：输出 iptables 状态时，是否以数字形式输出 IP 地址和端口号，yes 表示是。

● IPTABLES_STATUS_VERBOSE="no"

功能：输出 iptables 状态时，是否包含输入输出设备，no 表示否。

● IPTABLES_STATUS_LINENUMBERS="yes"

功能：输出 iptables 状态时，是否同时输出每条规则的匹配数，yes 表示是。

### 3. CentOS 8 开机时默认的防火墙规则

在 Linux 系统中，可以通过使用 iptables 命令构建各种类型的防火墙。RHEL 6 操作系统默认安装时，iptables 防火墙已经安装，并且开机后会自动添加一些规则，这些规则实际上是由 /etc/sysconfig 目录中的 iptables 文件决定的。可以通过"iptables -L"命令查看这些默认添加的规则。

```
# iptables  -L
Chain INPUT (policy ACCEPT)             //INPUT链中的规则
target  prot  opt source  destination
ACCEPT  all  --   anywhere  anywhere
Chain FORWARD (policy ACCEPT)           // FORWARD链中的规则
target  prot  opt  source  destination
ACCEPT  all  --  anywhere  anywhere
Chain OUTPUT (policy ACCEPT)            //OUTPUT链中的规则
Target  prot  opt  source  destination
```

由于上面的 iptables 命令没有用 -t 选项指明哪一张表，也没有指明是哪一条链，因此默认列出的是 filter 表中的规则链。由以上结果可以看出，filter 表中总共有三条链。其中，INPUT、

FORWARD 和 OUTPUT 链是内置的，如果需要用户自己还可以添加链。

（1）规则列

在前面列出的防火墙规则中，每一条规则列出了五项内容。target 列表示规则的动作目标。prot 列表示该规则指定的上层协议名称，all 表示所有的协议。opt 列表示规则的一些选项。source 列表示数据包的源 IP 地址或子网，而 destination 列表示数据包的目的 IP 地址或子网，anywhere 表示所有的地址。除了上述五列以外，如果存在，每一条规则的最后还要列出一些子选项。

如果执行 iptables 命令时加了 -v 选项，则还可以列出每一条规则当前匹配的数据包数、字节数，以及要求数据包进来和出去的网络接口。如果加上 -n 选项，则不对显示结果中的 IP 地址和端口做名称解析，直接以数字的形式显示。还有，如果加上"--line-number"选项，可以在第一列显示每条规则的规则号。

（2）规则解释

INPUT 链的规则 1 中 target 列的内容是 ACCEPT，prot 列是 all，source 和 destination 列均为 anywhere，表示所有的数据包都通过。FORWARD 链的规则 2 与规则 1 完全一样。OUTPUT 链中没有规则。

（3）补充解释

需要再次提醒的是，这些规则是有次序的。当一个数据包进入 INPUT 链后，将依次与规则 1 至规则 3 进行比较。按照这些规则的目标设置，如果数据包能与规则 1 至 2 中的任一条匹配，则该数据包将被接收。如果都不能匹配，则肯定能和规则 3 匹配，于是数据包被拒绝。

### 4. 管理主机防火墙规则

可以有很多功能种类的防火墙，有些是安装在某一台主机上，主要用于保护主机本身的安全；有些是安装在网络中的某一节点，专门用于保护网络中其他计算机的安全；也有一些可以为内网的客户机提供 NAT 服务，使内网的客户机共用一个公网 IP，以便节省 IP 地址资源。下面首先介绍一下主机防火墙的应用示例。

当一台服务器为外界提供比较重要的服务，或者一台客户机在不安全的网络环境中使用时，都需要在计算机上安装防火墙，以最大限度地防止主机受到外界的攻击。6.1.2 小节中介绍的开机时默认的防火墙设置非常典型，用户可以根据自己主机的功能关闭已经开放的端口，或开放更多的端口，以便允许符合更多规则的数据包通过。

例如，为了使主机能为外界提供 telnet 服务，除了配置好 telnet 服务器外，还需要开放 TCP 23 号端口。因为在默认的防火墙配置中，并不允许目的端口为 23 的 TCP 数据包进入主机。为了开放 TCP 23 号端口，有两种办法，一种是在自定义链中加入相应的规则，还有一种是把规则加到 INPUT 链中。但需要注意的是，规则是有次序的，如果使用以下命令，则是没有效果的。

```
# iptables -A RH-Firewall-1-INPUT -p tcp --dport 23 -j ACCEPT
```

上述命令执行后，可以再次查看规则情况。

```
# iptables -L  --line-numbers
Chain  INPUT (policy ACCEPT)                  //INPUT链中的规则
num  target      prot    opt   source       destination
1    ACCEPT      all     --    anywhere     anywhere
```

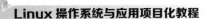

```
2    ACCEPT    icmp    --    anywhere    anywhere
3    ACCEPT    all     --    anywhere    anywhere
4    ACCEPT    tcp     --    anywhere    anywhere
5    REJECT    all     --    anywhere    anywhere reject-with  icmp-host-
prohibited
6    ACCEPT    all     --    anywhere    anywhere    tcp dpt:telnet
Chain FORWARD (policy ACCEPT)                 // FORWARD链中的规则
Target prot  opt  source  destination
REJECT all  --  anywhere  anywhere reject-with icmp-host-prohibited
Chain OUTPUT (policy ACCEPT)                  //OUTPUT链中的规则
target  prot   opt   source    destination
```

可以看到，新添加的规则位于最后的位置。由于所有的数据包都可以与目标动作为 REJECT 的规则号为 5 的规则匹配，而 REJECT 代表的是拒绝，因此数据包到达新添加的规则前肯定已被丢弃，这条规则是不会被使用的。为了解决这个问题，需要把上述规则插入现有的规则中，要位于规则 5 的前面。下面是正确的开放 TCP 23 号端口的命令。

```
#iptables  -I  INPUT  5  -p  tcp  --dport 23  -j  ACCEPT
```

以上命令中，"-I INPUT 5"表示在 INPUT 链原来的规则 5 前面插入一条新规则，规则内容是接受目的端口为 23 的 TCP 数据包。为了删除前面添加的无效规则，可以执行如下命令：

```
# iptables  -D  INPUT 6
```

6 是第一次添加的那条无效规则此时的规则号，也可能是其他的数值，可根据具体显示结果加以改变。如果希望新加的规则与原来的规则 4、5 等类似，可以执行如下命令：

```
# iptables  -I  INPUT 5  -m  state  --state NEW  -p  tcp  --dport  23  -j  ACCEPT
```

以上是在 INPUT 链中添加规则，以开放 TCP 23 号端口。还有一种开放 TCP 23 号端口的方法是在自定义链中添加规则，在此不再赘述。

前面介绍的是在 CentOS 8 默认防火墙规则的基础上添加用户自己的防火墙规则，以开放 TCP 23 号端口。在很多的时候，用户可能希望从最初的状态开始，构建自己的防火墙。为了从零开始设置 iptables 防火墙，可以用如下命令清空防火墙中所有的规则。

```
# iptables  -F
```

再根据要求，添加自己的防火墙规则。一般情况下，保护防火墙所在主机的规则都添加在 INPUT 内置链中，以挡住外界访问本机的部分数据包。本机向外发送的数据包只经过 OUTPUT 链，一般不予限制。如果不希望本机为外界数据包提供路由转发功能，可以在 FORWARD 链中添加一条拒绝一切数据包通过的规则，或者干脆在内核中设置不转发任何数据包。

### 5. 常用的主机防火墙规则

当设置主机防火墙时，一般采取先放行，最后全部禁止的方法。也就是说，根据主机的特点，规划出允许进入主机的外界数据包，然后设计规则放行这些数据包。如果某一数据包与放行数据包的规则都不匹配，则与最后一条禁止访问的规则匹配，被拒绝进入主机。下面列出一些主机防火墙中常用的 iptables 命令及其解释，这些命令添加的规则都放在 filter 表的

INPUT 链中。

● iptables -A INPUT -p tcp --dport 80 -j ACCEPT

功能：允许目的端口为 80 的 TCP 数据包通过 INPUT 链。

说明：这种数据包一般是用来访问主机的 Web 服务，如果主机以默认的端口提供 Web 服务，应该用这条规则开放 TCP 80 端口。

● iptables -A INPUT -s 192.168.1.0/24 -i eth0 -j DROP

功能：从接口 eth0 进来的，源 IP 地址的前三字节为 192.168.1 的数据包予以丢弃。

说明：需要注意这条规则的位置，如果匹配这条规则的数据包同时也匹配前面的规则，而且前面的规则是放行的，则这条规则对匹配的数据包将不起作用。

● iptables -A INPUT -p udp --sport 53 --dport 1024:65535 -j ACCEPT

功能：在 INPUT 链中允许源端口号为 53，目的端口号为 1024 至 65535 的 UDP 数据包通过。

说明：这种特点的数据包是当本机查询 DNS 时，DNS 服务器回复的数据包。

● iptables -A INPUT -p tcp --tcp-flags SYN,RST,ACK SYN -j ACCEPT

功能：SYN、RST、ACK 三个标志位中 SYN 位为 1，其余两个为 0 的 TCP 数据包予以放行。符合这种特征的数据包是发起 TCP 连接的数据包。

说明："--tcp-flags" 子选项用于指定 TCP 数据包的标志位，可以有 SYN、ACK、FIN、RST、URG 和 PSH 共六种。当这些标志位作为 "--tcp-flags" 的参数时，用空格分成两部分。前一部分列出有要求的标志位，用 ","分隔；后一部分列出要求值为 1 的标志位，如果有多个，也用 ","分隔，未在后一部分列出的标志位其值要求为 0。

> **⊙ 注意：**
>
> 这条命令因为经常使用，可以用 "--syn" 代替 "--tcp-flags SYN,RST,ACK SYN"。

● iptables -A INPUT -p tcp -m multiport --dport 20:23,53,80,110 -j ACCEPT

功能：接收目的端口为 20 至 23、53、80 和 110 号的 TCP 数据包。

说明："-m multiport" 用于指定多个端口，最多可以有十五项，用 ","分隔。

● iptables -A INPUT -p icmp -m limit --limit 6/m --limit-burst 8 -j ACCEPT

功能：限制 ICMP 数据包的通过率，当 1min 内通过的数据包达到八个时，触发每分钟通过六个数据包的限制条件。

说明：以上命令中，除了 m 表示 min 以外，还可以用 s（秒）、h（小时）和 d（天）。这个规则主要用于防止 DoS 攻击。

● iptables -A INPUT -p udp -m mac --mac-source ! 00:0C:6E:AB:AB:CC -j DROP

功能：拒绝源 MAC 地址不是 00:0C:6E:AB:AB:CC 的 UDP 数据包。

说明：该规则不应该放在前面，否则，大部分的 UDP 数据包都将被拒绝，随后的规则将不会使用。

### 三、配置 iptables 网络防火墙

与主机防火墙不一样，网络防火墙主要用于保护内部网络的安全，此时，一般由一台专门的主机承担防火墙角色，有时还要承担网络地址转换（NAT）的功能，其配置要比主机防火墙复

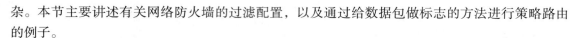

杂。本节主要讲述有关网络防火墙的过滤配置，以及通过给数据包做标志的方法进行策略路由的例子。

### 1. 保护服务器子网的防火墙规则

与主机防火墙不一样，保护网络的防火墙一般有多个网络接口，而且绝大部分的规则应该添加在 filter 表的 FORWARD 链中，其配置要比主机防火墙复杂得多。为了使 iptables 承担网络防火墙的角色，首先要确保 Linux 能够在各个网络接口之间转发数据包，其方法是输入以下命令，使 ip_forward 文件的内容为 1。

```
#echo "1" > /proc/sys/net/ipv4/ip_forward
```

上述命令的结果在系统重启后会失效。为了使系统在每次开机后能自动激活 IP 数据包转发功能，需要编辑配置文件 /etc/sysctl.conf，它是 RHEL 6 的内核参数配置文件，其中包含了 ip_forward 参数的配置。具体方法是确保在 /etc/sysctl.conf 文件中有以下内容：

```
net.ipv4.ip_forward = 1
```

即原来的值如果是 0 的，现把它改为 1。然后执行以下命令使之生效：

```
# sysctl -p
```

上述命令的功能是实时修改内核运行时的参数。IP 数据包转发功能激活后，就可以设置网络防火墙规则了。下面以图 6-4 所示的网络结构为例，介绍 iptables 网络防火墙的配置方法。（特别说明：以下示例包括书后"任务实训"部分为描述方便，网卡命名规则采用 CentOS 7 版本以下的传统命名规则，下同。）

在图 6-4 中，安装了 iptables 的 Linux 主机安装了三块网卡。其中，eth0 的 IP 地址是 192.168.0.1，它通过一台网关设备与 Internet 连接；eth1 的 IP 地址是 10.10.1.1，它与子网 10.10.1.0/24 连接；eth2 的 IP 地址是 10.10.2.1，它连接的子网是 10.10.2.0/24。

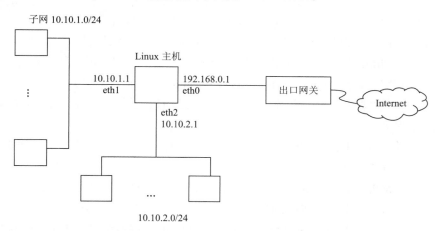

图 6-4　用于网络防火墙配置的案例网络结构

现假设 10.10.1.0/24 子网里运行的是为外界提供网络服务的服务器，而 10.10.2.0/24 子网里的计算机是用户上网用的客户机。对于服务器来说，它向外提供服务的端口号是固定的，为了保证其安全，应该只开放这些端口，即只允许目的端口是这些端口的数据包进入服务器子网，其余的数据包一律禁止。下面是一些在防火墙上执行的保护服务器子网的 iptables 命令。

```
#iptables -A FORWARD -p tcp --dport 22 -i eth0 -o eth1 -j ACCEPT
#iptables -A FORWARD -p tcp --dport 25 -i eth0 -o eth1 -j ACCEPT
#iptables -A FORWARD -p udp --dport 53 -i eth0 -o eth1 -j ACCEPT
#iptables -A FORWARD -p tcp --dport 80 -i eth0 -o eth1 -j ACCEPT
```

假设服务器子网采用默认端口为外界提供了 SSH、SMTP、DNS 和 HTTP 服务，以上四条命令在 filter 表的 FORWARD 链中加入了四条规则，允许从 eth0 网进入到 eth1 网卡，并且协议和目的端口分别是 TCP 22、TCP 25、UDP 53 和 TCP 80 的数据包通过，这些协议和端口对应了该子网提供的网络服务。

以上四条命令确定了从 eth0 到 eth1 转发数据包的规则。这些数据包是进入服务器子网的数据包，而从服务器子网出去的数据包目前还是畅通无阻的，因为 FORWARD 链中还没有规则对 eth1 到 eth0 的数据包做任何限制。

需要注意的是，前面的规则规定了放行哪些数据包后，最后必须要有一条规则拒绝所有的数据包。否则，即使数据包与前面所有的规则都不匹配，最后也照样能被转发。因此，为了达到保护服务器子网的目的，还需要执行以下命令：

```
#iptables -A FORWARD -I eth0 -o eth1 -j DROP
```

以上命令把从网卡 eth0 到 eth1 的数据包全部丢弃，当然，这些数据包是那些与前面的规则都不匹配的数据包。此外，也可以用以下命令指定 FORWARD 链的默认目标动作来代替上述命令。

```
#iptables -P FORWARD DROP
```

上面命令的意思是与所有规则都不匹配的数据包将采用 DROP 目标动作予以丢弃，对于只保护服务器子网的防火墙来说，可以这样做。

注意:

由于图6-4的网络结构中还要为10.10.2.0/24子网的客户机提供上网服务。如果设定默认目标动作为DROP，需要添加明确的规则放行该子网的数据包。

另外，如果发现某些计算机，如 IP 为 11.22.33.44 的计算机对服务器子网有攻击行为，防火墙可以不转发这些数据，把它阻挡在防火墙的外面，命令如下：

```
#iptables -A FORWARD -i eth0 -o eth1 -s 11.22.33.44 -j DROP
```

或者如果发现服务器子网发往某一台主机，如 55.66.77.88 的数据流量特别大，出现了异常情况，可以执行以下命令，限制其流量。此时，数据流向应该是从 eth1 到 eth0。

```
#iptables -A FORWARD -i eth1 -o eth0 -d 55.66.77.88 -m limit --limit 60/m
--limit-burst 80 -j ACCEPT
```

网卡 eth0 收到的是来自 Internet 的数据包，因此，对它们作了严格的限制。但对于来自 10.10.2.0/24 子网的数据包来说，其限制应该相对宽松，因为它是内网。下面是几条有关内网到服务器子网的转发规则的设置命令。

```
#iptables  -A  FORWARD  -i  eth2 -o  eth1 -m multiport --dport 1:1024,2049,
32768 -j ACCEPT
#iptables  -A  FORWARD  -i  eth2  -o eth1 -s 10.10.2.2 -j ACCEPT
#iptables  -A  FORWARD  -i  eth2  -o eth1 -s 10.10.2.3 -j ACCEPT
```

上面的第一条命令允许来自 eth2 网卡的数据包转发到服务器子网 eth1 网卡，前提是数据包的目的端口号是 1 至 1024、2049 或者 32768。1 至 1024 包含了大部分网络服务默认使用的端口，2049 和 32768 是 NFS 服务器工作时需要开放的端口。第二条和第三条命令允许源 IP 地址是 10.10.2.2 或 10.10.2.3 数据包通过，这两台计算机可能是由管理员使用的。

也有一些服务要使用 1024 号以上的端口，可以采用类似的命令加入规则，以开放这些端口。最后，如果不是采用 -P 选项指定默认的 DROP 策略，还需要在 FORWARD 链中加入以下命令，以拒绝所有不匹配的数据包。

```
#iptables  -A  FORWARD  -i  eth2  -o  eth1  -j  DROP
```

上面的这条命令也可以和前面的 "iptables -A FORWARD -i eth0 -o eth1 -j DROP" 命令合并在一起，成为以下命令。

```
#iptables  -A  FORWARD  -o  eth1  -j  DROP
```

显然，上面这条命令指定的规则应该放在最后的位置。另外，每一台主机还可以根据自己的特点设置自己的主机防火墙，以提供更多的保护。

### 2. 保护内部客户机的防火墙规则

前文介绍的是针对服务器子网的防火墙配置，重点是如何对其进行保护。因此，规则排列的特点是先放行指定的数据包，再拒绝所有的数据包。但对于图 6-4 中的子网 10.10.2.0/24 来说，配置的原则应该是不一样的，因为这个子网中的计算机是用户上网的计算机，为了给用户提供尽量多的上网功能，应该放行所有的数据包，但事先要对部分有问题的数据包进行拒绝。

要限制的数据包分为两类，一类是限制用户对 Internet 上某些内容的访问，还有一类是不允许 Internet 上的某些内容进入该子网。前者的数据包是从网卡 eth2 到 eth0，而后者应该是从 eth0 到 eth2。例如，如果不希望内网的计算机使用 QQ，可以使用以下命令进行限制。

```
#iptables  -A  FORWARD  -p  UDP  --dport  8000  -i  eth2  -o  eth0  -j  DROP
```

说明：UDP 协议 8000 号端口是 QQ 客户端登录服务器时使用的目的端口，该命令限制内网的计算机向外发送目的端口是 8000 的数据包。

下面的这条命令与上面命令功能相同，但它限制的是进来的数据包，客户端发起登录请求的数据包还是能通过的，效果不如上面那条命令好。

```
#iptables  -A  FORWARD  -p  UDP  --sport  8000  -i  eth0  -o  eth2  -j  DROP
```

但实际上，目前 QQ 也可以通过 TCP 协议的 80 和 443 端口进行登录，而这两个端口是不能封的，否则，用户的浏览器将不能访问网站。因此，比较可靠的方法是封锁访问 QQ 服务器 IP 地址的数据包，具体命令如下：

```
#iptables  -A  FORWARD  -p  tcp  -d  60.191.124.236  -i  eth2 -o eth0  -j DROP
#iptables  -A  FORWARD  -p  tcp  -d  58.60.15.38  -i  eth2  -o eth0  -j  DROP
```

60.191.124.236 和 58.60.15.38 等 IP 地址是 QQ 服务器的地址,有几十个 IP,而且是动态变化的,需要即时搜集更新。此外,如果有些网站或者其他服务器也不允许内网的用户访问,可以查出其 IP 地址后,使用类似的命令进行限制。有些计算机病毒或木马程序要使用固定的端口进行传播或通信,为了保护内网不受这些程序的影响,需要把这部分端口封掉,命令如下:

```
#iptables -A FORWARD -i eth0 -o eth2 -m multiport --dport 135:139,445,
593,5554 -j DROP
```

135 至 139 是 Windows 网络共享使用的端口号,为了防止内网数据可能会泄露,一般要封掉该端口,使内网和 Internet 之间不能进行 Windows 网络共享。其他几个端口都是病毒或木马程序端口,如果有最新的病毒或木马使用其他端口,应该在上述命令中添加进去。

有些蠕虫病毒发作时会产生大量的 ICMP 数据包,可以设置拒绝 ICMP 数据包的规则。但由于 ping 命令也是使用 ICMP 数据包工作的,如果设置拒绝转发 ICMP 数据包,内网将不能 ping 外网的任何主机,会给网络维护带来不便,因此比较好的办法是限制 ICMP 数据包的流量,命令如下:

```
#iptables -A FORWARD -p icmp -m limit --limit 50/m --limit-burst 60 -j ACCEPT
```

前面的规则限制了 10.10.2.0/24 子网与 Internet 之间的部分数据包,管理员可以根据具体情况随时添加更多的规则或删除、修改部分规则。最后,还应该添加使所有数据包都能通过的规则,命令如下:

```
#iptables -A FORWARD -i eth2 -o eth0 -j ACCEPT
#iptables -A FORWARD -i eth0 -o eth2 -j ACCEPT
```

由于还有一个与服务器相连的 eth1 网卡,它默认时是不允许数据包通过的,因此上述命令要指明是在 eth2 和 eth0 网卡之间可以通过所有的数据包。

### 3. mangle 表应用举例

前面介绍的防火墙规则,其所在的规则链都位于 filter 表,下面再看一个有关 mangle 表的使用例子。mangle 表的主要功能是根据规则修改数据包的一些标志位,以便其他规则或程序可以利用这种标志对数据包进行过滤或策略路由。

图 6-5 所示的是一种典型的网络结构,内网的客户机通过 Linux 主机连入 Internet,而 Linux 主机与 Internet 连接时有两条线路,它们的网关如图 6-5 所示。现要求对内网进行策略路由,所有通过 TCP 协议访问 80 端口的数据包都从 ChinaNet 线路出去,而所有访问 UDP 协议 53 号端口的数据包都从 Cernet 线路出去。

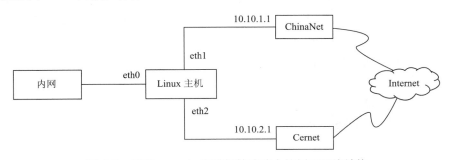

图 6-5  利用 mangle 表进行策略路由的例子网络结构

这是一个策略路由的问题，为了达到目的，在对数据包进行路由前，要先根据数据包的协议和目的端口给数据包做上一种标志，然后再指定相应规则，根据数据包的标志进行策略路由。为了给特定的数据包做上标志，需要使用 mangle 表，mangle 表共有五条链，由于需要在路由选择前做标志，因此应该使用 PREROUTING 链，下面是具体的命令。

```
#iptables -t mangle -A PREROUTING -i eth0 -p tcp --dport 80 -j MARK
--set-    mark 1
#iptables -t mangle -A PREROUTING -i eth0 -p udp --dprot 53 -j MARK
--set-    mark 2
```

以上命令在 mangle 表的 PREROUTING 链中添加规则，为来自 eth0 接口的数据包做标志，其匹配规则分别是 TCP 协议、目的端口号是 80 和 UDP 协议、目的端口号是 53，标志的值分别是 1 和 2。数据包经过 PREROUTING 链后，将要进入路由选择模块，为了对其进行策略路由，执行以下两条命令，添加相应的规则。

```
#ip rule add from all fwmark 1 table 10
#ip rule add from all fwmark 2 table 20
```

以上两条命令表示所有标志是 1 的数据包使用路由表 10 进行路由，而所有标志是 2 的数据包使用路由表 20 进行路由。路由表 10 和 20 分别使用了 ChinaNet 和 Cernet 线路上的网关作为默认网关，命令如下：

```
#ip route add default via 10.10.1.1 dev eth1 table 10
#ip route add default via 10.10.2.1 dev eth2 table 20
```

以上两条命令在路由表 10 和 20 上分别指定了 10.10.1.1 和 10.10.2.1 作为默认网关，它们分别位于 ChinaNet 和 Cernet 线路上。于是，使用路由表 10 的数据包将通过 ChinaNet 线路出去，而使用路由表 20 的数据包将通过 Cernet 线路出去。

### 四、iptables 防火墙的 NAT 配置

NAT（network address translation，网络地址转换）是一项非常重要的 Internet 技术，它可以让内网众多的计算机访问 Internet 时，共用一个公网地址，从而解决了 Internet 地址不足的问题，并对公网隐藏了内网的计算机，提高了安全性能。以下主要介绍利用 iptables 防火墙实现 NAT 的方法。

#### 1. NAT 简介

NAT 并不是一种网络协议，而是一种过程，它将一组 IP 地址映射到另一组 IP 地址，而且对用户来说是透明的。NAT 通常用于将内部私有的 IP 地址翻译成合法的公网 IP 地址，从而可以使内网中的计算机共享公网 IP，节省了 IP 地址资源。可以这样说，正是由于 NAT 技术的出现，才使得 IPv4 的地址至今还足够使用。因此，在 IPv6 广泛使用前，NAT 技术仍然还会广泛地应用。

#### 2. NAT 的工作原理

NAT 的工作原理如图 6-6 所示。

图 6-6  NAT 服务器工作原理

内网中 IP 为 10.10.1.10 的计算机发送的数据包其源 IP 地址是 10.10.1.10，但这个地址是 Internet 的保留地址，不允许在 Internet 上使用，Internet 上的路由器是不会转发这样的数据包的。为了使这个数据包能在 Internet 上传输，需要把源 IP 地址 10.10.1.10 转换成一个能在 Internet 上使用的合法 IP 地址，如 218.75.26.35，才能顺利地到达目的地。

这种 IP 地址转换的任务由 NAT 服务器完成，运行 NAT 服务的主机一般位于内网的出口处，至少需要有两个网络接口，一个设置为内网 IP，一个设置为外网合法 IP。NAT 服务器改变出去的数据包的源 IP 地址后，需要在内部保存的 NAT 地址映射表中登记相应的条目，以便回复的数据包能返回给正确的内网计算机。

当然，从 Internet 回复的数据包也并不是直接发送给内网的，而是发给了 NAT 服务器中具有合法 IP 地址的那个网络接口。NAT 服务器收到回复的数据包后，根据内部保存的 NAT 地址映射表，找到该数据包是属于哪个内网 IP 的，然后再把数据包的目的 IP 转换回来，还原成原来的那个内网地址，最后再通过内网接口路由出去。

以上地址转换过程对用户来说是透明的，计算机 10.10.1.10 并不知道自己发送出去的数据包在传输过程中被修改过，只是认为自己发送出去的数据包能得到正确地响应数据包，与正常情况没有什么区别。

通过 NAT 转换还可以保护内网中的计算机不受到来自 Internet 的攻击。因为外网的计算机不能直接发送数据包给使用保留地址的内网计算机，只能发给 NAT 服务器的外网接口。在内网计算机没有主动与外网计算机联系的情况下，在 NAT 服务器的 NAT 地址映射表中是无法找到相应条目的，因此也就无法把该数据包的目的 IP 转换成内网 IP。

说明：在有些情况下，数据包还可能会经过多次的地址转换。

3. 动态 NAT

以上介绍的 NAT 也称为源 NAT，即改变数据包的源 IP 地址，通常也称为静态 NAT，它用于内网的计算机共用公网 IP 上网。还有一种 NAT 是目的 NAT，改变的是数据包的目的 IP 地址，通常也称为动态 NAT，它用于把某一个公网 IP 映射为某一内网 IP，使两者建立固定的联系。当 Internet 上的计算机访问公网 IP 时，NAT 服务器会把这些数据包的目的地址转换为对应的内网 IP，再路由给内网计算机。

4. 端口 NAT

另外还有一种 NAT 称为端口 NAT，它可以使公网 IP 的某一端口与内网 IP 的某一端口建立映射关系。当来自 Internet 的数据包访问的是这个公网 IP 的指定端口时，NAT 服务器不仅会把数据包的目的公网 IP 地址转换为对应的内网 IP，而且会把数据包的目的端口号也根据映射关系进行转换。

除了存在单独的 NAT 设备外，NAT 功能还通常被集成到路由器、防火墙等设备或软件中。iptables 防火墙也集成了 NAT 功能，可以利用 NAT 表中的规则链对数据包的源或目的 IP 地址进行转换。下面两个小节将分别介绍在 iptables 防火墙中实现源 NAT 和目的 NAT 的方法。

（1）使用 iptables 配置源 NAT

在前面的有关内容中，已经介绍了路由和过滤数据包的方法，它们都不牵涉到对数据包的 IP 地址进行改变。但源 NAT 需要对内网出去的数据包的源 IP 地址进行转换，用公网 IP 代替内网 IP，以便数据包能在 Internet 上传输。iptables 的源 NAT 的配置应该是在路由和网络防火墙配置的基础上进行的。

iptables 防火墙中有四张内置的表，其中的 NAT 表实现了地址转换的功能。NAT 表包含 PREROUTING、OUTPUT 和 POSTROUTING 三条链，里面包含的规则指出了如何对数据包的地址进行转换。其中，源 NAT 的规则在 POSTROUTING 链中定义。这些规则的处理是在路由完成后进行的，可以使用"-j SNAT"目标动作对匹配的数据包进行源地址转换。

在图 6-6 所示的网络结构中，假设让 iptables 防火墙承担 NAT 服务器功能。此时，如果希望内网 10.10.1.0/24 出去的数据包其源 IP 地址都转换外网接口 eth0 的公网 IP 地址 218.75.26.35，则需要执行以下 iptables 命令。

```
# iptables -t nat -A POSTROUTING -s 10.10.1.0/24 -o eth0 -j SNAT --to-source
218.75.26.35
```

以上命令中，"-t nat"指定使用的是 NAT 表，"-A POSTROUTING"表示在 POSTROUTING 链中添加规则，"--to-source 218.75.26.35"表示把数据包的源 IP 地址转换为 218.75.26.35，而根据 -s 选项的内容，匹配的数据包其源 IP 地址应该是属于 10.10.1.0/24 子网的。还有，"-o eth0"指定了只有从 eth0 接口出去的数据包才做源 NAT 转换，因为从其他接口出去的数据包可能不是到 Internet 的，不需要进行地址转换。

以上命令中，转换后的公网地址直接是 eth0 的公网 IP 地址。也可以使用其他地址，例如，218.75.26.34。此时，需要为 eth0 创建一个子接口，并把 IP 地址设置为 218.75.26.34，使用的命令如下：

```
# ifconfig eth0:1 218.75.26.34 netmask 255.255.255.240
```

以上命令使 eth0 接口拥有两个公网 IP。也可以使用某一 IP 地址范围作为转换后的公网地址，此时要创建多个子接口，并对应每一个公网地址。而"--to-source"选项后的参数应该以"a.b.c.x-a.b.c.y"的形式出现。

前面介绍的是数据包转换后的公网 IP 是固定的情况。如果公网 IP 地址是从 ISP 服务商那里通过拨号动态获得的，则每一次拨号所得到的地址是不同的，并且网络接口也是在拨号后才产生的。在这种情况下，前面命令中的"--to-source"选项将无法使用。为了解决这个问题，iptables 提供了另一种称为 IP 伪装的源 NAT，其实现方法是采用"-j MASQUERADE"目标动作，命令如下：

```
# iptables -t nat -A POSTROUTING -s 10.10.1.0/24 -o ppp0 -j MASQUERADE
```

以上命令中，ppp0 是拨号成功后产生的虚拟接口，其 IP 地址是从 ISP 服务商那里获得的公网 IP。"-j MASQUERADE"表示把数据包的源 IP 地址改为 ppp0 接口的 IP 地址。

> ⚠ **注意:**
>
> 　　除了上面的源 NAT 配置外，在实际应用中，还需要配置其他一些有关 iptables 网络防火墙的规则，同时，路由的配置也是必不可少的。

（2）使用 iptables 配置目的 NAT

目的 NAT 改变的是数据包的目的 IP 地址，当来自 Internet 的数据包访问 NAT 服务器网络接口的公网 IP 时，NAT 服务器会把这些数据包的目的地址转换为某一对应的内网 IP，再路由给内网计算机。这样，使用内网 IP 地址的服务器也可以为 Internet 上的计算机提供网络服务了。

如图 6-7 所示，位于子网 10.10.1.0/24 的是普通的客户机，它们使用源 NAT 访问 Internet。而子网 10.10.2.0/24 是服务器网段，里面的计算机运行着各种网络服务，它们不仅要为内网提供服务，而且要为 Internet 上的计算机提供服务。但由于使用的是内网地址，因此需要在 NAT 服务器配置目的 NAT，才能让来自 Internet 的数据包能顺利到达服务器网段。

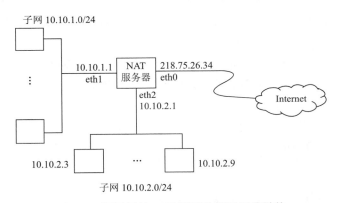

**图 6-7　用于目的 NAT 配置的例子网络结构**

假设 IP 为 10.10.2.3 的计算机需要为 Internet 提供网络服务，此时，可以规定一个公网 IP 地址，使其与 10.10.2.3 建立映射关系。假设使用的公网 IP 是 218.75.26.34，则配置目的 NAT 的命令如下：

```
# iptables -t nat -A PREROUTING -i eth0 -d 218.75.26.34/32 -j DNAT
--to 10.10.2.3
```

以上命令是在 PREROUTING 链中添加规则，这条链位于路由模块的前面，因此是在路由前改变了数据包的目的 IP，这将对路由的结果造成影响。由于网络接口 eth0 与 Internet 连接，因此，"-i eth0"保证了数据包是来自 Internet 的数据包。"-d 218.75.26.34/32"表示数据包的目的地是到 218.75.26.34 主机，而这个 IP 应该是 eth0 某个子接口的地址，这样才能由 NAT 服务器接收数据包，否则，数据包将会因为无人接收而丢弃。

"-j DNAT"指定了目标动作是 DNAT，表示要对数据包的目的 IP 进行修改，它的子选项"--to 10.10.2.3"表示修改后的 IP 地址是 10.10.2.3。于是，目的 IP 修改后，接下来将由路由模块把数据包路由给 10.10.2.3 服务器。

以上是让一个公网 IP 完全映射到内网的某个 IP 上，此时同 10.10.2.3 主机直接位于 Internet，并且使用 218.75.26.34 地址是没有区别的。因此这种方式虽然达到了地址转换的目的，但实际上并没有带来多大好处，因为使用 NAT 的主要目的是为了能够共用公网 IP 地址，以节省日益紧张的 IP 地址资源。为了达到共用 IP 地址的目的，可以使用端口映射。

端口映射是把一个公网 IP 地址的某一端口映射到内网某一 IP 地址的某一端口上去。它使用起来非常灵活，两个映射的端口号可以不一样，而且同一个公网 IP 的不同端口可以映射到不同的内网 IP 地址上去。

例如，假设主机 10.10.2.3 只为外网提供 Web 服务，因此，只需要开放 80 端口，而主机 10.10.2.9 为外网提供了 FTP 服务，因此需要开放 21 号端口。在这种情况下，完全可以把公网 IP 地址 218.75.26.34 的 80 号和 21 号端口分别映射到 10.10.2.3 和 10.10.2.9 的 80 号和 21 号端口，以便两台内网服务器可以共用一个公网 IP。具体命令如下：

```
# iptables -t nat -A PREROUTING -i eth0 -d 218.75.26.34/32 -p tcp
--dport 80 -j DNAT --to 10.10.2.3:80
# iptables -t nat -A PREROUTING -i eth0 -d 218.75.26.34/32 -p tcp
--dport 21 -j DNAT --to 10.10.2.9:21
```

以上命令中，目的地址是 218.75.26.34 的 TCP 数据包。当目的端口是 80 时，将转发给 10.10.2.3 主机的 80 号端口；当目的端口是 21 时，将转发给 10.10.2.9 主机的 21 号端口。当然，两个映射的端口完全可以不一样。例如，如果还有一台主机 10.10.2.8 也通过 80 端口提供 Web 服务，并且映射的 IP 地址也是 218.75.26.34，此时需要把 218.75.26.34 的另一个端口，如 8080，映射到 10.10.2.8 的 80 端口，命令如下：

```
#iptables -t nat -A PREROUTING -i eth0 -d 218.75.26.34/32 -p tcp
--dport 8080 -j DNAT --to 10.10.2.8:80
```

(!)注意：

上面介绍的只是有关iptables中的DNAT配置，在实际应用中，还需要其他一些配置的配合才能真正成功。例如，filter表的三个链应该允许相应的数据包通过，应该为每一个外网IP创建eth0接口的子接口等。

此外，对于 FTP 服务来说，由于 21 号端口只是建立控制连接时用到的端口，真正传输数据时要使用其他端口。而且在被动方式下，客户端向 FTP 服务器发起连接的端口号是随机的，因此，无法通过开放固定的端口来满足要求。为了解决这个问题，可以在 Linux 系统中载入以下两个模块。

```
.lmodprobe ip_conntrack_ftp
.lmodprobe ip_nat_ftp
```

这两个模块可以监控FTP控制流，以便能事先知道将要建立的 FTP 数据连接所使用的端口，从而可以允许相应的数据包通过，即使防火墙没有开放这个端口。

## 任务描述

某企业内网服务器 IP 地址为 192.168.62.1，要求在该服务器上实现如下禁止功能：

① 只允许在 192.168.62.1 上使用 ssh 远程登录，而其他计算机上禁止使用 ssh 服务功能。
② 禁止使用代理端口 3128。
③ 除 192.168.62.1 外，禁止其他人 ping 本地电脑。
④ 禁止内网员工使用 QQ 软件。

## 任务流程

① 启动 iptables 防火墙。
② 配置 iptables 防火墙。

## 任务实施

① 禁止 ssh 端口。

```
#iptables -A INPUT -s 192.168.62.1 -p tcp --dport 22 -j ACCEPT
#iptables -A INPUT -p tcp --dport 22 -j DROP
```

② 禁止代理端口 3128。

```
#iptables -A INPUT -p tcp --dport 3128 -j REJECT
```

③ 禁止 icmp 端口。

```
#iptables -A INPUT -i eth0 -s 192.168.62.1/24 -p icmp -j ACCEPT
#iptables -A INPUT -i eth0 -p icmp -j DROP
```

④ 禁止 QQ 端口。

```
#iptables -D FORWARD -p udp --dport 8000 -j REJECT
```

## 思考和练习

### 一、单项选择题

1. 若要开启 IP 包转发功能，以下命令中，不正确的是（　　）。
   A. 在 /etc/sysconfig/network 配置文件中，设置 FORWARD_Ipv4=true
   B. 执行命令：echo "1" > /proc/sys/net/ipv4/ip_forward
   C. 执行命令：sysctl -w net.ipv4.ip_forward="1"
   D. 修改 /etc/sysctl.conf 配置文件，设置 ip_forward=1

2. 若要清除 filter 表中所有自定义的链，以下命令中正确的是（　　）。
   A. iptables_F_t filter　　　　　　B. iptables_Z
   C. iptables _X　　　　　　　　　D. iptables_Z_t filter

3. 以下可启动 iptables 防火墙的命令有（　　）。
   A. service iptables save　　　　B. /etc/rc.d/init.d/iptables start
   C. systemctl start iptables　　　D. systemctl iptables start

4. 在 filter 表中不包括（　　）链。
   A. INPUT　　　　　　　　　　B. OUTPUT
   C. FORWARD　　　　　　　　D. PREROUTING

5. NAT 的类型不包括（　　　）。

    A. 静态 NAT

    B. 网络地址端口转换 DNAT

    C. 动态地址 NAT

    D. 代理服务器 NAT

## 二、问答题

1. 什么是防火墙？防火墙主要有哪些类型？

2. 如何开启 IP 的包转发功能？

## 三、实验

【实验目的】

1. 掌握 iptables 防火墙的配置。

2. 掌握 NAT 的实现方法。

【实验内容】

网络中包括两个子网 A 和 B。子网 A 的网络地址为 192.168.1.0/24，网关为 hostA。hostA 有两个接口，eth0 和 eth1。eth0 连接子网 A，IP 地址为 192.168.1.1。eth1 连接外部网络，IP 地址为 10.0.0.11。子网 B 的网络地址为 192.168.10.0/24，网关为 hostB。hostB 有两个网络接口，eth0 和 eth1。eth0 连接子网 B，IP 地址为 192.168.10.1。eth1 连接外部网络，IP 地址为 10.0.0.101。hostA 和 hostB 构成子网 C，网络地址是 10.0.0.0/24，通过集线器连接到 hostC，然后通过 hostC 连接 Internet。hostC 的内部网络接口为 eth0，IP 地址为 10.0.0.1。

【实验要求】

1. 配置路由器。在 hostA、hostB 和 hostC 上配置路由器，使子网 A 和 B 之间能够互相通信，同时子网 A 和 B 的主机也能够和 hostC 相互通信。

2. 配置防火墙。在 hostA 上用 iptables 配置防火墙，实现如下规则：

① 允许转发数据包，保证 hostA 的路由功能。

② 允许所有来自子网 A 内的数据包通过。

③ 允许子网 A 内的主机对外发出请求后返回的 TCP 数据包进入子网 A。

3. 配置 NAT。重新配置 hostA 和 hostB 上的路由规则和防火墙规则，启用 IP 伪装功能。在 hostA 上对子网 A 内的 IP 地址进行伪装，实现 NAT，使子网 A 内的主机能够访问外部的网络。

# 任务 6.2　配置 SELinux

## 任务引言

SELinux 全称是 security enhanced Linux，它拥有一个灵活而强制性的访问控制结构，旨在提高 Linux 系统的安全性，提供强健的安全保证，可防御未知攻击，具有相当高的安全性能。

## 相关知识

### 一、SELinux 简介

SELinux 起源于自 1980 开始的微内核和操作系统安全的研究，这两条研究线路最后形成了一个称为分布式信任计算机（distribute trusted mach, DTMach）的项目，它融合了早期研究项目的成果。通过研究产生了一个新的项目，那就是 Flask，它支持更丰富的动态类型的强制机制。

由于不同平台对这项技术没有广泛使用，NAS 认为需要在大量的社团中展示这个技术，以说明它的持久生命力，并收集广泛的使用支持意见。在 1999 年夏天，NSA 开始在 Linux 内核中实现 Flask 安全架构，在 2000 年十二月，NSA 发布了这项研究的第一个公共版本，称为安全增强的 Linux。因为是在主流的操作系统中实现的，所以 SELinux 开始受到 Linux 社区的注意，SELinux 最迟是在 2.2.x 内核中以一套内核补丁的形式发布的。

随着 2001 年 Linux 内核高级会议在加拿大渥太华顺利召开，Linux 安全模型（LSM[7]）项目开始为 Linux 内核创建灵活的框架，允许不同的安全扩展添加到 Linux 中。直到 2003 年八月，NSA 在开源社区的帮助下，完成了 SELinux 到 LSM 框架的迁移，至此，SELinux 进入 Linux 2.6 内核主线，SELinux 已经成为一种全功能的 LSM 模块，包括在核心 Linux 代码集中。

数个 Linux 发行版开始在 2.6 内核中不同程度使用 SELinux 特性，但最主要是靠 Red Hat 发起的 Fedora Core 项目才使 SELinux 具备企业级应用能力，NSA 和 Red Hat 开始联合集成 SELinux，将其作为 Fedora Core Linux 发行版的一部分。在 Red Hat 参与之前，SELinux 总是作为一个附加的软件包，需要专家级任务才能进行集成。Red Hat 开始采取行动让 SELinux 成为主流发行版的一部分，完成了用户空间工具和服务的修改，默认开启增强的安全保护。从 Fedora Core 2 开始，SELinux 和它的支持基础架构以及工具得到改进。在 2005 年早些时候，Red Hat 发布了它的 Enterprise Linux 4（简称 REL 4），在这个版本中，SELinux 默认就是完全开启的，SELinux 和强制访问控制已经进入了主流操作系统和市场。

SELinux 仍然是一个相对较新和复杂的技术，重要的研究和开发在继续不断地改进它的功能。

应用 SELinux 后，可以减轻恶意攻击或恶意软件带来的灾难，并提供对机密性和完整性有很高要求的信息的很高的安全保障。普通 Linux 安全和传统 UNIX 系统一样，基于自主存取控制方法，即 DAC（discretionary auess control），只要符合规定的权限，如规定的所有者和文件属性等，就可存取资源。在传统的安全机制下，一些通过 setuid/setgid 的程序就产生了严重安全隐患，甚至一些错误的配置就可引发巨大的漏洞，被轻易攻击。

而 SELinux 则基于强制存取控制方法，即 MAC（mandatory access control），透过强制性的安全策略，应用程序或用户必须同时符合 DAC 及对应 SELinux 的 MAC 才能进行正常操作，否则都将遭到拒绝或失败，而这些问题将不会影响其他正常运作的程序和应用，并保持它们的安全系统结构。

## 二、SELinux 相关概念

### 1. DAC（自主存取控制）

依据程序运行时的身份决定权限，是大部分操作系统的权限存取控制方式。也就是依据文件的 own、group、other/r、w、x 权限进行限制。Root 有最高权限无法限制。r、w、x 权限划分太粗糙。无法针对不同的进程实现限制。

### 2. MAC（强制存取控制）

依据条件决定是否有存取权限。可以规范个别细致的项目进行存取控制，提供完整的彻底化规范限制。可以对文件、目录、网络、套接字等进行规范，所有动作必须先得到 DAC 授权，然后得到 MAC 授权才可以存取。

3．TE（类型强制）

所有操作系统访问控制都是以关联的客体和主体的某种类型的访问控制属性为基础的。在
SELinux 中，访问控制属性称为安全上下文。所有客体（文件、进程间通信通道、套接字、网络
主机等）和主体（进程）都有与其关联的安全上下文，一个安全上下文由三部分组成：用户、
角色和类型标识符。

示例如下：

```
[root@localhost ~]# id -Z
root:system_r:unconfined_t:SystemLow-SystemHigh
```

注意：

这里的第四部分SystemLow-SystemHigh为安全上下文的扩展属性在后面会有介绍。

在 SELinux 中，访问控制属性总是安全上下文三人组形式，所有客体和主体都有一个关联
的安全上下文，因为 SELinux 的主要访问控制特性是类型强制，安全上下文中的类型标识符决
定了访问权。如上例中 unconfined_t 决定访问权限。

4．安全上下文

安全上下文是一个简单的、一致的访问控制属性，在 SELinux 中，类型标识符是安全上下
文的主要组成部分，由于历史原因，一个进程的类型通常被称为一个域（domain）。

5．类型（TYPE）

安全上下文中的用户和角色标识符除了对强制有一点约束之外对类型强制访问控制策略没
什么影响。对于进程、用户和角色标识符有意义，因为它们用于控制类型和用户标识符的联合体，
这样就会与 Linux 用户账号关联起来；然而，对于客体，用户和角色标识符几乎很少使用，为了
规范管理，客体的角色常常是 object_r，客体的用户常常是创建客体的进程的用户标识符，它们
在访问控制上没什么作用。用一些例子来解释以上概念，如：

① httpd 这个进程使用 httpd_t 这个域类型运行。

② 将 httpd 进程使用的端口标记为 httpd_port_t 类型。

③ 将网页目录标记为 httpd_sys_content_t 类型。

④ 限制以 httpd_t 域运行的 httpd 程序只能监听 httpd_port_t 类型的端口，并限制此域的进程
只能存取标记为 httpd_sys_content_t 的网页文件。

6．RBAC（基于角色的访问控制）

SELinux 提供了一种依赖于类型强制（TE）的基于角色的访问控制（role based access control,
RBAC），角色用于组域类型和限制域类型与用户之间的关系，SELinux 中的用户关联一个或多
个角色，使用角色和用户，RBAC 特性允许有效地定义和管理最终授予 Linux 用户的特权。

注意：

组域类型指的是将多个域类型关联到一个角色。

SELinux 中的角色和用户构成了它的 RBAC 特性的基础，SELinux 中的访问权不是直接授予

用户或角色的，角色扮演的是类型强制的一个支持特性，它和用户一起为 Linux 用户及其允许的程序提供了一种基于类型的访问控制，SELinux 中的 RBAC 通过定义域类型和用户之间的关系对类型强制做了更多限制，以控制 Linux 用户的特权和访问许可，RBAC 没有允许访问权，在 SELinux 中，所有的允许访问权都是由类型强制提供的。

## 三、SELinux 的配置文档

### 1. SELinux 配置文件（/etc/selinux/config）

SELinux 配置文件 /etc/selinux/config 控制系统下一次启动过程中载入哪个策略，以及系统运行在哪个模式下，以下清单显示了一个 config 文件的例子：

```
# This file controls the state of SELinux on the system.
# SELINUX= can take one of these three values:
# enforcing - SELinux security policy is enforced.
# permissive - SELinux prints warnings instead of enforcing.
# disabled - No SELinux policy is loaded.
SELINUX=enforcing
# SELINUXTYPE= can take one of these two values:
# targeted - Targeted processes are protected,
# mls - Multi Level Security protection.
SELINUXTYPE=targeted
```

这个文件控制两个配置设置：SELinux 模式和活动策略。SELinux 模式（由第 6 行的 SELINUX 选项确定）可以被设置为 enforcing、permissive 或 disabled。在 enforcing 模式下，策略被完整执行，这是 SELinux 的主要模式，应该在所有要求增强 Linux 安全性的操作系统上使用。在 permissive 模式下，策略规则不被强制执行，相反，只是审核遭受拒绝的消息，除此之外，SELinux 不会影响系统的安全性，这个模式在调试和测试一个策略时非常有用。在 disabled 模式下，SELinux 内核机制完全关闭，只有系统启动时策略载入前系统才会处于 disabled 模式，这个模式和 permissive 模式有所不同，permissive 模式有 SELinux 内核特征操作，但不会拒绝任何访问，只是进行审核，在 disabled 模式下，SELinux 将不会有任何动作，只有在极端环境下才使用这个模式，例如，当策略错误阻止你登录系统时，即使在 permissive 模式下也有可能发生这种事情，或不想使用 SELinux 时。

**警告**：在 enforcing 模式和 permissive 模式或 disabled 模式之间切换时要小心，当返回 enforcing 模式时，通常会导致文件标记不一致。

SELinux 配置文件中的模式设置由 init 使用，在它载入初始策略前配置 SELinux 使用。

SELinux 配置文件中的 SELINUXTYPE 选项告诉 init 在系统启动过程中载入哪个策略，这里设置的字符串必须匹配用来存储二进制策略版本的目录名，例如，使用 targeted 策略作为例子，因此设置 SELINUXTYPE= targeted，确保想要内核使用的策略位于 /etc/selinux/targeted/policy/，如果已经创建了自定义策略，如 custom_policy，应该将这个选项设置为 SELINUXTYPE=custom_policy，确保编译的策略位于 /etc/selinux/custom_policy/policy/。

### 2. 策略目录

SELinux 系统上安装的每个策略在 /etc/selinux/ 目录下都有它们自己的目录，子目录的名

字对应于策略的名字（如 targeted 等），在 SELinux 配置文件中就要使用这些子目录名字，告诉内核在启动时载入哪个策略，在本章中提到的所有路径都是相对域策略目录路径 /etc/selinux/[policy]/ 的，下面是 CentOS 8 系统上 /etc/selinux/ 目录的简单列表输出：

```
#ls -lZ /etc/selinux
-rw-r--r--. root root system_u:object_r:selinux_config_t:s0 config
-rw-r--r--. root root system_u:object_r:selinux_config_t:s0 semanage.conf
drwxr-xr-x. root root system_u:object_r:selinux_config_t:s0 targeted
```

正如所看到的，在系统上安装了 targeted 策略目录。注意目录和策略子目录都用 selinux_config_t 类型进行标记。semodule 和 semanage 命令管理策略的许多方面，semodule 命令管理可载入策略模块的安装、更新和移除，它对可载入策略包起作用，它包括一个可载入策略模块和文件上下文消息，semanage 工具管理添加、修改和移除用户、角色、文件上下文、多层安全（MLS）/ 多范畴安全（MCS）转换、端口标记和接口标记，关于这些工具的更多信息在它们的帮助手册中。

每个策略子目录包括的文件和文件如何标记必须遵守一个规范，这个规范被许多系统实用程序使用，帮助管理策略。通常，任何设计优良的策略树都将正确安装策略文件，下面是 targeted 策略目录的列表输出，它就是一个典型：

```
# ls -lZ /etc/selinux/targeted
rw-r--r--. 1 root root system_u:object_r:selinux_config_t:s0    booleans.subs_dist
drwxr-xr-x. 4 root root system_u:object_r:default_context_t:s0        contexts
drwxr-xr-x. 2 root root system_u:object_r:selinux_login_config_t:s0   logins
drwxr-xr-x. 2 root root system_u:object_r:semanage_store_t:s0         policy
-rw-r--r--. 1 root root system_u:object_r:selinux_config_t:s0     setrans.conf
-rw-r--r--. 1 root root system_u:object_r:selinux_config_t:s0     seusers
```

实际上单片二进制策略文件存储在 .policy/ 目录中的 policy.[ver] 文件中，这里的 [ver] 就是策略二进制文件的版本号，如 policy.31，这就是系统启动时载入内核的文件。

3. SELinux 的基本命令和操作

（1）sestatus 命令

功能：查询系统的 SELinux 目前的状态。

例如：

```
#sestatus
SELinux status: enabled
SELinuxfs mount: /selinux
Current mode: permissive
Mode from config file: permissive
Policy version: 24
Policy from config file: targeted
```

（2）setenforce 命令

功能：设定切换 SELinux 的运行状态（0 或者 1），前提是开启了 SELinux，同时这种切换只对当前有效，如果重新启动的话，就没有效了。

> ⚠️ **注意**:
>
> 如果关闭了SELinux，那么就必须配置/etc/selinux/config文件。

格式：setenforce [ enforcing | permissive | 1 | 0 ]

说明：

enforcing 或者 1，表示开启强制模式。

permissive 或者 0，表示开启警告但是无限制模式。

（3）getsebool 与 setsebool 命令

说明：SELinux 规范了许多 boolean 数值清单档案，提供开启或关闭功能存取项目。

① getsebool。

说明：列出所有 SELinux bool 数值清单、表与内容。

格式：getsebool [-a]

例如：

```
#getsebool -a
allow_cvs_read_shadow -> off
allow_daemons_dump_core -> on
allow_daemons_use_tty -> off
allow_execheap -> off
allow_execmem -> on
allow_execmod -> off
…
```

② setsebool。

说明：设定 selinux bool 数值清单、表与内容。

格式：setsebool [ -P ] boolean value | bool1=val1 bool2=val2 bool3=val3……

参数配置：-P 表示设定该项目永久套用。

例如：

```
#setsebool ftpd_disable_trans=on（on 或者 1）
#setsebool -P ftpd_disable_trans=off（off 或者 0）
```

（4）chcon 命令

说明：改变档案目录的安全上下文。

格式：

```
chcon [OPTION]… CONTEXT FILE…
chcon [OPTION]… -reference=RFILE FILE…
```

参数如下：

-R, --recursive 　　　# 递归处理所有的文件及子目录

-v, --verbose 　　　# 为处理的所有文件显示诊断信息

-u, --user= 用户 　　　# 设置指定用户的目标安全环境

-r, --role= 角色 　　　# 设置指定角色的目标安全环境

-t, --type= 类型　　　# 设置指定类型的目标安全环境

-l, --range= 范围　　　# 设置指定范围的目标安全环境

例如：

```
#chcon -t var_t /etc/vsftpd/vsftpd.conf
```

> ⓘ 注意：
>
> 改变目录类型后，后续于该目录内建立的档案目录会套用目录本身的type设定。

（5）restorecon 命令

说明：恢复档案目录预设的安全上下文。

恢复来源：/etc/selinux/targeted/contexts/files/ 目录内的 file_contexts 文件。

常用参数如下：

-r | -R：包含子目录与其下档案目录。

-F：恢复使用预设的项目（就算是档案符合存取规范）。

-v：显示执行过程。

格式：restorecon [FRrv] [-e excludedir ] [pathname… ]

例如：

```
#restorecon -v /etc/ntp.conf
#restorecon -v  -F /etc/ntp.conf
```

（6）fixfiles 命令

说明：修正档案目录的预设的安全上下文，依据 /etc/selinux/targeted/contexts/files/ 内相关档案修正。

格式：

```
fixfiles { check | restore|[-F] relabel } [[dir] … ]
fixfiles -R rpmpackage[,rpmpackage...] { check | restore }
```

参数如下：

-R：使用指定的 rpm 套件所提供的档案清单。

例如：

```
#fixfiles check /etc
#fixfiles restore /etc
#fixfiles -F relabel /
#fixfiles -R setup check
```

（7）semanage 命令

说明：SELinux 策略维护工具。

格式：semanage { login | user | port | interface | fcontext | translation} -l [-n]

例如：

```
#semanage user -l
#semanage port -l
```

```
#semanage port -a -t http_port_t -P tcp 81
#semanage fcontext -a -t httpd_sys_Context_t"/home/users/(.+)/public_html(/.*)?"
```

（8）secon 命令

说明：查看程式、档案与使用者等相关的 SELinux 语境。

格式：

```
secon [-hVurtscmPRfLp] [CONTEXT]
secon [--file] FILE | [--link] FILE | [--pid] PID
```

参数如下：

-u, --user：显示特定用户的安全上下文。

-r, --role：显示特定角色的安全上下文。

-t, --type：显示特定文件类型的安全上下文。

-f, --file FILE：根据文件名获取特定文件的上下文。

-p, --pid PID：根据进程号获取特定进程的上下文。

例如：

```
#secon -u
#secon -r
#secon -t
#secon --file /etc/passwd
```

（9）checkmodule 命令

它是 SELinux 策略模块的编译器，最常用的用法是：

```
#checkmodule  -M  -m  local.te -o local.mod
```

其中，-M 是激活对 MLS/MCS 范围的支持并且将 locate.te 定义的策略编译成策略模块；-m 编译成非基本模块；-o 编译输出文件，即中间策略模块。

（10）semodule_package 命令

它根据 checkmodule 命令编译生成二进制策略模块，进一步可以生成 SELinux 可以使用的二进制策略模块。

常见的用法是：

```
#semodule_package  -o  local.pp  -m  local.mod
```

其中，-m 是用来指定策略模块；-o 是用来指定目标策略模块。

semodule_package 还有常用的选项是 -s、 -u 和 -f，分别用于指定 seuser 文件、user_extra 文件和将文件上下文添加到目标策略模块中。

（11）semodule 命令

用来管理 SELinux 的策略模块。包括重编、重载、列举、删除、激活、禁用策略模块。常见的用法是：

安装或者替换策略模块：#semodule -i policy_module_name

删除策略模块：#semodule -r policy_module_name

激活策略模块：#semodule -e policy_module_name

禁用策略模块：#semodule -d policy_module_name

（12）检查安全上下文

① 检查账号的安全上下文。

```
[root@localhost ~]# id  -Z
root:system_r:unconfined_t:SystemLow-SystemHigh
```

② 检查进程的安全上下文。

```
[root@localhost ~]# ps  -Z
LABEL                    PID          TTY          TIME  CMD
root:system_r:unconfined_t:SystemLow-SystemHigh 2383 pts/0 00:00:00 bash
root:system_r:unconfined_t:SystemLow-SystemHigh 2536 pts/0 00:00:00 ps
```

③ 检查文件的安全上下文。

```
[root@localhost ~]# ls  -Z
-rw--. root root system_u:object_r:admin_home_t:s0 anaconda-ks.cfg
```

## 四、应用 SELinux

SELinux 的设置分为两个部分，修改安全上下文以及策略。下面收集了一些应用的安全上下文，供配置时使用，对于策略的设置，应根据服务应用的特点来修改相应的策略值。

### 1. SELinux 与 Samba

① Samba 共享的文件必须用正确的 SELinux 安全上下文标记。

```
#chcon -R -t samba_share_t /tmp/abc
```

如果共享 /home/abc，需要设置整个主目录的安全上下文。

```
#chcon -R -r samba_share_t /home
```

② 修改策略（只对主目录的策略的修改）。

```
#setsebool -P samba_enable_home_dirs=1
#setsebool -P allow_smbd_anon_write=1
#getsebool                            //查看SELinux布尔值
samba_enable_home_dirs ->on           //允许匿名访问并且可写
allow_smbd_anon_write -> on
```

### 2. SELinux 与 NFS

SELinux 对 NFS 的限制好像不是很严格，默认状态下，不对 NFS 的安全上下文进行标记，而且在默认状态的策略下，NFS 的目标策略允许对 NFS 共享部分进行访问。

```
nfs_export_all_ro 0
nfs_export_all_rw 0
```

但是如果共享的是 /home/abc 的话，需要打开相关策略对 home 的访问。

```
#setsebool -P use_nfs_home_dirs boolean 1
#getsebool use_nfs_home_dirs
```

### 3. SELinux 与 FTP

① 如果 FTP 为匿名用户共享目录的话，应修改安全上下文。

```
#chcon -R -t public_content_t  /var/ftp
#chcon -R -t public_content_rw_t  /var/ftp/incoming
```

② 策略的设置。

```
#setsebool -P allow_ftpd_anon_write =1
#getsebool allow_ftpd_anon_write
#allow_ftpd_anon_write-> on
```

### 4. SELinux 与 HTTP

apache 的主目录如果修改为其他位置，SELinux 就会限制客户的访问。

① 修改安全上下文。

```
#chcon -R -t httpd_sys_content_t /home/html
```

由于网页都需要进行匿名访问，所以要允许匿名访问。

② 修改策略。

```
#setsebool -P allow_ftpd_anon_write = 1
#setsebool -P allow_httpd_anon_write = 1
#setsebool -P allow_<协议名>_anon_write = 1
```

关闭 SELinux 对 httpd 的保护。

```
httpd_disable_trans=0
```

### 5. SELinux 与公共目录共享

如果 FTP、Samba、WEB 都访问共享目录的话，该文件的安全上下文应为：

```
public_content_t=1
public_content_rw_t=1
```

其他各服务的策略的布尔值，应根据具体情况做相应的修改。

## 任务描述

现有一台安装了 squid 代理服务器的 PC，每天下午 4:00 某台服务器通过 FTP（IP 地址为 192.168.1.123）上传主机数据库巡检报告到这台代理 PC 的一个用户家目录的 ./xunjian 目录下，这台 PC 再通过发送邮件的方式将巡检报告发给组内成员，进行巡检。

不料因为某次意外，这台代理 PC 重启了，重启后，连续几天的巡检报告都没有通过邮件收到，现要求解决此问题。

## 任务流程

① 寻找错误原因。

② 分析可能的错误原因。

③ 解决问题。

## 任务实施

① 手动执行 ftp 上传动作，如下所示：

```
sshuser@station90.example.com:~/xunjian/0108> ftp 192.168.1.123
Connected to 192.168.1.123.
220 (vsFTPd 2.0.5)
Name (192.168.1.123:oracle): oracle
331 Please specify the password.
Password:
230 Login successful.
Remote system type is UNIX.
Using binary mode to transfer files.
ftp>binary
200 Switching to Binary mode.
ftp> put xunjian_0108.zip
local: xunjian_0108.zip remote: xunjian_0108.zip
229 Entering Extended Passive Mode (||||10717|)
553 Could not create file.          //发现错误
```

② 因为代理 PC 的数据库家目录，肯定是有读写权限的，因此分析 FTP 的 SELinux 值的设置是否出现问题，如下所示：

```
#getenforce
Enforcing
#getsebool -a | grep ftp_home_dir
ftp_home_dir --> off              //发现错误
```

③ 将 ftp_home_dir 的 sebool 值打开，如下所示：

```
#setsebool ftp_home_dir on
```

④ 这时候即可重新上传，如下所示：

```
sshuser@station90.example.com:~/xunjian/0108> ftp 192.168.1.123
Connected to 192.168.1.123.
220 (vsFTPd 2.0.5)
Name (192.168.1.123:oracle): oracle
331 Please specify the password.
Password:
230 Login successful.
Remote system type is UNIX.
Using binary mode to transfer files.
ftp> binary
200 Switching to Binary mode.
ftp> put xunjian_0108.zip
local: xunjian_0108.zip remote: xunjian_0108.zip
229 Entering Extended Passive Mode (||||19974|)
```

```
150 Ok to send data.
......
```

⑤ 或者将 SELinux 设置为 Permissive 亦可，如下所示：

```
# getenforce
Enforcing
# setenforce 0
# getenforce
Permissive
```

⑥ 最后在 /etc/rc.local 中添加代码以保证系统重启后，不会再发生同样情况。

```
# which setenforce
/usr/sbin/setenforce
# cat /etc/rc.local | tail -n 1
/usr/sbin/setenforce 0
```

## 思考和练习

**一、问答题**

1. SELinux 的策略有哪些？

2. SELinux 有几种常用的使用模式，这些模式之间有什么区别？

3. 如何使 SELinux 失去作用？

**二、实验**

【实验目的】

通过对 SELinux 的操作，掌握 SELinux 的管理方法，体会安全操作系统的作用。

【实验要求】

1. 尝试利用 sestatus 命令查看当前系统的 SELinux 的状态。

2. 以增强 Web 服务器的安全性为例，尝试利用 chcon 命令改变 Web 服务器根站点目录的安全上下文。

3. 尝试利用 setenforce 命令来切换（关闭或启用）SELinux 的运行状态。

【实验内容】

1. 查看 SELinux 的状态。

2. 改变 SELinux 的策略。

3. 关闭及启用 SELinux。

## 项目总结

学习本项目需要完成配置 Linux 防火墙和配置 SELinux 两个任务。通过本项目的学习，应能熟悉 Linux 网络操作系统中关于系统安全防护配置的一些基本内容。关于 iptables 防火墙和 SELinux 模块的知识，本书所述只是起到抛砖引玉、引领入门的作用，其更专业的应用还需要在以后的学习实践中继续深入学习和钻研。

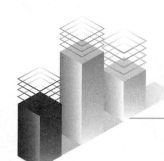

# 附录

# 综合课程设计

已知某小型企业网络拓扑图及 IP 地址分布如附图 1 所示。

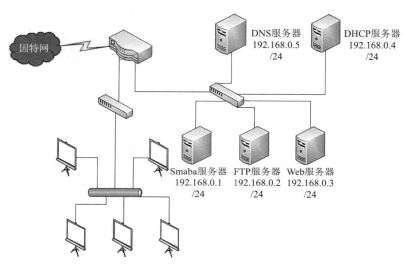

附图 1　某小型企业网络拓扑图

## 1. 综合课程设计要求

现要求在虚拟机上对该网络完成以下操作和配置，并形成课程设计报告上交。

（1）在服务器上利用虚拟机安装 Linux 操作系统，要求对 /home 目录单独分区，在系统中安装适当的软件包以备后续的实验需要，完成安装后将 /root 中的 anaconda-ks.cfg 文件的内容截图到课程设计报告中。

（2）查看 Linux 系统磁盘空间的使用情况（将结果截图到课程设计报告上）。

在命令行新建三个用户：tux、tom、lily，给每个用户创建密码，测试各个用户是否创建成功。

（3）配置网络，并进行检测，确保能够在本地网络中联网通信（给出网络接口配置文件 ifcfg-ens33 截图到课程设计报告中）。

（4）假设本地网络中大部分客户端是 Windows 系统，请建立 Linux Samba 服务器使得 Windows 客户端能够共享 Linux 服务器的资源，具体要求如下：

① 创建一个共享文件夹 /home/public，使得所有用户都可以匿名访问（可读写）。

② 每个用户都可以访问自己的主目录，具有完全权限，采用用户验证的方式。

③ 为用户 tux 和 tom 创建一个共享目录 /home/share，可供这两个用户进行文件的共享（可读写）。

测试：使用 smbclient 客户端程序登录 Samba 服务器，访问服务器中的共享资源。

**(!) 注意:**

> 以上用户以及文件夹需要自己创建，并使之具有适当的权限。课程设计报告中需要给出配置文件及相关的运行结果的截图。

（5）请思考如下场景并考虑解决方案：

root 用户有事外出，委托 tux 进行必要的系统维护工作，使得 tux 虽然并不具备管理员权限但能进行诸如 shutdown、httpd、Samba 等服务的管理工作（如启动、关闭、重启等）。以其中一个服务为例来验证你的方法并给出运行结果的截图到课程设计报告。

（6）配置 Web 服务器，允许每个用户拥有自己的个人主页。制作你的个人主页，并给出你的个人主页显示结果的截图到课程设计报告。

（7）备份数据是系统应该定期执行的任务，请编写 Shell 脚本执行数据备份的功能，并使用 cron 服务在每周五下午 3:00 对 root 用户主目录下的文件进行备份，将程序或文件截图到课程设计报告。

（8）配置 FTP 服务器，要求除 tux 用户外，tom 和 lily 用户均能正常登录服务器并限制这两个用户只能在指定目录中对文件进行操作，同时这两个用户对指定目录中的文件具有修改和下载的权限。

**(!) 注意:**

> 课程设计报告中需要给出配置文件及相关的运行结果的截图。

（9）配置 DHCP 服务器，要求分配给客户端的 IP 地址范围为 192.168.0.1 ～ 192.168. 0.20（子网掩码为 255.255.255.0），因为各服务器的 IP 地址已指定，故不在分配范围内；租约采用默认租约，完成后将配置文件截图到课程设计报告。

（10）配置 DNS 主服务器并将配置文件截图到课程设计报告，要求如下：

① 管理的域名为 abc.com，其网络为 192.168.0.0/24，给出 DNS 主配置文件的截图。

② 在正向解析区域文件 abc.com.zone 中建立以下资源记录。

```
dns       A       192.168.0.5
www       A       192.168.0.3
ftp       A       192.168.0.2
```

③ 建立反向解析区域文件，实现上述地址的反向解析。

④ 使用 nslookup 或 dig 命令进行测试，并给出测试结果的截图到课程设计报告。

**2. 综合课程设计评分标准**

（1）课程设计报告是否能在规定时间内提交。（课程设计报告完成时间由授课教师自定，占评分总分的 10%）

（2）课程设计报告内容是否符合题目要求。（占评分总分的 50%）

（3）课程设计报告步骤是否书写规范、清晰。（占评分总分的 20%）

（4）课程设计报告是否有自己独到的见解或是独创性。（占评分总分的 20%）

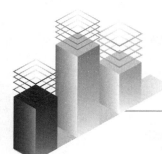

# 参考文献

［1］叶晟 . Linux 服务器配置与管理项目化教程［M］. 北京：中国铁道出版社，2015.

［2］张恒杰，张彦，石慧升，等 . Linux 系统管理与服务配置（CentOS 8）［M］. 北京：清华 大学出版社，2020.

［3］刘遄 . Linux 就该这么学［M］. 2 版 . 北京：人民邮电出版社，2021.

［4］文东戈，赵艳芹 . Linux 操作系统实用教程［M］. 2 版 . 北京：清华大学出版社，2019.

［5］丁明一 . Linux 运维之道［M］. 2 版 . 北京：电子工业出版社，2016.

［6］孟庆昌，路旭强 . Linux 基础教程［M］. 2 版 . 北京：清华大学出版社，2016.

［7］张勤 . Linux 从初学到精通［M］. 北京：电子工业出版社，2011.

［8］聂希芸 . Linux 的虚拟文件系统［J］. 玉溪师范学院学报，2006,22(9):53-56.

［9］廖光忠 . Linux 虚拟文件系统机制［J］. 计算机技术与发展，2006,16(11):114-116.

［10］夏煜 . Linux 操作系统的文件系统研究［D］. 西安：西北工业大学，2000.